極めるシリーズ

大学・高専生のための
解法演習 **微分積分 I**

糸岐 宣昭・三ッ廣 孝 共著

森北出版株式会社

● 本書のサポート情報を当社Webサイトに掲載する場合があります．下記のURLにアクセスし，サポートの案内をご覧ください．

https://www.morikita.co.jp/support/

● 本書の内容に関するご質問は，森北出版 出版部「(書名を明記)」係宛に書面にて，もしくは下記のe-mailアドレスまでお願いします．なお，電話でのご質問には応じかねますので，あらかじめご了承ください．

editor@morikita.co.jp

● 本書により得られた情報の使用から生じるいかなる損害についても，当社および本書の著者は責任を負わないものとします．

■ 本書に記載している製品名，商標および登録商標は，各権利者に帰属します．

■ 本書を無断で複写複製（電子化を含む）することは，著作権法上での例外を除き，禁じられています．複写される場合は，そのつど事前に(一社)出版者著作権管理機構（電話03-5244-5088, FAX03-5244-5089, e-mail:info@jcopy.or.jp）の許諾を得てください．また本書を代行業者等の第三者に依頼してスキャンやデジタル化することは，たとえ個人や家庭内での利用であっても一切認められておりません．

はじめに

　もともと黒板とチョークさえあれば数学教育は可能です．しかし，黒板とチョークの教授法は概して教師側からの一方的な授業になりがちで，学生達の勉学の意欲をそいでいるのも事実でしょう．本書は，教室で学んできたが内容をよく理解できなかった人たちのために書かれた「微分積分」の教科書傍用および自学自習用の演習書です．

『 数学が苦手な人でも基礎からよくわかる 』

ことを最大の目的として書かれた参考書です．

　「数学」を理解しその応用力を身につけるには，理論的事項の学習とあいまって，反復して問題を解くことが重要であることは言うまでもありません．この反復練習こそが，数学への苦手意識を払拭する最大の武器なのです．反復練習による計算技術の習得はもちろんのこと，理論の理解にも手助けになるように考慮しました．

　本書を利用すれば，数学の基礎知識が完全に理解できると同時に，問題演習を通じてより揺るぎない応用力をつけることができます．

　「極めるシリーズ」は「基礎数学」「微分積分Ⅰ」「微分積分Ⅱ」「線形代数」「応用数学」の5冊からなり，そのうちの「微分積分Ⅰ」は「1変数の微分積分」，「微分積分Ⅱ」は「偏微分」「重積分」「微分方程式」からなっています．例題・練習問題は教科書レベルのものを中心としていて，各章末には【総合演習】として基本事項を補足するもの，総合的なものも記載しています．

　本書は次のような各章の構成となっています．
① 重要事項，公式のまとめを章はじめに記載
② 「例題」とそれに対応した「練習問題」で能率よく学習
　「例題」によって理解したことを再確認するために，類題的な1，2題の「練習問題」を課していて，巻末に詳しい解答がつけてあります．

③「総合演習問題」でさらなる問題に挑戦

　各章末には，その章の完成にふさわしい総合演習問題が記載されていて解答もすべてていねいに説明を加えてありますので，誰でも気楽に学習をすすめることができます．この総合演習問題により揺るぎない実力を身につけることができます．

　現代の科学技術を支える「数学」，その数学の基礎である「微分・積分」「微分方程式」を大学・高専学生等が学習するに当たって，実力の伸展や，理解・応用を容易にするのに役立つのであれば，それは著者の喜びとするところです．本書を著すにあたり多くの同僚諸兄から協力と助言を頂きました．また，森北出版の吉松啓視氏，小林巧次郎氏，森崎満氏に大変お世話になりました．ここに感謝申し上げます．

2003 年 8 月

著　者

目次

第0章 復習事項 — 2
指数関数・対数関数・三角関数・関数

第1章 数列と級数 — 6
1. 等差・等比数列 … 8
2. 等差数列・等比数列の和の応用，階差数列 … 10
3. Σ の計算 … 12
4. いろいろな数列の和 … 14
5. 漸化式と数学的帰納法 … 16
6. 無限数列と無限級数1 … 18
7. 無限数列と無限級数2 … 20
   - ∽ ↣ 総合演習1 ∽ ↣ … 22

第2章 微分法 — 24
8. 関数の極限（有理関数・無理関数の極限） … 26
9. 三角関数の極限 … 28
10. 指数関数・対数関数の極限，e の定義 … 30
11. 連続関数と逆関数，中間値の定理 … 32
12. 関数の連続性，関数列の連続性 … 34
13. e に関する極限 … 36
14. 微分可能性と連続性，定義による導関数（微分係数） … 38
15. 整関数，分数関数の微分，無理関数の微分 … 40
16. 三角関数，指数関数の微分 … 42
17. 対数関数の微分，対数微分法，逆関数の微分 … 44
18. 陰関数，媒介変数表示関数，逆三角関数の微分 … 46
    - ∽ ↣ 総合演習2 ∽ ↣ … 48

第3章　微分法の応用 — 50

- 19　高次導関数 …………………………………………………………… 54
- 20　陰関数，媒介変数表示関数，逆三角関数の第2次導関数 ……… 56
- 21　展開公式（テイラーの定理，マクローリンの定理）……………… 58
- 22　不定形の極限（ロピタルの定理）…………………………………… 60
- 23　関数の増減と極大・極小（整関数・三角関数のグラフ）………… 62
- 24　関数の増減と極大・極小（指数・対数・無理関数のグラフ）…… 64
- 25　関数の増減と極大・極小，漸近線，解の個数 ……………………… 66
- 26　第2次導関数による極値，曲線の凹凸・変曲点 …………………… 68
- 27　関数の最大値・最小値 ………………………………………………… 70
- 28　不等式の証明 …………………………………………………………… 72
- 29　接線・法線，速度・加速度，いろいろな変化率 …………………… 74
- 30　近似式と近似値，誤差 ………………………………………………… 76
- 31　解の近似値（ニュートン法），不定形の極限値（展開式利用）…… 78
  - ☞ ➡ 総合演習3 ☞ ➡ ……………………………………………… 80

第4章　不定積分 — 82

- 32　基本的な関数の不定積分，置換積分 ………………………………… 84
- 33　分数関数の不定積分（部分分数分解）……………………………… 86
- 34　部分積分 ………………………………………………………………… 88
- 35　無理関数・三角関数の積分1 ………………………………………… 90
- 36　無理関数・三角関数の積分2 ………………………………………… 92
- 37　基本公式の適用と応用1 ……………………………………………… 94
- 38　基本公式の適用と応用2 ……………………………………………… 96
- 39　不定積分の漸化式 ……………………………………………………… 98
  - ☞ ➡ 総合演習4 ☞ ➡ ……………………………………………… 100

第5章　定積分　　102

- 40　区分求積 104
- 41　定積分の置換積分と部分積分 106
- 42　定積分の基本公式，漸化式 108
- 43　積分等式，不等式 110
- 44　定積分で表された関数 112
- 45　広義の積分1，定積分の評価 114
- 46　広義の積分2，ガンマ関数 116
  - ∽ ➡ 総合演習5 ∽ ➡ 118

第6章　定積分の応用　　120

- 47　平面図形の面積 122
- 48　2次元極座標関数のグラフ 124
- 49　パラメータ表示，極座標表示による平面図形の面積 126
- 50　曲線の長さ 128
- 51　体積 130
- 52　回転面の面積，いろいろな物理量 132
  - ∽ ➡ 総合演習6 ∽ ➡ 134

練習の解答例（詳解） 136
総合演習の解答例（詳解） 174
いろいろな曲線 218
参考文献 219
索　引 220

大学・高専生のための

解法演習 微分積分 I

第0章　復習事項

指数関数

1 指数の性質　$(a, b > 0,\ m, n\text{ は正の整数.})$

- $a^0 = 1,\ a^{-n} = \dfrac{1}{a^n}$
- $\sqrt[n]{a^m} = (\sqrt[n]{a})^m = a^{\frac{m}{n}}$
- $a^m a^n = a^{m+n},\quad (a^m)^n = a^{mn}$
- $(ab)^n = a^n b^n$

2 指数関数とグラフ

$y = f(x) = a^x \quad (a > 0,\ a \neq 1)$ のグラフ

- 定義域はすべての実数，値域は $y > 0$
- グラフは2点 $(0, 1),\ (1, a)$ を通る
- x 軸が漸近線
- $a > 1$ のとき単調増加，$0 < a < 1$ のとき単調減少

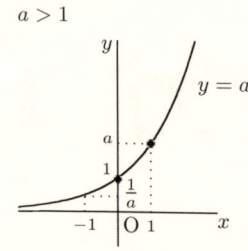
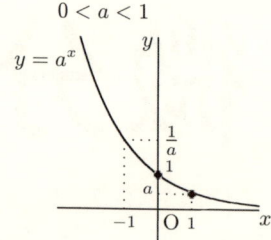

対数関数

1 対数の性質　$(x, y > 0,\ a, b > 0, a, b \neq 1)$

- $x = a^y \Leftrightarrow y = \log_a x$　（定義）
- $\log_a 1 = 0,\ \log_a a = 1$
- $\log_a xy = \log_a x + \log_a y$
- $\log_a \dfrac{x}{y} = \log_a x - \log_a y$
- $\log_a x^n = n \log_a x$
- $\log_a x = \dfrac{\log_b x}{\log_b a}$
- $a^{\log_a x} = x$

2 対数関数とグラフ

$y = f(x) = \log_a x \quad (a > 0,\ a \neq 1)$ のグラフ

- 定義域は $x > 0$，値域はすべての実数
- グラフは2点 $(1, 0),\ (a, 1)$ を通る
- y 軸が漸近線
- $a > 1$ のとき単調増加，$0 < a < 1$ のとき単調減少

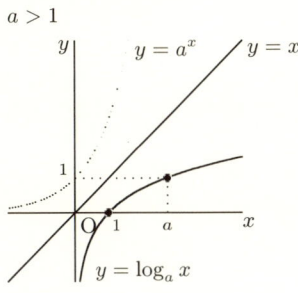 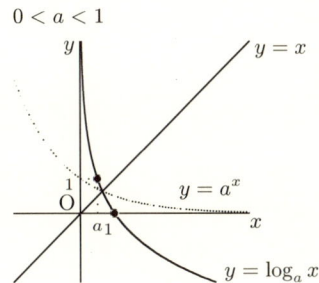

三角関数

1. $\cot\theta = \dfrac{1}{\tan\theta}, \quad \sec\theta = \dfrac{1}{\cos\theta}, \quad \operatorname{cosec}\theta = \dfrac{1}{\sin\theta}$

2. $\tan\theta = \dfrac{\sin\theta}{\cos\theta}, \quad \sin^2\theta + \cos^2\theta = 1$

3. $1 + \tan^2\theta = \dfrac{1}{\cos^2\theta} = \sec^2\theta, \quad \cos^2\theta = \dfrac{1}{1+\tan^2\theta}$

4. $\sin(-\theta) = -\sin\theta, \quad \cos(-\theta) = \cos\theta, \quad \tan(-\theta) = -\tan\theta$

5. 加法定理 (基本，これから 11 までの公式が導かれる)

   $\sin(\alpha\pm\beta) = \sin\alpha\cos\beta \pm \cos\alpha\sin\beta, \quad \cos(\alpha\pm\beta) = \cos\alpha\cos\beta \mp \sin\alpha\sin\beta$

   $\tan(\alpha\pm\beta) = \dfrac{\tan\alpha \pm \tan\beta}{1 \mp \tan\alpha\tan\beta} \quad$ (すべて複号同順)

6. 2倍角の公式

   $\sin 2\alpha = 2\sin\alpha\cos\alpha$

   $\cos 2\alpha = \cos^2\alpha - \sin^2\alpha = 1 - 2\sin^2\alpha = 2\cos^2\alpha - 1,$

   $\quad \to \quad \sin^2\alpha = \dfrac{1-\cos 2\alpha}{2}, \quad \cos^2\alpha = \dfrac{1+\cos 2\alpha}{2}$

   $\tan 2\alpha = \dfrac{2\tan\alpha}{1-\tan^2\alpha}$

7. 3倍角の公式

   $\sin 3\alpha = 3\sin\alpha - 4\sin^3\alpha, \quad \cos 3\alpha = 4\cos^3\alpha - 3\cos\alpha$

8. 半角の公式

   $\sin^2\dfrac{\alpha}{2} = \dfrac{1-\cos\alpha}{2}, \quad \cos^2\dfrac{\alpha}{2} = \dfrac{1+\cos\alpha}{2}, \quad \tan^2\dfrac{\alpha}{2} = \dfrac{1-\cos\alpha}{1+\cos\alpha}$

[9] 積和公式
$$\sin\alpha\cos\beta = \frac{1}{2}\{\sin(\alpha+\beta)+\sin(\alpha-\beta)\}$$
$$\cos\alpha\sin\beta = \frac{1}{2}\{\sin(\alpha+\beta)-\sin(\alpha-\beta)\}$$
$$\cos\alpha\cos\beta = \frac{1}{2}\{\cos(\alpha+\beta)+\cos(\alpha-\beta)\}$$
$$\sin\alpha\sin\beta = -\frac{1}{2}\{\cos(\alpha+\beta)-\cos(\alpha-\beta)\}$$

[10] 和積公式
$$\sin A + \sin B = 2\sin\frac{A+B}{2}\cos\frac{A-B}{2}$$
$$\sin A - \sin B = 2\cos\frac{A+B}{2}\sin\frac{A-B}{2}$$
$$\cos A + \cos B = 2\cos\frac{A+B}{2}\cos\frac{A-B}{2}$$
$$\cos A - \cos B = -2\sin\frac{A+B}{2}\sin\frac{A-B}{2}$$

[11] 三角関数の合成公式 $\quad a\sin\theta + b\cos\theta = \sqrt{a^2+b^2}\sin(\theta+\alpha)$

ただし角度 α は条件 $\sin\alpha = \dfrac{b}{\sqrt{a^2+b^2}},\ \cos\alpha = \dfrac{a}{\sqrt{a^2+b^2}}$ で定める.

[12] 正弦定理 $\quad \dfrac{a}{\sin A} = \dfrac{b}{\sin B} = \dfrac{c}{\sin C}$

[13] 余弦定理 $\quad a^2 = b^2 + c^2 - 2bc\cos A$
$\qquad\qquad\qquad b^2 = c^2 + a^2 - 2ca\cos B$
$\qquad\qquad\qquad c^2 = a^2 + b^2 - 2ab\cos C$

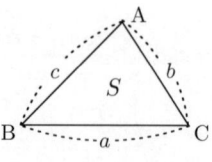

[14] 三角形の面積 $\quad S = \dfrac{1}{2}bc\sin A = \dfrac{1}{2}ca\sin B = \dfrac{1}{2}ab\sin C$

[15] 弧度法 $\quad 1\text{ラジアン} = \left(\dfrac{180}{\pi}\right)^\circ,\quad 1° = \dfrac{\pi}{180}\text{ラジアン},\quad 180° = \pi\text{ラジアン}$

(**注意**) 弧度法では,普通単位のラジアンを省略して書く.

[16] おうぎ形の弧の長さと面積
半径 r,中心角 θ (ラジアン) のおうぎ形の弧の長さ l と面積 S は,

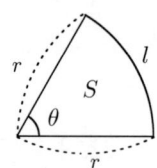

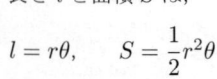

関数

1 平行移動

$y = f(x)$ のグラフを x 軸方向に a だけ平行移動すると $y = f(x-a)$.

$y = f(x)$ のグラフを y 軸方向に b だけ平行移動すると $y - b = f(x)$.

2 対称移動

$y = f(x)$ のグラフを次のものに関して対称に移動したグラフは,

- x 軸　　　　$y = -f(x)$
- y 軸　　　　$y = f(-x)$
- 原点　　　　$y = -f(-x)$
- 直線 $y = x$　　$x = f(y)$
- 直線 $x = a$　$y = f(2a - x)$
- 直線 $y = b$　$2b - y = f(x)$
- 点 (a, b)　$2b - y = f(2a - x)$

3 合成関数

$y = f(u)$, $u = g(x)$ から $y = f(g(x))$ の新しい関数を作成したとき,それらを $f(x)$ と $g(x)$ の合成関数という.

4 逆関数

- $y = f(x) \iff x = g(y)$ のとき $y = f^{-1}(x)$.

(1) 関数 f とその逆関数 f^{-1} とでは,定義域と値域が入れかわる.

(2) 関数 $y = f(x)$ のグラフとその逆関数 $y = f^{-1}(x)$ のグラフとは,直線 $y = x$ に関して対称.

(3) 重要な逆関数としては,

- 指数関数 $y = a^x$ と対数関数 $y = \log_a x$.
- 三角関数と逆三角関数 (**太線**は主値の部分を表す).

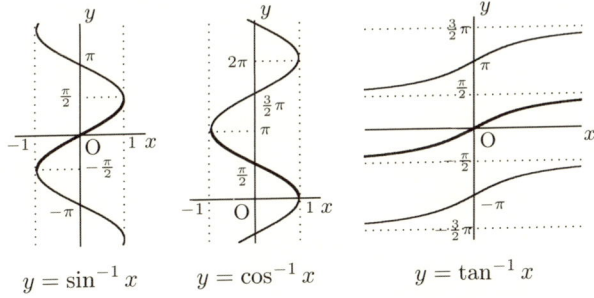

$y = \sin^{-1} x$　　　$y = \cos^{-1} x$　　　$y = \tan^{-1} x$

第1章 数列と級数

初項 a, 第 n 項 a_n, 第 n 項までの和 S_n

1 等差数列　公差 d
$$a_n = a + (n-1)d, \quad S_n = \frac{1}{2}n\{2a + (n-1)d\}$$

2 等比数列　公比 r
$$a_n = ar^{n-1}, \quad S_n = \begin{cases} na & (r = 1) \\ \dfrac{a(1-r^n)}{1-r} = \dfrac{a(r^n-1)}{r-1} & (r \neq 1) \end{cases}$$

3 Σ 記号　c, d, m は定数

(1) $\displaystyle\sum_{k=1}^{n}(c\,a_k + d\,b_k) = c\sum_{k=1}^{n}a_k + d\sum_{k=1}^{n}b_k$　(線形性)

(2) $\displaystyle\sum_{k=1}^{n}c = nc, \quad \sum_{k=1}^{n}k = \frac{1}{2}n(n+1)$

$\displaystyle\sum_{k=1}^{n}k^2 = \frac{1}{6}n(n+1)(2n+1), \quad \sum_{k=1}^{n}k^3 = \left\{\frac{1}{2}n(n+1)\right\}^2 = \left(\sum_{k=1}^{n}k\right)^2$

$\displaystyle\sum_{k=1}^{n}r^k = \frac{r(1-r^n)}{1-r} \quad (r \neq 1), \quad \sum_{k=1}^{n}\frac{1}{k(k+m)} = \frac{1}{m}\sum_{k=1}^{n}\left(\frac{1}{k} - \frac{1}{k+m}\right)$

4 階差数列　数列 $\{a_n\}$ の階差数列を $\{b_n\}$ とすると,
$$a_{n+1} - a_n = b_n, \quad a_n = a_1 + \sum_{k=1}^{n-1}b_k \quad (n \geqq 2)$$

5 和 S_n と一般項 a_n
$a_1 = S_1$,　$n \geqq 2$ のとき　$a_n = S_n - S_{n-1}$

6 漸化式　p, q, r は定数
隣接 2 項間の関係式　$a_{n+1} = pa_n + q$
隣接 3 項間の関係式　$pa_{n+2} + qa_{n+1} + ra_n = 0$

7 数学的帰納法　自然数 n に対する命題 $A(n)$ について, 次の [1], [2] を示して, 命題 $A(n)$ がすべての自然数 n について成り立つことを証明する.
　　[1]　$A(1)$ が真 (成り立つ)　　[2]　$A(k)$ が真ならば $A(k+1)$ も真

8 無限数列の極限基本定理
2 つの無限数列 $\{a_n\}$, $\{b_n\}$ において, $\displaystyle\lim_{n\to\infty}a_n = \alpha$, $\displaystyle\lim_{n\to\infty}b_n = \beta$ であれば,

(1) $\displaystyle\lim_{n\to\infty}(ca_n \pm db_n) = c\alpha \pm d\beta$　(c, d は定数, 複号同順) (線形性)

(2) $\lim_{n\to\infty} a_n b_n = \alpha\beta$　　(3) $\lim_{n\to\infty} \dfrac{a_n}{b_n} = \dfrac{\alpha}{\beta}$　$(\beta \neq 0)$

(4) (はさみうちの原理)　3つの無限数列 $\{a_n\}$, $\{b_n\}$, $\{c_n\}$ において，
$a_n \leqq c_n \leqq b_n$, $\lim_{n\to\infty} a_n = \lim_{n\to\infty} b_n = l$ であれば, $\lim_{n\to\infty} c_n = l$.

(5) 単調増加(減少)数列が上(下)に有界であるとき，すなわち
$a_1 \leqq a_2 \leqq a_3 \leqq \cdots \leqq a_n \leqq \cdots \leqq K$　$(K は定数)$ であれば，
$(a_1 \geqq a_2 \geqq a_3 \geqq \cdots \geqq a_n \geqq \cdots \geqq K)$
この数列 $\{a_n\}$ は収束する．

9　**無限等比数列の収束・発散**　無限等比数列 $\{ar^{n-1}\}$ は，

(1) $|r| < 1$ のとき収束　$\lim_{n\to\infty} ar^{n-1} = 0$

(2) $r = 1$ のとき収束　$\lim_{n\to\infty} ar^{n-1} = a$　　(3) $r > 1$, $r \leqq -1$ のとき発散

10　**無限級数の和**　無限級数 $\displaystyle\sum_{n=1}^{\infty} a_n = a_1 + a_2 + \cdots + a_n + \cdots$ において，

第 n 部分和 S_n を $S_n = \displaystyle\sum_{k=1}^{n} a_k = a_1 + a_2 + \cdots + a_n$ とする．

$\lim_{n\to\infty} S_n = S$　(有限確定) のとき，この無限級数は収束して和は S.

11　2つの無限級数 $\displaystyle\sum_{n=1}^{\infty} a_n$, $\displaystyle\sum_{n=1}^{\infty} b_n$ がそれぞれ A, B に収束するならば，

(1) $\displaystyle\sum_{n=1}^{\infty}(ca_n \pm db_n) = c\sum_{n=1}^{\infty} a_n \pm d\sum_{n=1}^{\infty} b_n = cA \pm dB$　$(c, d は定数，複号同順)$

(2) 無限級数 $\displaystyle\sum_{n=1}^{\infty} a_n$ が収束すれば $\lim_{n\to\infty} a_n = 0$　(逆は成り立たない)

対偶をとれば，$\lim_{n\to\infty} a_n \neq 0$ ならば $\displaystyle\sum_{n=1}^{\infty} a_n$ は発散

12　無限等比級数 $\displaystyle\sum_{n=1}^{\infty} ar^{n-1} = a + ar + ar^2 + \cdots + ar^{n-1} + \cdots$ は，

(1) $|r| < 1$ のとき収束して，和 $S = \dfrac{a}{1-r}$　　(2) $|r| \geqq 1$ のとき発散

13　**循環小数の分数化**

(1) $0.\dot{a}_1 a_2 \cdots \dot{a}_n = \dfrac{a_1 a_2 \cdots a_n}{\underbrace{99\cdots 9}_{n\text{ 個}}}$

(2) $0.b_1 b_2 \cdots b_m \dot{a}_1 a_2 \cdots \dot{a}_n = \dfrac{b_1 b_2 \cdots b_m a_1 a_2 \cdots a_n - b_1 b_2 \cdots b_m}{\underbrace{99\cdots 9}_{n\text{ 個}}\underbrace{00\cdots 0}_{m\text{ 個}}}$

1 等差・等比数列

- 等差数列の和 $S_n = \dfrac{1}{2}n(a+l) = \dfrac{1}{2}n\{2a+(n-1)d\}$ （l：末項）

- 等比数列の和 $S_n = \dfrac{a(1-r^n)}{1-r} = \dfrac{a(r^n-1)}{r-1}$ （$r \neq 1$），$S_n = na$ （$r=1$）

例題 1 ——————————————————— 等差数列の和 ——

初項が -83，公差が 4 の等差数列の第 n 項までの和を S_n とする．
(1) S_n を求めよ．
(2) n がどのような値をとるとき S_n は最小となり，その値はいくらか．

解答 (1) $S_n = \dfrac{n}{2}\{2\cdot(-83)+(n-1)\cdot 4\} = n(2n-85)$.

(2) $S_n = 2\left(n^2 - \dfrac{85}{2}n\right) = 2\left\{\left(n-\dfrac{85}{4}\right)^2 - \left(\dfrac{85}{4}\right)^2\right\} = 2\left(n-\dfrac{85}{4}\right)^2 - \dfrac{85^2}{8}$.

n は自然数であるから $\dfrac{85}{4} = 21.25$ より，$n=21$

のとき S_n は最小で，$S_n = 21(21\times 2 - 85) = -903$.

よって $n=21$ のとき最小値 -903．

参考 $a_n = 4n-87 \leqq 0$ を満たす自然数 n は $n \leqq 21$ なので，S_{21} が最小と考えてもよい．

例題 2 ——————————————————— 等比数列 ——

等比数列 $\{a_n\}$ において，$a_1+a_3 = 5$，$a_4+a_6 = 135$ のとき，初項 a_1 および公比 r を求めよ．

解答 $a_n = a_1 r^{n-1}$ とおくと，$\begin{cases} a_1+a_3 = a_1 + a_1 r^2 = 5 & \cdots ① \\ a_4+a_6 = a_1 r^3 + a_1 r^5 = 135 & \cdots ② \end{cases}$ である．

①より $a_1(1+r^2) = 5$ $\cdots$③，また②より $a_1 r^3(1+r^2) = 135$ $\cdots$④ なので，④÷③ より $r^3 = 27$ で，r は実数であるから $r=3$ である．①に代入して $a_1 = \dfrac{5}{10} = \dfrac{1}{2}$ である．

よって初項 $a_1 = \dfrac{1}{2}$，公比 $r=3$ である．

例題 3 ―――――――――――――――――――――――― 複利法

毎年はじめに一定額ずつ積み立てて，10 年後には 100 万円にしたい．年利率 6 分，1 年ごとの複利のとき，いくらずつ積み立てればよいか．
ただし $1.06^{10} = 1.791$ とし，100 円未満は切り捨てるものとする．

[解説] 元金 a 円，利率 r，期間 n 年のとき，複利法による元利合計 S は，
$$S = a(1+r)^n$$
である．各年のはじめに積み立てを a 円ずつ行うとすると n 年後の元利合計は，
$$\begin{aligned} S &= a(1+r)^n + a(1+r)^{n-1} + \cdots + a(1+r) \\ &= a(1+r) + a(1+r)^2 + \cdots + a(1+r)^{n-1} + a(1+r)^n \\ &= \frac{a(1+r)\{(1+r)^n - 1\}}{(1+r) - 1} = \frac{a(1+r)\{(1+r)^n - 1\}}{r} \end{aligned}$$
となる．

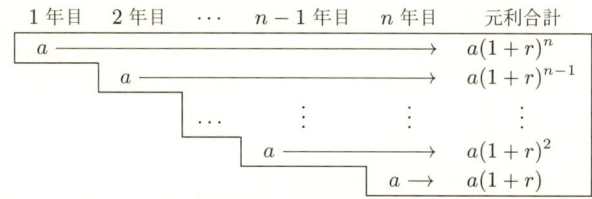

[解答] 毎年はじめに x 円ずつ積み立てるとすると，10 年後の元利合計 S は
$$S = \frac{x \times 1.06 \times (1.06^{10} - 1)}{0.06} = 1000000$$
が成り立つ．$1.06^{10} = 1.791$ であるから $x = \dfrac{1000000 \times 0.06}{1.06 \times 0.791} \fallingdotseq 71559.763$.
よって 71500 円ずつ積み立てればよい．

―――――――――――――――――――――――――――――――

練習 1 3 つの実数 a, b, c が a, b, c の順序で等差数列をなし，b, c, a の順序で等比数列になっているとする．
　(1) $a + b + c = 18$ のとき，a, b, c の値を求めよ．
　(2) $abc = 125$ のとき，a, b, c の値を求めよ．

練習 2 ある年のはじめに 50 万円を借りて，その 1 年後から毎年末に等額の金を払って 10 回で償還してしまうものとする．毎年どのくらいの金を払えばよいか．年利率を 6 分とし，1 年ごとの複利で計算せよ．
ただし，$1.06^9 = 1.689$，$1.06^{10} = 1.791$，$1.06^{11} = 1.898$ とし，100 円未満は四捨五入せよ．

2 等差数列・等比数列の和の応用, 階差数列

・数列 $\{a_n\}$ の第 n 項までの和 S_n が与えられているとき,
$$a_1 = S_1, \qquad a_n = S_n - S_{n-1} \quad (n \geq 2)$$
・階差数列 $b_n = a_{n+1} - a_n$ のとき $\quad a_n = a_1 + \sum_{k=1}^{n-1} b_k \quad (n \geq 2)$

例題 4 ────────────────────────── 和から一般項を求める ─

ある数列の第 n 項までの和 S_n が次の式のとき, $\{a_n\}$ はどんな数列か.
$$S_n = 5n^2 - 25n + 3$$

[解答] $n \geq 2$ のとき $a_n = S_n - S_{n-1} = (5n^2 - 25n + 3) - \{5(n-1)^2 - 25(n-1) + 3\} = 10n - 30$ なので, $a_n = 10n - 30$. また $n = 1$ のとき $a_1 = S_1 = 5 - 25 + 3 = -17$ である.

例題 5 ───────────────────────────────── 等比数列の和 ─

次の数列の第 n 項および第 n 項までの和 S_n を求めよ.
$$1,\ 11,\ 111,\ 1111,\ \cdots$$

[解答] $a_1 = 1$. $a_2 = 10 + 1 = 10^1 + 1$. $a_3 = 100 + 10 + 1 = 10^2 + 10^1 + 1$. $\cdots$,
$a_n = 10^{n-1} + 10^{n-2} + \cdots + 10^1 + 1 = 1 + 10^1 + 10^2 + \cdots + 10^{n-1} = \dfrac{10^n - 1}{9}$.

$S_n = \dfrac{1}{9} \sum_{k=1}^{n} (10^k - 1) = \dfrac{1}{9}(10 + 10^2 + \cdots + 10^n) - \dfrac{1}{9} \times n = \dfrac{1}{9} \cdot \dfrac{10(10^n - 1)}{10 - 1} - \dfrac{1}{9} \cdot n$
$= \dfrac{1}{81}(10^{n+1} - 10) - \dfrac{n}{9}$.

例題 6 ─────────────────────────── (等差)・(等比) の和 ─

$S_n = 1 + 2x + 3x^2 + \cdots + nx^{n-1}$ を求めよ.

[方針] 等差数列の項と等比数列の項との積の和は, 公比にあたる数 (文字) をかけてずらして引く.

[解答] $S_n = 1 \cdot 1 + 2 \cdot x + 3 \cdot x^2 + \cdots + n \cdot x^{n-1}$ なので, S_n は等差数列 $\{n\}$ の項と等比数列 $\{x^{n-1}\}$ の項との積の和である. x 倍して

$$\begin{array}{rl} S_n = & 1 + 2x + 3x^2 + \quad \cdots \quad + (n-1)x^{n-2} + \quad\quad nx^{n-1} \\ xS_n = & \quad\quad x + 2x^2 + \quad \cdots \quad + (n-2)x^{n-2} + (n-1)x^{n-1} + nx^n \end{array}$$

と辺々引くと, $(1-x)S_n = 1 + x + x^2 + \cdots + x^{n-2} + x^{n-1} - nx^n = \dfrac{1 - x^n}{1 - x} - nx^n$.

ゆえに $x \neq 1$ のとき $S_n = \dfrac{1-x^n}{(1-x)^2} - \dfrac{nx^n}{1-x} = \dfrac{1-(n+1)x^n + nx^{n+1}}{(1-x)^2}$.

また $x=1$ のとき, もとの式にもどって $S_n = 1 + 2 + 3 + \cdots + n = \dfrac{n(n+1)}{2}$.

━━ 例題 7 ━━━━━━━━━━━━━━━━━━━━━━━━━ 階差数列 ━━

次の数列 $\{a_n\}$ の一般項を求めよ. また, はじめの n 項の和を求めよ.
(1)　$5, 6, 8, 12, 20, 36, \cdots$　　(2)　$0, 7, 26, 63, 124, 215, \cdots$

方針　(1) は第 1 階差数列, (2) は第 2 階差数列までとる. (Σ については次ページ参照)

解答　(1)　第 1 階差数列は $1, 2, 4, 8, 16, \cdots$ で, 初項 1, 公比 2 の等比数列なので,

$$a_n = 5 + \underbrace{(1 + 2 + 4 + 8 + \cdots)}_{(n-1)\,\text{個}} = 5 + \sum_{k=1}^{n-1} 2^{k-1} = 5 + \dfrac{2^{n-1}-1}{2-1} = 2^{n-1} + 4.$$

$a_n = 2^{n-1} + 4 \quad (n \geq 2)$ である. 特に $a_1 = 5$ より $n=1$ のときも成り立つ.

$$S_n = \sum_{k=1}^{n} (2^{k-1} + 4) = \dfrac{2^n - 1}{2 - 1} + 4n = 2^n + 4n - 1.$$

(2)　第 1, 第 2 階差数列をそれぞれ $\{b_n\}$, $\{c_n\}$ とすると,

$\{a_n\}$　　0　　7　　26　　63　　124　　215　　$\cdots$
$\{b_n\}$　　　　7　　19　　37　　61　　91　　$\cdots$
$\{c_n\}$　　　　　　12　　18　　24　　30　　$\cdots$

$\{c_n\}$ は等差数列であるから, $\{b_n\}$ の第 k 項 b_k は,

$$b_k = 7 + \underbrace{(12 + 18 + 24 + 30 + \cdots)}_{(k-1)\,\text{項}} = 7 + \dfrac{k-1}{2}\{24 + (k-2)\cdot 6\} = 3k^2 + 3k + 1.$$

$$a_n = 0 + \sum_{k=1}^{n-1}(3k^2 + 3k + 1) = 3 \cdot \dfrac{(n-1)n(2n-1)}{6} + 3 \cdot \dfrac{(n-1)n}{2} + n - 1$$

$= (n-1)(n^2 + n + 1) = n^3 - 1$. 特に $a_1 = 0$ より $n=1$ のときも成り立つ.

$$S_n = \sum_{k=1}^{n}(k^3 - 1) = \left\{\dfrac{n(n+1)}{2}\right\}^2 - n = \dfrac{1}{4}n^2(n+1)^2 - n.$$

練習 3　はじめの n 項の和が $S_n = 3n^2 - 6n$ である数列の一般項 a_n を求めよ.

練習 4　次の数列の第 n 項および第 n 項までの和を求めよ.
　　　　　$1.1, 11.11, 111.111, \cdots$

練習 5　$x \neq 1$ のとき, $1 + 3x + 5x^2 + 7x^3 + \cdots + (2n-1)x^{n-1}$ の値を求めよ.

練習 6　数列 $2, 6, 7, 5, 0, -8, -19, \cdots$ の第 n 項と第 n 項までの和を求めよ.

3 Σの計算

・自然数,平方数,立方数の数列の和の公式

$$\sum_{k=1}^{n} k = 1 + 2 + 3 + \cdots + n = \frac{1}{2}n(n+1)$$

$$\sum_{k=1}^{n} k^2 = 1^2 + 2^2 + 3^2 + \cdots + n^2 = \frac{1}{6}n(n+1)(2n+1)$$

$$\sum_{k=1}^{n} k^3 = 1^3 + 2^3 + 3^3 + \cdots + n^3 = \left\{\frac{1}{2}n(n+1)\right\}^2 = \left(\sum_{k=1}^{n} k\right)^2$$

―― 例題 8 ――――――――――――――――――――――― Σの計算 ――

次の式を計算せよ.

(1) $\displaystyle\sum_{k=1}^{n} (k+1)(k+2)$ (2) $\displaystyle\sum_{k=1}^{n} \frac{1}{2^k}$

[解答] (1) $\displaystyle\sum_{k=1}^{n}(k+1)(k+2) = \sum_{k=1}^{n}(k^2+3k+2) = \sum_{k=1}^{n}k^2 + 3\sum_{k=1}^{n}k + 2\sum_{k=1}^{n}1$

$$= \frac{n(n+1)(2n+1)}{6} + 3\cdot\frac{n(n+1)}{2} + 2n = \frac{n}{6}\{(n+1)(2n+1) + 9(n+1) + 12\}$$

$$= \frac{n}{6}(2n^2 + 12n + 22) = \frac{1}{3}n(n^2 + 6n + 11).$$

(2) $\displaystyle\sum_{k=1}^{n}\frac{1}{2^k} = \frac{1}{2} + \frac{1}{2^2} + \frac{1}{2^3} + \cdots + \frac{1}{2^n} = \frac{\frac{1}{2}\left\{1-\left(\frac{1}{2}\right)^n\right\}}{1-\frac{1}{2}} = 1 - \frac{1}{2^n}$

―― 例題 9 ――――――――――――――――――――――― Σの計算 ――

次の数列の第 n 項までの和 S_n を求めよ.
(1) $1^2\cdot 1,\ 2^2\cdot 3,\ 3^2\cdot 5,\cdots$ (2) $1\cdot 3\cdot 5,\ 2\cdot 5\cdot 9,\ 3\cdot 7\cdot 13,\ 4\cdot 9\cdot 17,\cdots$

[方針] 第 n 項を k で表して,Σ をつける.

[解答] (1) 第 n 項は $n^2(2n-1)$ なので,S_n は $\displaystyle\sum_{k=1}^{n}k^2(2k-1)$ で求められる.

$$\sum_{k=1}^{n}k^2(2k-1) = 2\sum_{k=1}^{n}k^3 - \sum_{k=1}^{n}k^2 = 2\cdot\frac{n^2(n+1)^2}{4} - \frac{1}{6}n(n+1)(2n+1)$$

$$= \frac{n(n+1)}{6}\{3n(n+1) - (2n+1)\} = \frac{1}{6}n(n+1)(3n^2+n-1).$$

(2) 第 n 項は $n(2n+1)(4n+1)$ なので，S_n は $\sum_{k=1}^{n} k(2k+1)(4k+1)$ で求められる．

$$\sum_{k=1}^{n} k(2k+1)(4k+1) = \sum_{k=1}^{n}(8k^3+6k^2+k) = 8\sum_{k=1}^{n}k^3 + 6\sum_{k=1}^{n}k^2 + \sum_{k=1}^{n}k$$

$$= 8 \cdot \frac{n^2(n+1)^2}{4} + 6 \cdot \frac{1}{6}n(n+1)(2n+1) + \frac{n(n+1)}{2}$$

$$= \frac{n(n+1)}{2}\{4n(n+1)+2(2n+1)+1\} = \frac{n(n+1)}{2}(4n^2+8n+3)$$

$$= \frac{1}{2}n(n+1)(2n+1)(2n+3).$$

例題 10 ─────────────────── いろいろな数列の和 ─

次の数列の和を求めよ．
(1) $1+(1+2)+(1+2+3)+\cdots+(1+2+3+\cdots+n)$
(2) $1 \cdot n + 2(n-1) + 3(n-2) + \cdots + n \cdot 1$

方針 一般項 a_n を求めて，Σ をつけて計算すればよい．

解答 (1) 一般項は $a_n = 1+2+3+\cdots+n = \frac{1}{2}n(n+1)$ である．
したがって和は

$$\sum_{k=1}^{n}\frac{1}{2}k(k+1) = \frac{1}{2}\left(\sum_{k=1}^{n}k^2 + \sum_{k=1}^{n}k\right) = \frac{1}{12}n(n+1)(2n+1) + \frac{1}{4}n(n+1)$$

$$= \frac{1}{12}n(n+1)\{(2n+1)+3\} = \frac{1}{6}n(n+1)(n+2).$$

(2) 一般項を a_k で表すと $a_k = k\{n-(k-1)\} = k(n-k+1)$ である．
したがって和は

$$\sum_{k=1}^{n}k(n-k+1) = (n+1)\sum_{k=1}^{n}k - \sum_{k=1}^{n}k^2 = \frac{1}{2}n(n+1)^2 - \frac{1}{6}n(n+1)(2n+1)$$

$$= \frac{1}{6}n(n+1)\{3(n+1)-(2n+1)\} = \frac{1}{6}n(n+1)(n+2).$$

練習 7 $1^3 + 3^3 + 5^3 + \cdots + (2n-1)^3 + \cdots$ の第 n 項までの和 S_n を求めよ．

練習 8 $\sum_{m=1}^{n}\left\{\sum_{l=1}^{m}\left(\sum_{k=1}^{l}k\right)\right\}$ は n の多項式になる．この多項式を因数分解せよ．

4 いろいろな数列の和

- 一般項が分数式の和は，k 項目を部分分数に分けて求める．

$$\sum_{k=1}^{n} \frac{1}{k(k+1)} = \sum_{k=1}^{n} \left(\frac{1}{k} - \frac{1}{k+1}\right), \quad \sum_{k=1}^{n} \frac{1}{k(k+2)} = \frac{1}{2}\sum_{k=1}^{n} \left(\frac{1}{k} - \frac{1}{k+2}\right)$$

$$\sum_{k=1}^{n} \frac{1}{(2k-1)(2k+1)} = \frac{1}{2}\sum_{k=1}^{n} \left(\frac{1}{2k-1} - \frac{1}{2k+1}\right)$$

$$\sum_{k=1}^{n} \frac{1}{k(k+1)(k+2)} = \frac{1}{2}\sum_{k=1}^{n} \left\{\frac{1}{k(k+1)} - \frac{1}{(k+1)(k+2)}\right\}$$

例題 11 ─────────────────── 部分分数に直す ─

次の和を求めよ．

(1) $S_n = \dfrac{1}{1 \cdot 2} + \dfrac{1}{2 \cdot 3} + \dfrac{1}{3 \cdot 4} + \cdots + \dfrac{1}{n(n+1)}$

(2) $S_n = \dfrac{1}{1 \cdot 2 \cdot 3} + \dfrac{1}{2 \cdot 3 \cdot 4} + \dfrac{1}{3 \cdot 4 \cdot 5} + \cdots + \dfrac{1}{n(n+1)(n+2)}$

(3) $S_n = \dfrac{1}{1 \cdot 3} + \dfrac{1}{2 \cdot 4} + \dfrac{1}{3 \cdot 5} + \dfrac{1}{4 \cdot 6} + \cdots + \dfrac{1}{n(n+2)}$

方針 1つの分数を2つ以上の分数の和・差の形にする (部分分数に直す)．

解答 (1) $\dfrac{1}{k(k+1)} = \dfrac{1}{k} - \dfrac{1}{k+1}$ であるから

$$S_n = \left(1 - \frac{1}{\cancel{2}}\right) + \left(\frac{\cancel{1}}{\cancel{2}} - \frac{\cancel{1}}{\cancel{3}}\right) + \left(\frac{\cancel{1}}{\cancel{3}} - \frac{\cancel{1}}{\cancel{4}}\right) + \cdots + \left(\frac{\cancel{1}}{\cancel{n}} - \frac{1}{n+1}\right) = 1 - \frac{1}{n+1} = \frac{n}{n+1}.$$

(2) $\dfrac{1}{k(k+1)(k+2)} = \dfrac{a}{k(k+1)} + \dfrac{b}{(k+1)(k+2)}$ とおいて，定数 a, b を決定する．

両辺の分母をはらって $1 = a(k+2) + bk$，ゆえに $1 = (a+b)k + 2a$ なので，これを k についての恒等式と考えて，$a + b = 0$ かつ $2a = 1$ より $a = \dfrac{1}{2}$, $b = -\dfrac{1}{2}$.

よって $\dfrac{1}{k(k+1)(k+2)} = \dfrac{1}{2}\left\{\dfrac{1}{k(k+1)} - \dfrac{1}{(k+1)(k+2)}\right\}$ であるから

$$S_n = \sum_{k=1}^{n} \frac{1}{2}\left\{\frac{1}{k(k+1)} - \frac{1}{(k+1)(k+2)}\right\}$$

$$= \frac{1}{2}\left\{\left(\frac{1}{1 \cdot 2} - \frac{\cancel{1}}{\cancel{2 \cdot 3}}\right) + \left(\frac{\cancel{1}}{\cancel{2 \cdot 3}} - \frac{\cancel{1}}{\cancel{3 \cdot 4}}\right) + \cdots + \left(\frac{\cancel{1}}{\cancel{n(n+1)}} - \frac{1}{(n+1)(n+2)}\right)\right\}$$

$$= \frac{1}{2}\left\{\frac{1}{2} - \frac{1}{(n+1)(n+2)}\right\} = \frac{n(n+3)}{4(n+1)(n+2)}.$$

(3) $\dfrac{1}{k(k+2)} = \dfrac{1}{2}\left(\dfrac{1}{k} - \dfrac{1}{k+2}\right)$ であるから

$$S_n = \dfrac{1}{2}\left\{\left(1 - \dfrac{1}{3}\right) + \left(\dfrac{1}{2} - \dfrac{1}{4}\right) + \left(\dfrac{1}{3} - \dfrac{1}{5}\right) + \cdots + \left(\dfrac{1}{n-1} - \dfrac{1}{n+1}\right) + \left(\dfrac{1}{n} - \dfrac{1}{n+2}\right)\right\}$$

$$= \dfrac{1}{2}\left(1 + \dfrac{1}{2} - \dfrac{1}{n+1} - \dfrac{1}{n+2}\right) = \dfrac{n(3n+5)}{4(n+1)(n+2)}.$$

―― 例題 1 2 ――――――――――――――――――――――― 群数列 ――

奇数を次のように区切るとき，$1 \mid 3, 5 \mid 7, 9, 11 \mid 13, 15, 17, 19 \mid 21, \cdots$
(1) 第 n 群の初項，および第 n 群の総和を求めよ．
(2) 901 は第何群の何番目にあたるか．

[解答] (1) 各群の最初の数について，階差数列を作ると $\underbrace{1}_{}\underbrace{3}_{2}\underbrace{7}_{4}\underbrace{13}_{6}\underbrace{21}_{8}\cdots$

となり，初項 2，公差 2 の等差数列である．したがって第 n 群の最初の数 a_n は

$$a_n = 1 + \sum_{k=1}^{n-1}\{2 + (k-1)\times 2\} = 1 + 2\sum_{k=1}^{n-1} k = n^2 - n + 1 \text{ となる．ゆえに第 } n \text{ 群}$$

は，初項 $n^2 - n + 1$，公差 2，項数 n の等差数列であるから，その和は第 n 群の数の和 $\dfrac{n}{2}\{2(n^2 - n + 1) + (n-1)\cdot 2\} = n^3$ である．

(2) 901 が第 n 群の中にあるとすると，$n^2 - n + 1 \leqq 901 < (n+1)^2 - (n+1) + 1$ である．ゆえに $n(n-1) \leqq 900 < n(n+1)$ であり，$30\cdot 29 \leqq 900 < 30\cdot 31$ より $n = 30$ がわかる．第 30 群の最初の数は $30^2 - 30 + 1 = 871$ なので，871 から数えて m 番目が 901 とすると，$901 = 871 + (m-1)\cdot 2$ となり $m = 16$ である．ゆえに第 30 群の 16 番目にあたる．

[解説] (1) は次のように考えてもよい．第 1 群，第 2 群，$\cdots$，第 k 群にはそれぞれ 1 個，2 個，$\cdots$，k 個の項が含まれるので，第 n 群の初項は数列 $1, 3, 5, 7, \cdots$ の第

$$\sum_{k=1}^{n-1} k + 1 = \dfrac{1}{2}n(n-1) + 1 = \dfrac{1}{2}(n^2 - n + 2) \text{ 番目の項である．}$$

したがって第 n 群の最初の数は $2\cdot\dfrac{1}{2}(n^2 - n + 2) - 1 = n^2 - n + 1$ となる．

練習 9 $S_n = 1 + \dfrac{1}{1+2} + \dfrac{1}{1+2+3} + \cdots + \dfrac{1}{1+2+3+\cdots+n}$ を求めよ．

練習 10 次の群数列で，第 n 群が $2n$ 個の数を含むとき，第 n 群に含まれる数の和を求めよ．また 123 は第何群の何番目にあたるか．

$1, 2 \mid 3, 4, 5, 6 \mid 7, 8, 9, 10, 11, 12 \mid 13, 14, \cdots$

5 漸化式と数学的帰納法

・2項間の漸化式　$a_{n+1} = pa_n + q$.
　　　　　$\boxed{1}$　推測して数学的帰納法で証明　$\boxed{2}$　階差数列　$\boxed{3}$　特性方程式

例題 13 ─────────────────────── 2項間の漸化式 ─

数列 $\{a_n\}$ において次の漸化式が成り立つとき，a_n を n の式で表せ．
$a_1 = 1$,　　$a_n = 2a_{n-1} + 3$　$(n \geqq 2)$

方針　隣接する2項間の関係式を2項間の漸化式という．
　　　数列 $\{a_n\}$ の決定方法として，次の3つの解法をあげる．

解答1　$a_1 = 1,\ a_2 = 2 \cdot 1 + 3 = 2 + 3,\ a_3 = 2(2+3) + 3 = 2^2 + 2 \cdot 3 + 3$,
$a_4 = 2(2^2 + 2 \cdot 3 + 3) + 3 = 2^3 + 2^2 \cdot 3 + 2 \cdot 3 + 3$,
....
ゆえに $a_n = 2^{n-1} + 3(2^{n-2} + 2^{n-3} + \cdots + 1) = 2^{n-1} + 3 \cdot \dfrac{2^{n-1} - 1}{2 - 1} = 2^{n+1} - 3$.

解答2　$a_n = 2a_{n-1} + 3$　$(n \geqq 2)$,　　$a_{n-1} = 2a_{n-2} + 3$　$(n \geqq 3)$.
上式の辺々どうしを引いて $a_n - a_{n-1} = 2(a_{n-1} - a_{n-2})$　$(n \geqq 3)$ となり，これは階差数列 $\{a_n - a_{n-1}\}$ が公比 2 の等比数列であることを示す．
$a_1 = 1,\ a_2 = 2a_1 + 3 = 5$ なので $a_2 - a_1 = 4$ となり，この階差数列の初項は 4 である．
ゆえに一般項 a_n は
$$a_n = 1 + \sum_{k=1}^{n-1}(a_{k+1} - a_k) = 1 + \sum_{k=1}^{n-1} 4 \cdot 2^{k-1} = 1 + \dfrac{4(2^{n-1} - 1)}{2 - 1} = 2^{n+1} - 3.$$

解答3　$a_n = 2a_{n-1} + 3$ を $a_n - \alpha = \beta(a_{n-1} - \alpha)$ の形にすると，$a_n = \beta a_{n-1} - \alpha\beta + \alpha$ より 2 つの式を比較して $\beta = 2$. また $3 = \alpha - \alpha\beta = \alpha - 2\alpha = -\alpha$ なので $\alpha = -3$.
したがって $a_n + 3 = 2(a_{n-1} + 3)$ …① となる．ここで $a_n + 3 = b_n$ とおくと①より $b_n = 2b_{n-1}$ となる．ゆえに数列 $\{b_n\}$ は公比 2 の等比数列となり，初項 $b_1 = a_1 + 3 = 4$.
つまり $a_n + 3 = b_n = 4 \cdot 2^{n-1} = 2^{n+1}$ となり $a_n = 2^{n+1} - 3$.

解説　**解答3** の $\alpha = -3$ は，$a_n = 2a_{n-1} + 3$ の a_n と a_{n-1} を α で置き換えて $\alpha = 2\alpha + 3$ とすれば機械的に求められ，この -3 が $\displaystyle\lim_{n \to \infty} a_n$ の値となる．
　また **解答1** の a_4 から a_n への飛躍は，厳密には数学的帰納法を使わなければならない．

例題 14 — 数学的帰納法

数学的帰納法によって，次の等式を証明せよ．
$$1\cdot 2\cdot 3 + 2\cdot 3\cdot 4 + 3\cdot 4\cdot 5 + \cdots + n(n+1)(n+2) = \frac{1}{4}n(n+1)(n+2)(n+3)$$

解答 証明する式を①とする．

[1] $n=1$ のとき，①式の両辺の値は 6 で等しいので，①式は成り立つ．

[2] $n=k$ のとき，①式が成り立つと仮定すると
$$1\cdot 2\cdot 3 + 2\cdot 3\cdot 4 + \cdots + k(k+1)(k+2) = \frac{1}{4}k(k+1)(k+2)(k+3).$$

この両辺に $(k+1)(k+2)(k+3)$ を加えると

$1\cdot 2\cdot 3 + 2\cdot 3\cdot 4 + \cdots + k(k+1)(k+2) + (k+1)(k+2)(k+3)$

$= \dfrac{1}{4}k(k+1)(k+2)(k+3) + (k+1)(k+2)(k+3) = \dfrac{1}{4}(k+1)(k+2)(k+3)(k+4)$

これは①式が $n=k+1$ のときも成り立つことを示している．

ゆえに [1], [2] によって数学的帰納法が適用でき，等式①はすべての自然数について成り立つ．

研究
$$\sum_{k=1}^{n} k = \frac{1}{2}n(n+1)$$
$$\sum_{k=1}^{n} k(k+1) = \frac{1}{3}n(n+1)(n+2)$$
$$\sum_{k=1}^{n} k(k+1)(k+2) = \frac{1}{4}n(n+1)(n+2)(n+3)$$
$$\sum_{k=1}^{n} k(k+1)(k+2)(k+3) = \frac{1}{5}n(n+1)(n+2)(n+3)(n+4)$$

これらの和について，末項より 1 だけ大きい因数を末項にかけて，因数の個数で割ることで得られる．

練習 11 数列 $\{a_n\}$ において，$a_1=1$, $2a_{n+1}-a_n+2=0$ $(n\geqq 1)$ を満たしているとき，一般項 a_n と初項から第 n 項までの和 S_n を n の式で表せ．

練習 12 数学的帰納法を使って，次の等式が成り立つことを証明せよ．
$$\frac{1}{1\cdot 2} + \frac{1}{2\cdot 3} + \frac{1}{3\cdot 4} + \cdots + \frac{1}{n(n+1)} = \frac{n}{n+1}$$

6 無限数列と無限級数 1

- 不定形 $\infty - \infty$, $\dfrac{\infty}{\infty}$, $\dfrac{0}{0}$, $0 \times \infty$ は式変形へ.
- 無限級数 まず部分和 S_n を求めて $\displaystyle\lim_{n \to \infty} S_n$.

例題 15 ────────────── 分数式・無理式の極限

次の極限値を求めよ.

(1) $\displaystyle\lim_{n \to \infty} \dfrac{3n^2 - 2n + 1}{2n^2 - n - 1}$ 　　(2) $\displaystyle\lim_{n \to \infty} \dfrac{3^n - 2^n}{3^n + 2^n}$

(3) $\displaystyle\lim_{n \to \infty} \dfrac{1 + 2 + 3 + \cdots + n}{n^2}$ 　　(4) $\displaystyle\lim_{n \to \infty} \dfrac{\sqrt{n} - \sqrt{n+2}}{\sqrt{n^2 + 3} - n}$

(5) $\displaystyle\lim_{n \to \infty} \left(\sqrt{n^2 - n + 1} - n \right)$ 　　(6) $\displaystyle\lim_{n \to \infty} \dfrac{1 + 2 + 2^2 + \cdots + 2^n}{5^n}$

方針 分数式は分母の最高次の項で分母分子で割り，無理式は分母または分子の有理化を行う．

解答 (1) $\displaystyle\lim_{n \to \infty} \dfrac{3 - \dfrac{2}{n} + \dfrac{1}{n^2}}{2 - \dfrac{1}{n} - \dfrac{1}{n^2}} = \dfrac{3}{2}$ （収束）　　(2) $\displaystyle\lim_{n \to \infty} \dfrac{1 - \left(\dfrac{2}{3}\right)^n}{1 + \left(\dfrac{2}{3}\right)^n} = 1$ （収束）

(3) $\displaystyle\lim_{n \to \infty} \dfrac{\dfrac{1}{2}n(n+1)}{n^2} = \lim_{n \to \infty} \dfrac{1}{2} \cdot \dfrac{1 \cdot \left(1 + \dfrac{1}{n}\right)}{1} = \dfrac{1}{2}$ （収束）

(4) $\displaystyle\lim_{n \to \infty} \left(\dfrac{n - (n+2)}{(n^2 + 3) - n^2} \cdot \dfrac{\sqrt{n^2 + 3} + n}{\sqrt{n} + \sqrt{n+2}} \right) = \lim_{n \to \infty} \dfrac{-2}{3} \cdot \dfrac{\sqrt{n + \dfrac{3}{n}} + \sqrt{n}}{1 + \sqrt{1 + \dfrac{2}{n}}}$

$= -\infty$ （発散）

(5) $\displaystyle\lim_{n \to \infty} \dfrac{(n^2 - n + 1) - n^2}{\sqrt{n^2 - n + 1} + n} = \lim_{n \to \infty} \dfrac{-n + 1}{\sqrt{n^2 - n + 1} + n}$

$= \displaystyle\lim_{n \to \infty} \dfrac{-1 + \dfrac{1}{n}}{\sqrt{1 - \dfrac{1}{n} + \dfrac{1}{n^2}} + 1} = -\dfrac{1}{2}$ （収束）

(6) $\displaystyle\lim_{n \to \infty} \dfrac{1}{5^n} \cdot \dfrac{1 \cdot (2^{n+1} - 1)}{2 - 1} = \lim_{n \to \infty} \dfrac{2 \cdot \left(\dfrac{2}{5}\right)^n - \dfrac{1}{5^n}}{1} = 0$ （収束）

例題 16 ── 無限級数の和

次の無限級数の和を求めよ.

(1) $\displaystyle\sum_{n=1}^{\infty} \frac{1}{1+2+3+\cdots+n}$ (2) $\displaystyle\sum_{n=1}^{\infty} \frac{n}{(n+1)!}$

方針 部分分数に分けて，部分和 S_n の極限をとる．

解答 (1) $1+2+3+\cdots+n = \dfrac{1}{2}n(n+1)$ より，与式 $=\displaystyle\sum_{n=1}^{\infty} \dfrac{2}{n(n+1)}$ なので，

部分和 S_n は

$$S_n = \sum_{k=1}^{n} \frac{2}{k(k+1)} = 2\left\{\left(1-\frac{1}{2}\right) + \left(\frac{1}{2} - \frac{1}{3}\right) + \cdots + \left(\frac{1}{n} - \frac{1}{n+1}\right)\right\}$$

$$= 2\left(1 - \frac{1}{n+1}\right).$$

したがって $\displaystyle\sum_{n=1}^{\infty} \frac{2}{n(n+1)} = \lim_{n\to\infty} S_n = 2.$

(2) $\dfrac{k}{(k+1)!} = \dfrac{(k+1)-1}{(k+1)!} = \dfrac{k+1}{(k+1)!} - \dfrac{1}{(k+1)!} = \dfrac{1}{k!} - \dfrac{1}{(k+1)!}$ より，

与式 $=\displaystyle\sum_{n=1}^{\infty}\left\{\dfrac{1}{n!} - \dfrac{1}{(n+1)!}\right\}$ なので，部分和 S_n は

$$S_n = \sum_{k=1}^{n}\left\{\frac{1}{k!} - \frac{1}{(k+1)!}\right\} = \left(\frac{1}{1!} - \frac{1}{2!}\right) + \left(\frac{1}{2!} - \frac{1}{3!}\right) + \cdots + \left(\frac{1}{n!} - \frac{1}{(n+1)!}\right)$$

$$= 1 - \frac{1}{(n+1)!}.$$

したがって $\displaystyle\sum_{n=1}^{\infty} \frac{n}{(n+1)!} = \lim_{n\to\infty} S_n = 1.$

練習 13 次の極限値を求めよ．

(1) $\displaystyle\lim_{n\to\infty}(\sqrt{n^2-4} - n)$ (2) $\displaystyle\lim_{n\to\infty}(3^n - 2^n)$

練習 14 次の無限級数の収束・発散を調べ，収束するときはその和も求めよ．

$$\sum_{n=1}^{\infty} \frac{1}{n(n+1)(n+2)}$$

7 無限数列と無限級数2

- 無限等比級数 $\displaystyle\sum_{n=1}^{\infty} ar^{n-1}$ は $|r|<1$ で収束,その和は $\dfrac{a}{1-r}$.

- 無限級数 $\displaystyle\sum_{n=1}^{\infty} a_n$ は, $\displaystyle\lim_{n\to\infty} a_n \neq 0$ ならば発散 (逆は成り立たない).

例題 17 ────────────────── 無限等比級数の極限

次の無限等比級数の収束・発散を調べ,収束するときはその和を求めよ.
$$1 - \frac{1}{2} + \frac{1}{2^2} - \frac{1}{2^3} + \cdots + (-1)^{n-1}\frac{1}{2^{n-1}} + \cdots$$

方針 無限等比級数 $\displaystyle\sum_{n=1}^{\infty} ar^{n-1}\ (a\neq 0)$ は $|r|<1$ のとき収束し,その和は $\dfrac{a}{1-r}$, $|r|\geqq 1$ のとき発散する.

解答 $r = -\dfrac{1}{2}$ で $|r|<1$ なので収束して,その和は $\dfrac{1}{1-\left(-\dfrac{1}{2}\right)} = \dfrac{2}{3}$.

例題 18 ────────────────── 循環小数

計算 $0.1\dot{2}\dot{3} \div 0.\dot{2}\dot{4}$ を行い,その結果を循環小数で表せ.

解答 $0.1\dot{2}\dot{3} = 0.1 + 0.023 + 0.00023 + 0.0000023 + \cdots$
$$= 0.1 + \frac{0.023}{1 - 0.01} = \frac{1}{10} + \frac{23}{1000 - 10} = \frac{1}{10} + \frac{23}{990} = \frac{122}{990}$$

$0.\dot{2}\dot{4} = 0.24 + 0.0024 + 0.000024 + \cdots = \dfrac{0.24}{1-0.01} = \dfrac{24}{100-1} = \dfrac{24}{99}$

ゆえに $0.1\dot{2}\dot{3} \div 0.\dot{2}\dot{4} = \dfrac{122}{990} \times \dfrac{99}{24} = \dfrac{61}{120} = 0.508\dot{3}$.

別解 循環小数は $0.\dot{\alpha_1}\dot{\alpha_2} = \dfrac{\alpha_1\alpha_2}{99}$, $0.\beta_1\dot{\alpha_1}\dot{\alpha_2} = \dfrac{\beta_1\alpha_1\alpha_2 - \beta_1}{990}$ で分数化してもよい.

例題 19 ────────────────── 調和級数

調和級数 $1 + \dfrac{1}{2} + \dfrac{1}{3} + \cdots + \dfrac{1}{n} + \cdots$ の収束・発散を判定せよ.

解答 $m = 2^n$ とおくとき,与えられた調和級数の部分和 S_m について
$$S_m = 1 + \frac{1}{2} + \left(\frac{1}{3} + \frac{1}{4}\right) + \left(\frac{1}{5} + \frac{1}{6} + \frac{1}{7} + \frac{1}{8}\right) + \cdots + \left(\frac{1}{2^{n-1}+1} + \cdots + \frac{1}{2^n}\right)$$

$$> 1 + \frac{1}{2} + \left(\frac{1}{4} + \frac{1}{4}\right) + \left(\frac{1}{8} + \frac{1}{8} + \frac{1}{8} + \frac{1}{8}\right) + \cdots + \left(\frac{1}{2^n} + \cdots + \frac{1}{2^n}\right)$$

$$= 1 + \frac{1}{2} + \frac{1}{4} \cdot 2 + \frac{1}{8} \cdot 4 + \cdots + \frac{1}{2^n} \cdot 2^{n-1} = 1 + \frac{1}{2} + \frac{1}{2} + \frac{1}{2} + \cdots + \frac{1}{2} = 1 + \frac{1}{2} \cdot n.$$

ゆえに $\lim_{n\to\infty} S_m = \infty$ なので調和級数 $\sum_{n=1}^{\infty} \frac{1}{n}$ は発散する.

解説 調和級数 $1 + \frac{1}{2} + \frac{1}{3} + \cdots + \frac{1}{n} + \cdots$ は $\lim_{n\to\infty} \frac{1}{n} = 0$ であるが収束しない.

例題 20 ──────────── 漸化式と極限

$a_1 = 1,\ a_{n+1} = \sqrt{a_n + 2}\ \ (n \geqq 1)$ であるとき,a_n の極限値を求めよ.

解答 極限 α が存在すると,$\alpha = \sqrt{\alpha + 2}$ より $\alpha = 2$.

$|a_n - 2| = |\sqrt{a_{n-1} + 2} - 2| = \dfrac{|a_{n-1} - 2|}{\sqrt{a_{n-1} + 2} + 2} < \dfrac{1}{2}|a_{n-1} - 2|$ なので,

$|a_n - 2| < \dfrac{1}{2}|a_{n-1} - 2| < \left(\dfrac{1}{2}\right)^2 |a_{n-2} - 2| < \cdots < \left(\dfrac{1}{2}\right)^{n-1} |a_1 - 2| = \left(\dfrac{1}{2}\right)^{n-1}.$

ゆえに $n \to \infty$ のとき $|a_n - 2| \leqq \left(\dfrac{1}{2}\right)^{n-1} \to 0$ となり,$\lim_{n\to\infty} a_n = 2$ である.

別解 $a_{n+1} - a_n = \sqrt{a_n + 2} - a_n = \dfrac{a_n + 2 - a_n^2}{\sqrt{a_n + 2} + a_n} = -\dfrac{(a_n - 2)(a_n + 1)}{\sqrt{a_n + 2} + a_n}\ \cdots ①.$

今 $a_n < 2$ を仮定すると①より $a_{n+1} - a_n > 0$,つまり $a_{n+1} > a_n$ が成り立つ.

ところで $a_{n+1} - 2 = \sqrt{a_n + 2} - 2 = \dfrac{a_n - 2}{\sqrt{a_n + 2} + 2} < 0.$ ゆえに $a_{n+1} < 2$ である.

よって $\{a_n\}$ は有界単調増加数列となり収束する.

今 $\lim_{n\to\infty} a_n = \alpha$ とすると $\alpha = \sqrt{\alpha + 2}$ より $\alpha = 2$ となる.

練習 15 次の無限等比級数の収束・発散を調べ,収束するときはその和も求めよ.

(1) $4 + \left(-\dfrac{4}{3}\right) + \dfrac{4}{9} + \left(-\dfrac{4}{27}\right) + \cdots$ (2) $3 + (-6) + 12 + (-24) + \cdots$

練習 16 計算 $0.4\dot{3}\dot{2} \times 0.\dot{3}$ を行い,その結果を循環小数で表せ.

練習 17 $\dfrac{1}{\sqrt{1}} + \dfrac{1}{\sqrt{2}} + \dfrac{1}{\sqrt{3}} + \cdots + \dfrac{1}{\sqrt{n}} + \cdots$ は発散することを示せ.

練習 18 $a_1 = 1,\ a_{n+1} = \sqrt{2a_n + 3}\ \ (n \geqq 1)$ であるとき,a_n の極限値を求めよ.

総合演習 1

1.1 3桁の整数について,次の和を求めよ.
  (1) 3または5の倍数の和
  (2) 3でも5でも割り切れない数の和

1.2 $1\dfrac{1}{2}+2\dfrac{1}{4}+3\dfrac{1}{8}+4\dfrac{1}{16}+\cdots$ の初めの n 項の和 S_n を求めよ.

1.3 初項より第 n 項までの和が2次式 $3n^2+2n$ で表される数列は,どんな数列か.

1.4 $\displaystyle\lim_{n\to\infty}\dfrac{1}{n}\left\{\left(\dfrac{1}{n}\right)^2+\left(\dfrac{2}{n}\right)^2+\cdots+\left(\dfrac{n}{n}\right)^2\right\}$ を求めよ.

1.5 定数 r または θ の値を場合分けして,次の無限数列の極限値を求めよ.
  (1) $\left\{\dfrac{r^n}{1+r^n}\right\}$ ただし $r\neq -1$ (2) $\left\{\dfrac{\cos^n\theta-\sin^n\theta}{\cos^n\theta+\sin^n\theta}\right\}$ ただし $0<\theta<\dfrac{\pi}{2}$

1.6 $S_n=1+2+3+\cdots+n$ とおくとき,次の極限値を求めよ.
$$\lim_{n\to\infty}\left(\sqrt{S_{n+1}}-\sqrt{S_n}\right)$$

1.7 次の極限値を求めよ.
  (1) $\displaystyle\lim_{n\to\infty}\{\log_{10}(n+1)-\log_{10}n\}$ (2) $\displaystyle\lim_{n\to\infty}\left(\sqrt{5n-3}-\sqrt{5n+1}\right)$
  (3) $\displaystyle\lim_{n\to\infty}\dfrac{7^{n+2}+2^{2n}}{5^n-3^{n-1}}$ (4) $\displaystyle\lim_{n\to\infty}\dfrac{2^n}{n^2}$

1.8 数列 4, 18, 48, 100, 180, 294, $\cdots$ の第 n 項および第 n 項までの和を求めよ.

1.9 次の和を求めよ.
  (1) $S_n=1!\cdot 1+2!\cdot 2+3!\cdot 3+\cdots+n!\cdot n$
  (2) $S_n=1!\,2^2+2!\,3^2+3!\,4^2+\cdots+n!\,(n+1)^2$

1.10 次の等式の成り立つことを,数学的帰納法によって証明せよ.
  (1) $1+3+5+\cdots+(2n-1)=n^2$
  (2) $k>0$ のとき $(1+k)^n>1+nk$ $(n\geqq 2)$

1.11 数列 $\{a_n\}$ が $a_1=2$, $a_{n+1}=\dfrac{1}{3}a_n+2$ を満たすとき,一般項 a_n を求めよ.

1.12 数列 $\{a_n\}$ を $a_1=\dfrac{1}{4}$, $a_{n+1}=\dfrac{a_n}{4a_n+5}$ で定めるとき,
  (1) $b_n=\dfrac{1}{a_n}$ とおくとき,b_{n+1} と b_n の関係式を求めよ.
  (2) 数列 $\{a_n\}$ の一般項を求めよ.

1.13 数列 $\{a_n\}$ は $a_1 = 1$, $a_2 = 2$, $2a_{n+2} - 3a_{n+1} + a_n = 0$ を満たすとき,

(1) $a_{n+1} - a_n = b_n$ とおいて, b_n に関する漸化式を求めよ.
(2) b_n を n の式で表せ.
(3) $\displaystyle\lim_{n \to \infty} a_n$ を求めよ.

1.14 次の群数列で, 第 n 群の数の和はいくらか.
2, 4 | 6, 8, 10, 12 | 14, 16, 18, 20, 22, 24 | 26, 28, $\cdots$

1.15 数列 $\{a_n\}$ を $a_1 = 1$, $a_2 = 2$, $a_{n+2} = \sqrt{a_n a_{n+1}}$ で定めるとき, a_n を求めよ.

1.16 $a_1 = 10$, $a_2 = 2\sqrt{a_1}$, $a_3 = 2\sqrt{a_2}, \cdots, a_n = 2\sqrt{a_{n-1}}$ のとき, a_n を n の式で表せ.

1.17 数列 $\{a_n\}$ において $a_1 > 0$, $a_n = \sqrt{3a_{n-1} + 10}$ $(n \geqq 2)$ のとき,

(1) $|a_n - 5| \leqq \dfrac{3}{5}|a_{n-1} - 5|$ $(n \geqq 2)$ を証明せよ.
(2) $\displaystyle\lim_{n \to \infty} a_n$ を求めよ.

1.18 2つの数列 $\{a_n\}$, $\{b_n\}$ が
$$\begin{cases} a_n = \dfrac{1}{2}a_{n-1} + \dfrac{1}{3}b_{n-1} \\ b_n = \dfrac{1}{3}a_{n-1} + \dfrac{1}{2}b_{n-1}, \quad a_1 = 6, \quad b_1 = 1 \end{cases}$$
を満たすとき, a_n および b_n を求めよ.

1.19 右図のように直角三角形 ABC の中に正方形 $S_1, S_2, S_3, \cdots$ が限りなく並んでいるとき, それらの正方形の面積の総和を求めよ. ただし, $BC = a$, $\angle A = 60°$, $\angle B = 90°$ とする.

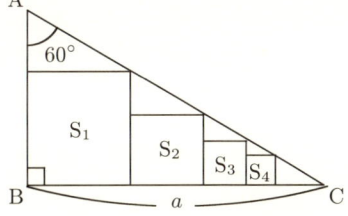

1.20 面積 1 の正三角形 A_0 から始めて, 図のように図形 $A_1, A_2, \cdots$ を作る. ここで A_n は, A_{n-1} の各辺の 3 等分点を頂点にもつ正三角形を A_{n-1} の外側につけ加えてできる図形である.

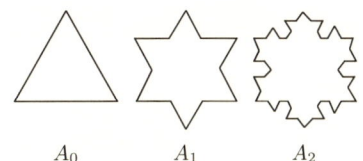

(1) 図形 A_n の辺の数を求めよ.
(2) 図形 A_n の面積を S_n とするとき, $\displaystyle\lim_{n \to \infty} S_n$ を求めよ.

第2章 微分法

1 関数の極限

- 極限値の性質 $\lim_{x \to a} f(x) = \alpha$, $\lim_{x \to a} g(x) = \beta$ のとき,

  (1) $\lim_{x \to a} \{f(x) \pm g(x)\} = \alpha \pm \beta$, $\lim_{x \to a} f(x)g(x) = \alpha\beta$, $\lim_{x \to a} \dfrac{g(x)}{f(x)} = \dfrac{\beta}{\alpha}$ $(\alpha \neq 0)$

  (2) $f(x) \leqq h(x) \leqq g(x)$, $\lim_{x \to a} f(x) = \lim_{x \to a} g(x) = \alpha$
  $\Longrightarrow \lim_{x \to a} h(x) = \alpha$ (はさみうちの原理)

- $\lim_{x \to a} f(x) = \alpha \iff \lim_{x \to a+0} f(x) = \lim_{x \to a-0} f(x) = \alpha$

- 特別な極限値 (記憶しておくこと)

  (1) $\lim_{x \to 0} \dfrac{\sin x}{x} = 1$

  $\lim_{x \to 0} \dfrac{\tan x}{x} = 1$

  (2) $\lim_{x \to 0} \dfrac{\sin ax}{x} = a$

  $\lim_{x \to 0} \dfrac{\tan ax}{x} = a$

  (3) $\lim_{x \to \infty} x \sin \dfrac{1}{x} = 1$

  $\lim_{x \to 0} x \sin \dfrac{1}{x} = 0$

  (x はラジアン (弧度法) による角)

  (1) $\lim_{x \to \pm\infty} \left(1 + \dfrac{1}{x}\right)^x = e$

  $\lim_{x \to 0} (1 + x)^{\frac{1}{x}} = e$

  $(e = 2.71828\cdots)$

  (2) $\lim_{x \to 0} \dfrac{\log_e(1 + x)}{x} = 1$

  (3) $\lim_{x \to 0} \dfrac{e^x - 1}{x} = 1$

2 関数の連続性

(1) 関数 $f(x)$ は a で連続 $\iff \lim_{x \to a} f(x) = f(a)$

(2) 関数 $f(x)$ は区間 I で連続 $\iff f(x)$ は区間 I の各点で連続

(3) 連続関数の和, 差, 積, 商 (分母 $\neq 0$) は連続

(4) $[a, b]$ で連続な関数 $f(x)$ は $f(a)$ と $f(b)$ の間の任意の値をとる (中間値の定理)

3 導関数・微分法

- 定義 $f'(x) = \lim_{\Delta x \to 0} \dfrac{\Delta y}{\Delta x} = \lim_{\Delta x \to 0} \dfrac{f(x + \Delta x) - f(x)}{\Delta x} = \lim_{h \to 0} \dfrac{f(x + h) - f(x)}{h}$

- $f(x)$ が $x = a$ で微分可能ならば連続, 逆 (連続ならば微分可能) は成り立たない

- $\{hf(x) + kg(x)\}' = hf'(x) + kg'(x)$ $[h, k$ は定数$]$

- $\{f(x)g(x)\}' = f'(x)g(x) + f(x)g'(x)$

$$\cdot \left\{\frac{f(x)}{g(x)}\right\}' = \frac{f'(x)g(x) - f(x)g'(x)}{\{g(x)\}^2}$$

4 種々の関数の導関数

・合成関数の導関数　$y = f(u)$, $u = g(x)$ のとき，
$$\frac{dy}{dx} = \frac{dy}{du} \cdot \frac{du}{dx} = f'(g(x)) \cdot g'(x)$$

・陰関数の導関数　原理的には合成関数の導関数を求めることと同じ

$g(x, y) = 0$ において，y を x の関数とみて両辺を x で微分する．

$f(y)$ は，$f(y)$ を y で微分した $f'(y)$ に，y を x で微分したもの $\left(\dfrac{dy}{dx}\right)$ をかける．

・逆関数の導関数　$y = f^{-1}(x)$ のとき，$\dfrac{dy}{dx} = \dfrac{1}{\dfrac{dx}{dy}} = \dfrac{1}{f'(y)}$　$\left(\dfrac{dx}{dy} \neq 0\right)$

・媒介変数の導関数　$x = f(t)$, $y = g(t)$ のとき，
$$\frac{dy}{dx} = \frac{\dfrac{dy}{dt}}{\dfrac{dx}{dt}} = \frac{g'(t)}{f'(t)} \quad \left(\frac{dx}{dt} \neq 0\right)$$

5 三角関数・指数関数・対数関数・双曲線関数の導関数

$(\sin x)' = \cos x, \quad (\cos x)' = -\sin x, \quad (\tan x)' = \dfrac{1}{\cos^2 x} = \sec^2 x$

$(\sin^{-1} x)' = \dfrac{1}{\sqrt{1 - x^2}}, \quad (\cos^{-1} x)' = -\dfrac{1}{\sqrt{1 - x^2}}, \quad (\tan^{-1} x)' = \dfrac{1}{1 + x^2}$

$e = \lim\limits_{h \to 0} (1 + h)^{\frac{1}{h}} = 2.71828\cdots, \quad (e^x)' = e^x, \quad (a^x)' = a^x \log a$

$(\log |x|)' = \dfrac{1}{x}, \quad (\log_a |x|)' = \dfrac{1}{x \log a}$

$(\sinh x)' = \cosh x, \quad (\cosh x)' = \sinh x, \quad (\tanh x)' = \operatorname{sech}^2 x$

$(\sinh^{-1} x)' = \left\{\log(x + \sqrt{x^2 + 1})\right\}' = \dfrac{1}{\sqrt{x^2 + 1}}$

$(\cosh^{-1} x)' = \left\{\log(x \pm \sqrt{x^2 - 1})\right\}' = \left\{\pm \log(x + \sqrt{x^2 - 1})\right\}'$
$\qquad\qquad = \pm \dfrac{1}{\sqrt{x^2 - 1}} \quad (x > 1)$

$(\tanh^{-1} x)' = \left\{\dfrac{1}{2} \log \dfrac{1 + x}{1 - x}\right\}' = \dfrac{1}{1 - x^2} \quad (|x| < 1)$

(**総合演習 2.9** 参照)

8　関数の極限（有理関数・無理関数の極限）

- $\lim_{x \to a}\{f(x) \pm g(x)\} = \lim_{x \to a}f(x) \pm \lim_{x \to a}g(x)$
- 不定形 $\infty - \infty$, $\dfrac{\infty}{\infty}$, $0 \times \infty$, $\dfrac{0}{0}$ は式変形へ

例題 21 ――――――――――――――――――――― 関数の極限値 ―

次の極限値を求めよ．
(1) $\displaystyle\lim_{x \to -2}\dfrac{x^3 + 8}{x^2 - x - 6}$　　(2) $\displaystyle\lim_{x \to \infty}(5^x - 3^x)$　　(3) $\displaystyle\lim_{x \to -\infty}\dfrac{-2x^2 + 5x + 2}{x^2 - x + 1}$

解答　(1) 与式 $= \displaystyle\lim_{x \to -2}\dfrac{(x+2)(x^2-2x+4)}{(x+2)(x-3)} = \lim_{x \to -2}\dfrac{x^2-2x+4}{x-3} = -\dfrac{12}{5}$.

(2) 与式 $= \displaystyle\lim_{x \to \infty}5^x\left\{1 - \left(\dfrac{3}{5}\right)^x\right\} = 5^\infty = \infty$.

(3) 与式 $= \displaystyle\lim_{x \to -\infty}\dfrac{-2 + \dfrac{5}{x} + \dfrac{2}{x^2}}{1 - \dfrac{1}{x} + \dfrac{1}{x^2}} = -2$.

研究　(1) $\dfrac{0}{0}$ の形の不定形になる．このとき $\displaystyle\lim_{x \to a}\dfrac{g(x)}{f(x)}$（$f(x)$, $g(x)$ は整関数）において，$f(x)$, $g(x)$ は共通因数 $x - a$ をもつ．

(3) $f(x)$, $g(x)$ の次数が同じときは，分母の最高次数の項で分母分子を割る．

例題 22 ――――――――――――――――――――― 関数の極限値 ―

次の極限値を求めよ．
(1) $\displaystyle\lim_{x \to 2+0}\dfrac{x}{2-x}$　　(2) $\displaystyle\lim_{x \to 2+0}\dfrac{|x-2|}{(x-2)^2}$　　(3) $\displaystyle\lim_{x \to 0}\dfrac{x-2}{x^2-x}$

解答　(1) $x \to 2+0$ なので $2-x < 0$, 分子は 2 に近づくので $\displaystyle\lim_{x \to 2+0}\dfrac{x}{2-x} = -\infty$.

(2) $x \to 2+0$ なので $x > 2$ と考えてよい．
$$\lim_{x \to 2+0}\dfrac{|x-2|}{(x-2)^2} = \lim_{x \to 2+0}\dfrac{x-2}{(x-2)^2} = \lim_{x \to 2+0}\dfrac{1}{x-2} = \infty.$$

(3) 分子 $= \displaystyle\lim_{x \to 0}(x-2) = -2$.
また $x \to +0$ のとき $x(x-1) \to -0$, $x \to -0$ のとき $x(x-1) \to +0$ なので,
$$\lim_{x \to +0}\dfrac{x-2}{x^2-x} = +\infty, \quad \lim_{x \to -0}\dfrac{x-2}{x^2-x} = -\infty \text{ となり，極限値は存在しない．}$$

8 関数の極限（有理関数・無理関数の極限）

例題 23 ─ 関数の極限値 ─

次の極限値を求めよ．
(1) $\lim_{x \to \infty} \sqrt{x}(\sqrt{x} - \sqrt{x-1})$ (2) $\lim_{x \to -\infty} \dfrac{1}{\sqrt{x^2 - 2x} + x}$ (3) $\lim_{x \to -8} \dfrac{x+8}{\sqrt[3]{x} + 2}$

解答 (1) 分母が 1 と考えて，$\sqrt{x} + \sqrt{x-1}$ を分母分子にかけて有理化すると

$$\text{与式} = \lim_{x \to \infty} \frac{\sqrt{x}(x - x + 1)}{\sqrt{x} + \sqrt{x-1}} = \lim_{x \to \infty} \frac{\sqrt{x}}{\sqrt{x} + \sqrt{x-1}} = \lim_{x \to \infty} \frac{1}{1 + \sqrt{1 - \dfrac{1}{x}}} = \frac{1}{2}.$$

(2) $x \to -\infty$ なので $x = -t$ とおくと $t \to \infty$．

$$\text{与式} = \lim_{t \to \infty} \frac{1}{\sqrt{t^2 + 2t} - t} = \lim_{t \to \infty} \frac{\sqrt{t^2 + 2t} + t}{t^2 + 2t - t^2} = \lim_{t \to \infty} \frac{\sqrt{1 + \dfrac{2}{t}} + 1}{2} = 1.$$

(3) $\text{与式} = \lim_{x \to -8} \dfrac{(x+8)(\sqrt[3]{x^2} - 2\sqrt[3]{x} + 4)}{(\sqrt[3]{x} + 2)(\sqrt[3]{x^2} - 2\sqrt[3]{x} + 4)} = \lim_{x \to -8} (\sqrt[3]{x^2} - 2\sqrt[3]{x} + 4) = 12.$

例題 24 ─ 関数の極限値 ─

次の等式が成り立つように，定数 a, b の値を定めよ．
$$\lim_{x \to 2} \frac{2x^2 + ax + b}{x^2 - x - 2} = \frac{5}{3}$$

解答 $\lim_{x \to 2}(x^2 - x - 2) = 0$ であるから，極限値 $\dfrac{5}{3}$ が存在するためには $\lim_{x \to 2}(2x^2 + ax + b) = 8 + 2a + b = 0$ でなければならない．これより $b = -2a - 8 \cdots$ ①．

ゆえに $\lim_{x \to 2} \dfrac{2x^2 + ax - 2a - 8}{(x-2)(x+1)} = \lim_{x \to 2} \dfrac{2(x^2 - 4) + a(x - 2)}{(x-2)(x+1)} = \lim_{x \to 2} \dfrac{(x-2)(2x + a + 4)}{(x-2)(x+1)}$

$= \dfrac{1}{3}(8 + a) = \dfrac{5}{3}$ なので $a = -3$．これを①に代入して $b = -2$．

この a, b の値に対して確かに上の等式が成り立つ．

練習 19 次の極限値を求めよ．
(1) $\lim_{x \to \infty} \dfrac{2x^3 + 7x^2 - 8}{x^3 - 5x^2}$ (2) $\lim_{x \to \infty} (\sqrt{4x^2 + x + 1} - 2x)$
(3) $\lim_{x \to 0} \dfrac{4}{x^5}$ (4) $\lim_{x \to 0} \dfrac{\sqrt[3]{1+x} - \sqrt[3]{1-x}}{x}$

練習 20 次の等式が成り立つように，定数 a, b の値を求めよ．
$$\lim_{x \to 1} \frac{a\sqrt{x+3} - 4}{x - 1} = b$$

9 三角関数の極限

・$\displaystyle\lim_{x \to 0} \frac{\sin x}{x} = 1$,　　$\displaystyle\lim_{x \to 0} \frac{\tan x}{x} = 1$　　（角の単位は弧度法）

例題 25 ──────────────── 三角関数の極限値

次の極限値を求めよ．
(1) $\displaystyle\lim_{x \to 0} \frac{\tan x}{x}$　　(2) $\displaystyle\lim_{x \to 0} \frac{\sin 3x}{x}$　　(3) $\displaystyle\lim_{x \to 0} \frac{1-\cos 2x}{x^2}$

[方針] $\displaystyle\lim_{x \to 0} \frac{\sin x}{x} = 1$（角の単位は弧度法）が基本．当然 $\displaystyle\lim_{x \to 0} \frac{x}{\sin x} = 1$．

[解答] (1) $\displaystyle\lim_{x \to 0} \frac{\tan x}{x} = \lim_{x \to 0} \frac{\sin x}{\cos x} \cdot \frac{1}{x} = \lim_{x \to 0} \frac{\sin x}{x} \cdot \frac{1}{\cos x} = 1 \cdot \frac{1}{1} = 1$.

(2) $\displaystyle\lim_{x \to 0} \frac{\sin 3x}{x} = \lim_{x \to 0} \frac{\sin 3x}{3x} \cdot 3 = 1 \cdot 3 = 3$.

(3) $\displaystyle\lim_{x \to 0} \frac{1 - \cos 2x}{x^2} = \lim_{x \to 0} \frac{1 - (1 - 2\sin^2 x)}{x^2} = \lim_{x \to 0} 2\left(\frac{\sin x}{x}\right)^2 = 2$.

[研究] $\displaystyle\lim_{x \to 0} \frac{\sin x}{x} = 1$ は x の値が 0 に近いところでは $\dfrac{\sin x}{x} \fallingdotseq 1$，つまり $\sin x \fallingdotseq x$ を示している．ここで x は弧度法である．例えば $1° = \dfrac{\pi}{180}$ ラジアンであるから，

$$\sin 1° = \sin \frac{\pi}{180} \fallingdotseq \frac{\pi}{180} \fallingdotseq \frac{3.14156}{180} \fallingdotseq 0.0174531,$$

$$\sin 10° = \sin \frac{\pi}{18} \fallingdotseq \frac{\pi}{18} \fallingdotseq \frac{3.14156}{18} \fallingdotseq 0.1745311.$$

例題 26 ──────────────── 三角関数の極限値

次の極限値を求めよ．
(1) $\displaystyle\lim_{x \to \infty} x \sin \frac{5}{x}$　　(2) $\displaystyle\lim_{x \to 0} \frac{1 - \cos x}{x \sin x}$　　(3) $\displaystyle\lim_{x \to \frac{\pi}{2}} (\pi - 2x) \tan x$

[解答] (1) $\dfrac{5}{x} = t$ とおくと，$x \to \infty$ のとき $t \to 0$ であるから

$$\lim_{x \to \infty} x \sin \frac{5}{x} = 5 \lim_{t \to 0} \frac{1}{t} \sin t = 5.$$

(2) $\displaystyle\lim_{x \to 0} \frac{1 - \cos x}{x \sin x} = \lim_{x \to 0} \frac{(1 - \cos x)(1 + \cos x)}{x \sin x (1 + \cos x)} = \lim_{x \to 0} \frac{\sin^2 x}{x \sin x (1 + \cos x)}$

$\displaystyle = \lim_{x \to 0} \frac{\sin x}{x} \cdot \frac{1}{1 + \cos x} = 1 \times \frac{1}{2} = \frac{1}{2}$

(3) $\dfrac{\pi}{2} - x = t$ とおくと，$x \to \dfrac{\pi}{2}$ のとき $t \to 0$ なので，

$$\lim_{x \to \frac{\pi}{2}} (\pi - 2x)\tan x = \lim_{t \to 0} 2t \tan\left(\dfrac{\pi}{2} - t\right) = 2\lim_{t \to 0} t \cot t = 2\lim_{t \to 0} \dfrac{t}{\sin t} \cdot \cos t = 2.$$

例題 27 ―――――――――――――― 三角関数の極限・応用問題

中心が O，直径 $AB = 2a$ の半円の弧の中点を M とし，A から出た光線が弧 MB 上の点 P で反射して，その反射光線が AB と交わる点を Q とする．
(1) $\angle PAQ = \theta$ とするとき，OQ の長さを θ で表せ．
(2) 反射点 P が B に限りなく近づくとき，Q はどんな点に限りなく近づくか．

方針 OQ の長さを θ で表し，$\dfrac{\sin\theta}{\theta}$ などの極限に帰着させる．

解答 (1) $\angle OAP = \angle OPA = \angle OPQ = \theta$，
$\angle POQ = 2\theta$，$\angle OQP = \pi - 3\theta$．
したがって $\triangle POQ$ に正弦定理を用いると

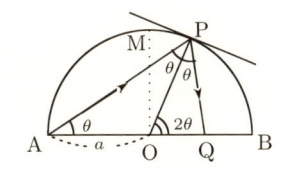

$$\dfrac{OQ}{\sin\theta} = \dfrac{a}{\sin(\pi - 3\theta)} \text{ より } OQ = \dfrac{a\sin\theta}{\sin 3\theta}.$$

(2) P が弧 PB 上を限りなく B に近づくときは $\theta \to 0$ となるから，

$$\lim_{\theta \to 0} OQ = \lim_{\theta \to 0} \dfrac{a\sin\theta}{\sin 3\theta} = a \lim_{\theta \to 0} \dfrac{\sin\theta}{\theta} \cdot \theta \cdot \dfrac{3\theta}{\sin 3\theta} \cdot \dfrac{1}{3\theta} = \dfrac{a}{3}.$$

すなわち，Q は線分 OB 上の O に近い方の三等分点に限りなく近づく．

練習 21 次の極限値を求めよ．

(1) $\displaystyle\lim_{x \to 0} \dfrac{\sin 4x}{\sin 5x}$ (2) $\displaystyle\lim_{\theta \to 0} \dfrac{1 - \cos 3\theta}{\theta^2}$ (3) $\displaystyle\lim_{x \to 0} \dfrac{\tan x°}{x}$

練習 22 半径 r の円に外接する正 n 角形と正 $2n$ 角形の面積をそれぞれ A_n, A_{2n}，内接する正 n 角形と正 $2n$ 角形の面積をそれぞれ B_n, B_{2n} とする．
このとき，次の極限値を求めよ．

(1) $\displaystyle\lim_{n \to \infty} A_n$ (2) $\displaystyle\lim_{n \to \infty} B_n$

(3) $\displaystyle\lim_{n \to \infty} \dfrac{B_{2n} - B_n}{A_n - A_{2n}}$

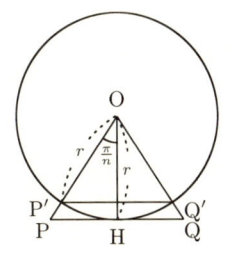

外接する正 n 角形 $\triangle OPQ$ と
内接する正 n 角形 $\triangle OP'Q'$

10　指数関数・対数関数の極限，e の定義

・$\lim_{x \to 0}(1+x)^{\frac{1}{x}} = e$　（$e = 2.71828\cdots$：無理数）

・$\lim_{x \to 0}\dfrac{\log(1+x)}{x} = 1$　（log は e を底とする対数）

例題 28　　　　　　　　　　　　　　　　　　　　　　指数関数・対数関数の極限

次の極限値を求めよ．

(1)　$\lim_{x \to \infty} \dfrac{10^x}{1+10^x}$　　　　　　(2)　$\lim_{x \to +0} \dfrac{1}{1+2^{\frac{1}{x}}}$

(3)　$\lim_{x \to \infty}\{\log_3(3x+1) - \log_3 x\}$　　(4)　$\lim_{x \to \infty}\left(\log_2 x + \log_2 \sin\dfrac{1}{x}\right)$

解答　(1)　$\lim_{x \to \infty} \dfrac{10^x}{1+10^x} = \lim_{x \to \infty} \dfrac{1}{\dfrac{1}{10^x}+1} = 1$．

(2)　$\dfrac{1}{x} = t$ とおくと，$x \to +0$ のとき $t \to +\infty$ であるから，

$$\lim_{x \to +0} \dfrac{1}{1+2^{\frac{1}{x}}} = \lim_{t \to +\infty} \dfrac{1}{1+2^t} = 0.$$

(3)　$\lim_{x \to \infty}\{\log_3(3x+1) - \log_3 x\} = \lim_{x \to \infty} \log_3 \dfrac{3x+1}{x} = \lim_{x \to \infty} \log_3 \left(3+\dfrac{1}{x}\right)$
$= \log_3 3 = 1.$

(4)　$\lim_{x \to \infty}\left(\log_2 x + \log_2 \sin\dfrac{1}{x}\right) = \lim_{x \to \infty} \log_2 x \sin\dfrac{1}{x} = \lim_{x \to \infty} \log_2 \dfrac{\sin\dfrac{1}{x}}{\dfrac{1}{x}} = \log_2 1 = 0.$

$\left(\lim_{x \to 0}\dfrac{\sin x}{x} = 1\ \text{を用いた}\right)$

研究　一般に次のことが成り立つ．

(1)　$a > 1$ のとき
　　$\lim_{x \to \infty} a^x = +\infty$，　$\lim_{x \to -\infty} a^x = 0$，
　　$\lim_{x \to \infty} \log_a x = +\infty$，　$\lim_{x \to 0} \log_a x = -\infty$．

(2)　$0 < a < 1$ のとき
　　$\lim_{x \to \infty} a^x = 0$，　$\lim_{x \to -\infty} a^x = +\infty$，
　　$\lim_{x \to \infty} \log_a x = -\infty$，　$\lim_{x \to 0} \log_a x = +\infty$．

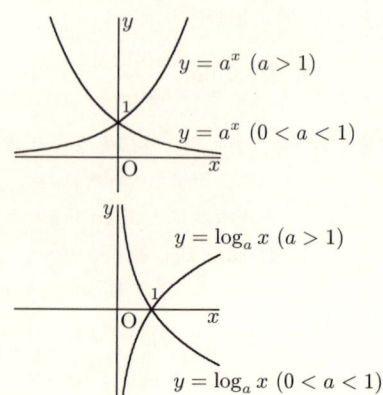

例題 29 ─────────────────────────────── e の定義

数列 $a_n = \left(1 + \dfrac{1}{n}\right)^n$ において，次の性質を証明せよ．$(n = 1, 2, 3, \cdots)$

(1) $a_n < a_{n+1}$　　(2) $a_n < 3$

方針　二項定理 $(a+b)^n = \displaystyle\sum_{k=0}^{n} {}_n C_k a^k b^{n-k}$ を用いて，a_n, a_{n+1} を展開する．

解答　(1) 二項定理より $a_n = \left(1 + \dfrac{1}{n}\right)^n = 1 + {}_n C_1 \dfrac{1}{n} + {}_n C_2 \dfrac{1}{n^2} + \cdots + {}_n C_n \dfrac{1}{n^n}$

$= 1 + n \cdot \dfrac{1}{n} + \dfrac{n(n-1)}{2!} \cdot \dfrac{1}{n^2} + \dfrac{n(n-1)(n-2)}{3!} \cdot \dfrac{1}{n^3} +$

$\qquad \cdots + \dfrac{n(n-1)\cdots\{n-(n-1)\}}{n!} \cdot \dfrac{1}{n^n}$

$= 1 + 1 + \dfrac{1}{2!}\left(1 - \dfrac{1}{n}\right) + \dfrac{1}{3!}\left(1 - \dfrac{1}{n}\right)\left(1 - \dfrac{2}{n}\right) +$

$\qquad \cdots + \dfrac{1}{n!}\left(1 - \dfrac{1}{n}\right)\left(1 - \dfrac{2}{n}\right)\cdots\left(1 - \dfrac{n-1}{n}\right) \cdots ①.$

$a_{n+1} = 1 + 1 + \dfrac{1}{2!}\left(1 - \dfrac{1}{n+1}\right) + \dfrac{1}{3!}\left(1 - \dfrac{1}{n+1}\right)\left(1 - \dfrac{2}{n+1}\right) +$

$\qquad \cdots + \dfrac{1}{(n+1)!}\left(1 - \dfrac{1}{n+1}\right)\left(1 - \dfrac{2}{n+1}\right)\cdots\left(1 - \dfrac{n}{n+1}\right) \cdots ②.$

①と②を比較すると，第 3 項以下は②の対応する各項の方が大きく，かつ②の方が末項だけ項の数が多いので $\left(1 + \dfrac{1}{n}\right)^n < \left(1 + \dfrac{1}{n+1}\right)^{n+1}$．ゆえに $a_n < a_{n+1}$．

(2) ①から $a_n = \left(1 + \dfrac{1}{n}\right)^n < 1 + 1 + \dfrac{1}{2!} + \dfrac{1}{3!} + \cdots + \dfrac{1}{n!}$

$< 1 + 1 + \dfrac{1}{2} + \dfrac{1}{2^2} + \cdots + \dfrac{1}{2^{n-1}} + \cdots = 1 + \dfrac{1}{1 - \dfrac{1}{2}} = 3.$ ゆえに $a_n < 3$．

解説　(1), (2) より $\{a_n\}$ は単調増加で上に有界なので収束する．この極限を e と定義する．e は無理数であって $e = 2.718281828459\cdots$ であることが知られている．
$e = \displaystyle\lim_{n \to \infty}\left(1 + \dfrac{1}{n}\right)^n$（数列の極限），$e = \displaystyle\lim_{x \to \infty}\left(1 + \dfrac{1}{x}\right)^x$（関数の極限）でもある．

練習 23　次の極限値を求めよ．

(1) $\displaystyle\lim_{x \to \infty}\left\{\log_{\frac{1}{2}} x - \log_{\frac{1}{2}}(x^2 - 1)\right\}$

(2) $\displaystyle\lim_{x \to \infty}\left\{\dfrac{1}{2}\log_{10} x + \log_{10}(\sqrt{2x+1} - \sqrt{2x-1})\right\}$

11 連続関数と逆関数,中間値の定理

関数 $f(x)$ が $x = a$ において連続であるとは,
$$\lim_{x \to a} f(x) = f(a)$$
が成り立つことをいう.$f(x)$ がその定義域の各点で連続であるとき,単に $f(x)$ は連続であるという.連続関数の定数倍,和,差,積によって作られる関数は連続であり,2つの連続関数の商は,分母が 0 にならない範囲において連続である.連続関数 $f(x)$ が,その定義域において単調増加 ($x_1 < x_2 \Rightarrow f(x_1) < f(x_2)$) または単調減少 ($x_1 < x_2 \Rightarrow f(x_1) > f(x_2)$) のいづれかであるとき,その逆関数が定義できる.

逆関数を求めるには,x と y を入れかえて $x = f(y)$ とする.ここで独立変数を x として $y = f^{-1}(x)$ と表記する.x と y を入れかえたので,$y = f(x)$ のグラフとその逆関数 $y = f^{-1}(x)$ のグラフは,互いに直線 $y = x$ について対称である.

ここで三角関数の逆関数を考える.逆関数を求めるには定義域内で単調性が必要なので,周期関数である三角関数の場合は定義域を制限する.

表 1

三角関数		区間	値域
正弦関数	$y = \sin x$	$-\dfrac{\pi}{2} \leqq x \leqq \dfrac{\pi}{2}$	$-1 \leqq y \leqq 1$
余弦関数	$y = \cos x$	$0 \leqq x \leqq \pi$	$-1 \leqq y \leqq 1$
正接関数	$y = \tan x$	$-\dfrac{\pi}{2} < x < \dfrac{\pi}{2}$	$-\infty < y < \infty$

表 2

逆三角関数		定義域	値域
逆正弦関数	$y = \sin^{-1} x$	$-1 \leqq x \leqq 1$	$-\dfrac{\pi}{2} \leqq y \leqq \dfrac{\pi}{2}$
逆余弦関数	$y = \cos^{-1} x$	$-1 \leqq x \leqq 1$	$0 \leqq y \leqq \pi$
逆正接関数	$y = \tan^{-1} x$	$-\infty < x < \infty$	$-\dfrac{\pi}{2} < y < \dfrac{\pi}{2}$

逆三角関数の値域を**主値**という.ふつうは主値だけを考えることが多い.今後は逆三角関数といえば,主値が定義されているものとする.

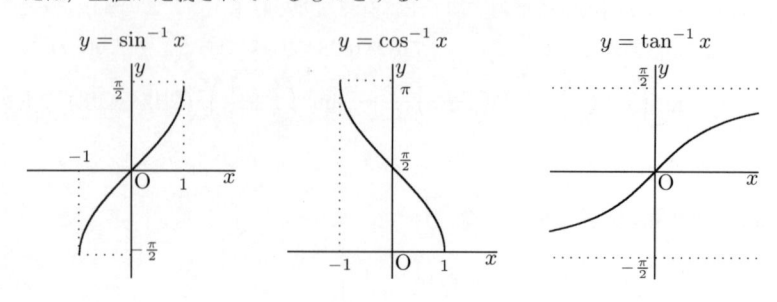

例題 30 — 逆三角関数の値

次の値を求めよ．
(1) $\sin^{-1} \dfrac{1}{\sqrt{2}}$ (2) $\sin^{-1}\left(-\dfrac{1}{2}\right)$ (3) $\tan^{-1}(-1)$ (4) $\cos^{-1} \dfrac{1}{2}$

[解答] (1) $y = \sin^{-1} \dfrac{1}{\sqrt{2}}$． $\dfrac{1}{\sqrt{2}} = \sin y$． $-\dfrac{\pi}{2} \leqq y \leqq \dfrac{\pi}{2}$ より $y = \dfrac{\pi}{4}$．

(2) $y = \sin^{-1}\left(-\dfrac{1}{2}\right)$． $-\dfrac{1}{2} = \sin y$． $-\dfrac{\pi}{2} \leqq y \leqq \dfrac{\pi}{2}$ より $y = -\dfrac{\pi}{6}$．

(3) $y = \tan^{-1}(-1)$． $-1 = \tan y$． $-\dfrac{\pi}{2} < y < \dfrac{\pi}{2}$ より $y = -\dfrac{\pi}{4}$．

(4) $y = \cos^{-1} \dfrac{1}{2}$． $\dfrac{1}{2} = \cos y$． $0 \leqq y \leqq \pi$ より $y = \dfrac{\pi}{3}$．

例題 31 — 逆三角関数の関係式

等式 $\sin^{-1} x + \cos^{-1} x = \dfrac{\pi}{2}$ が成り立つことを示せ．

[解答] $\alpha = \sin^{-1} x$, $\beta = \cos^{-1} x$ とおくと $x = \sin \alpha$ $\left(-\dfrac{\pi}{2} \leqq \alpha \leqq \dfrac{\pi}{2}\right)$, $x = \cos \beta$ $(0 \leqq \beta \leqq \pi)$．そこで $\alpha + \beta = \dfrac{\pi}{2}$ を示せばよい．

$x = \sin \alpha = \cos \beta = \sin\left(\dfrac{\pi}{2} - \beta\right)$． $\dfrac{\pi}{2} - \pi \leqq \dfrac{\pi}{2} - \beta \leqq \dfrac{\pi}{2} - 0$ で $-\dfrac{\pi}{2} \leqq \dfrac{\pi}{2} - \beta \leqq \dfrac{\pi}{2}$．ゆえにこの範囲内で上式が成り立つのは $\alpha = \dfrac{\pi}{2} - \beta$ のときのみ．よって $\alpha + \beta = \dfrac{\pi}{2}$．

例題 32 — 中間値の定理

次の方程式は与えられた区間に実数解をもつことを示せ．
$\sin x - x \cos x = 0$ 区間 $\left(\pi, \dfrac{3}{2}\pi\right)$

[解答] $f(x) = \sin x - x \cos x$ とおくと $f(x)$ は実数全体で連続である．
$f(\pi) = \sin \pi - \pi \cos \pi = \pi > 0$, $f\left(\dfrac{3}{2}\pi\right) = \sin \dfrac{3}{2}\pi - \dfrac{3}{2}\pi \cos \dfrac{3}{2}\pi = -1 < 0$．
$f(\pi)$ と $f\left(\dfrac{3}{2}\pi\right)$ は異符号なので，中間値の定理より $f(c) = 0$ となる c が $\pi < c < \dfrac{3}{2}\pi$ の範囲に存在する．

練習 24 $\tan^{-1} \dfrac{1}{2} + \tan^{-1} \dfrac{1}{3} = \dfrac{\pi}{4}$ を示せ．

練習 25 次の方程式は与えられた区間に実数解をもつことを示せ．
$20 \log_{10} x - x = 0$ 区間 $(1, 10)$

12　関数の連続性，関数列の連続性

・連続性の定義　$f(x)$ が $x = a$ で連続 $\iff \lim_{x \to a} f(x) = f(a)$

例題 33 ―――――――――――――――――――――― 関数の連続性 ―

次の関数が連続である範囲を求めよ．

(1)　$f(x) = \dfrac{x}{x^2 - 1}$　　(2)　$f(x) = \sqrt{x - 2}$　　(3)　$f(x) = \log_{10}(9 - x^2)$

(4)　$f(x) = [\,x\,]$　　(5)　$f(x) = \dfrac{1 - |x|}{|1 - x|}$

方針　$[\,x\,]$ は x を越えない最大の整数を表す．分数関数は分母を 0 としないすべての実数値で連続，無理関数 $\sqrt{x}$ は $x \geqq 0$ で連続，対数関数 $\log_a x$ は $x > 0$ で連続，$\sin x$, $\cos x$, 指数関数 a^x はすべての実数値で連続，$\tan x$, $\sec x$ は $x \neq n\pi + \dfrac{\pi}{2}$ で連続である．

解答　(1)　$x^2 - 1 \neq 0$ で連続 ($x < -1$, $-1 < x < 1$, $1 < x$ で連続)．

(2)　$x - 2 \geqq 0$ で連続，つまり $x \geqq 2$ で連続．

(3)　$9 - x^2 > 0$ で連続，すなわち $-3 < x < 3$ で連続．

(4)　$x = n$ ($0, \pm 1, \pm 2, \cdots$) で不連続，その他で連続 (右図)．

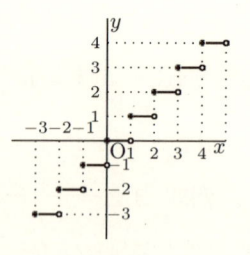

(5)　$f(x) = \begin{cases} \dfrac{1+x}{1-x} = -1 - \dfrac{2}{x-1} & (x < 0) \\ 1 & (0 \leqq x < 1) \\ -1 & (1 < x) \end{cases}$ (右図)

$x = 0$ においては $\lim_{x \to -0} f(x) = \lim_{x \to -0} \dfrac{1 - |x|}{|1 - x|} = 1$ であり，これは $f(0) = 1$ と等しいので $f(x)$ は $x = 0$ においても連続．したがって $f(x)$ は $x = 1$ を除くすべての x について連続．

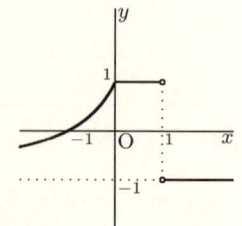

例題 34 ―――――――――――――――――――― 無限級数の和の連続性 ―

次の無限級数の和として定義される関数 $f(x)$ の連続性を調べ，そのグラフをかけ．

$$f(x) = x^2 + \frac{x^2}{1+x^2} + \frac{x^2}{(1+x^2)^2} + \frac{x^2}{(1+x^2)^3} + \cdots$$

解答　(i)　$x = 0$ のときは $f(0) = 0$ である．

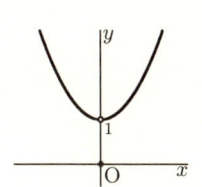

(ii) $x \neq 0$ のとき,初項 x^2,公比 $\dfrac{1}{1+x^2}$ の無限等比級数で,$0 < \dfrac{1}{1+x^2} < 1$ であるから,$f(x)$ は収束して,その和は $f(x) = \dfrac{x^2}{1 - \dfrac{1}{1+x^2}} = x^2 + 1.$

よってそのグラフは右図となり,$x = 0$ で不連続,その他の x で連続となる.

例題 35 ────────────────── 関数の連続性

次の極限によって定義された関数 $f(x)$ の連続性を調べ,そのグラフをかけ.
$$f(x) = \lim_{n \to \infty} \frac{x^{2n}}{1+x^{2n}}$$

[解答] (i) $|x| < 1$ のとき $\displaystyle\lim_{n \to \infty} x^{2n} = 0$ であるから $f(x) = 0$.

(ii) $|x| > 1$ のとき $f(x) = \displaystyle\lim_{n \to \infty} \frac{x^{2n}}{1+x^{2n}} = \lim_{n \to \infty} \frac{1}{\dfrac{1}{x^{2n}} + 1} = 1.$

(iii) $|x| = 1$ のとき $f(1) = f(-1) = \dfrac{1}{2}$.

ゆえに $y = f(x)$ のグラフは右図となり,$x = \pm 1$ で不連続,その他において連続となる.

例題 36 ────────────────── 関数の連続性

次の関数の連続性を調べよ
$$f(x) = \begin{cases} x \sin \dfrac{1}{x} & (x \neq 0) \\ 0 & (x = 0) \end{cases}$$

[解答] $x \neq 0$ のとき $\left| x \sin \dfrac{1}{x} \right| \leq |x|$ なので,$\displaystyle\lim_{x \to 0} \left| x \sin \dfrac{1}{x} \right| \leq \lim_{x \to 0} |x| = 0.$

ゆえに $\displaystyle\lim_{x \to 0} x \sin \dfrac{1}{x} = 0$. $x \to 0$ のとき $f(x) \to 0$ となり $f(0) = 0$ と一致するので,$x = 0$ において連続となる.したがって $-\infty < x < \infty$ で $f(x)$ は連続である.

練習 26 次の関数の連続性を調べて,グラフをかけ.
$$f(x) = \lim_{n \to \infty} \frac{x^n - 1}{x^n + 1}$$

練習 27 次の関数の連続性を調べよ.
$$f(x) = \begin{cases} \sin x \sin \dfrac{1}{x} & (x \neq 0) \\ 0 & (x = 0) \end{cases}$$

13 e に関する極限

- $\displaystyle\lim_{h\to 0}(1+h)^{\frac{1}{h}} = e, \quad \lim_{x\to\pm\infty}\left(1+\frac{1}{x}\right)^x = e, \quad (e = 2.71828\cdots).$

- e については，数列の極限として次の形でも表される．
$$\lim_{n\to\infty}\left(1+\frac{1}{n}\right)^n = e, \quad \lim_{n\to\infty}\left(1-\frac{1}{n}\right)^{-n} = e.$$

例題 37 ──────────────────── e に関する極限 (1)

$\displaystyle\lim_{x\to\infty}\left(1+\frac{1}{x}\right)^x = e$ を用いて，次の極限値を求めよ．

(1) $\displaystyle\lim_{x\to -\infty}\left(1+\frac{1}{x}\right)^x$　　(2) $\displaystyle\lim_{x\to 0}\frac{\log(1+x)}{x}$

方針 公式 $\displaystyle\lim_{x\to 0}(1+x)^{\frac{1}{x}} = e = 2.71828\cdots$ を用いる．

解答 (1) $x = -t$ とおくと $\displaystyle\left(1+\frac{1}{x}\right)^x = \left(1-\frac{1}{t}\right)^{-t} = \left(\frac{t-1}{t}\right)^{-t} = \left(\frac{t}{t-1}\right)^t$

$\displaystyle = \left(1+\frac{1}{t-1}\right)^t = \left(1+\frac{1}{t-1}\right)^{t-1}\left(1+\frac{1}{t-1}\right).$

$x \to -\infty$ のとき $t \to +\infty$ で，かつ $\displaystyle\lim_{t\to\infty}\left(1+\frac{1}{t-1}\right)^{t-1} = e, \; \lim_{t\to\infty}\left(1+\frac{1}{t-1}\right) = 1$

より $\displaystyle\lim_{x\to -\infty}\left(1+\frac{1}{x}\right)^x = e.$

(2) $x = \dfrac{1}{t}$ とおくと $x \to -\infty$ のとき $t \to 0$ となる．(1)式を t で書き換えると

$\displaystyle\lim_{t\to 0}(1+t)^{\frac{1}{t}} = e$ となる．ゆえに $\displaystyle\lim_{t\to 0}\frac{\log(1+t)}{t} = \lim_{t\to 0}\log(1+t)^{\frac{1}{t}} = \log e = 1.$

ここで t を x に書き換えると $\displaystyle\lim_{x\to 0}\frac{\log(1+x)}{x} = 1.$

例題 38 ──────────────────── e に関する極限 (2)

次の極限値を求めよ．
(1) $\displaystyle\lim_{x\to 0}\frac{e^x - 1}{x}$　　(2) $\displaystyle\lim_{x\to 0}\frac{e^x - e^{-x}}{x}$

方針 (1) $e^x - 1 = t$ とおく　(2) (1) を用いる．

解答 (1) $e^x - 1 = t$ とおくと $e^x = t + 1$ なので $x = \log_e(t+1)$．

また $x \to 0$ のとき $t \to 0$ なので，

$$\lim_{x \to 0} \frac{e^x - 1}{x} = \lim_{t \to 0} \frac{t}{\log_e(t+1)} = \lim_{t \to 0} \frac{1}{\log_e(1+t)^{\frac{1}{t}}} = \frac{1}{\log_e e} = 1.$$

(2) $\displaystyle \lim_{x \to 0} \frac{e^x - e^{-x}}{x} = \lim_{x \to 0} e^{-x} \cdot \frac{e^{2x} - 1}{x} = \lim_{x \to 0} e^{-x} \cdot 2 \cdot \frac{e^{2x} - 1}{2x} = 1 \cdot 2 \cdot 1 = 2.$

解説 (1) は微分の定義式より $f'(a) = \displaystyle\lim_{x \to a} \frac{f(x) - f(a)}{x - a}$ を用いて，次のように解くこともできる．$f(x) = e^x$ とすると $\displaystyle\lim_{x \to 0} \frac{e^x - 1}{x} = \lim_{x \to 0} \frac{e^x - e^0}{x - 0} = f'(0)$.

$f'(x) = e^x$ から $f'(0) = e^0 = 1$ なので，$\displaystyle\lim_{x \to 0} \frac{e^x - 1}{x} = 1$.

この式はよく使われるので覚えておくこと．

例題 39 ────────────────── e に関する極限 (3)

次の極限値を求めよ．

(1) $\displaystyle\lim_{x \to \pm\infty} \left(1 - \frac{1}{x}\right)^x$ (2) $\displaystyle\lim_{x \to \pm\infty} \left(1 + \frac{2}{x}\right)^x$ (3) $\displaystyle\lim_{x \to 0} \frac{1}{x}\{\log(x+2) - \log 2\}$

解答 (1) 与式 $= \displaystyle\lim_{x \to \pm\infty} \left[\left\{1 + \left(-\frac{1}{x}\right)\right\}^{-x}\right]^{-1} = e^{-1} = \frac{1}{e}.$

(2) 与式 $= \displaystyle\lim_{x \to \pm\infty} \left\{\left(1 + \frac{2}{x}\right)^{\frac{x}{2}}\right\}^2 = e^2.$

(3) 与式 $= \displaystyle\lim_{x \to 0} \frac{1}{x} \log\left(1 + \frac{x}{2}\right) = \lim_{x \to 0} \frac{1}{2} \log\left(1 + \frac{x}{2}\right)^{\frac{2}{x}} = \frac{1}{2} \cdot 1 = \frac{1}{2}.$

例題 40 ────────────────── e に関する極限 (4)

$\sqrt[n]{x} - 1 = h$ とおくことにより，次の極限値を求めよ．
$\displaystyle\lim_{n \to \infty} n(\sqrt[n]{x} - 1) \quad (x > 0)$

解答 $n \to \infty$ のとき $h \to 0$. $x = (1+h)^n$ の対数をとって $n = \dfrac{\log x}{\log(1+h)}$.

ゆえに $\displaystyle\lim_{n \to \infty} n(\sqrt[n]{x} - 1) = \lim_{h \to 0} \frac{h \log x}{\log(1+h)} = \lim_{h \to 0} \frac{\log x}{\log(1+h)^{\frac{1}{h}}} = \log x.$

練習 28 次の極限値を求めよ．

(1) $\displaystyle\lim_{x \to 0} \frac{e^{2x} - e^{-2x}}{x}$ (2) $\displaystyle\lim_{x \to 1} \frac{\log x}{x - 1}$ (3) $\displaystyle\lim_{x \to \infty} \left(1 + \frac{1}{x^2}\right)^x$ (4) $\displaystyle\lim_{x \to 0} \frac{a^x - 1}{x}$

14 微分可能性と連続性，定義による導関数 (微分係数)

・関数 $f(x)$ は点 a で微分可能 $\Longrightarrow$ 関数 $f(x)$ は点 a で連続 (逆は一般に成立しない)

例題 4 1 ──────────────── 微分可能性と連続性 ─

関数 $f(x)$ が $x = a$ で微分可能ならば，$x = a$ において連続であることを示せ．

解答 $x = a$ で連続であることを示すには $\lim_{x \to a} f(x) = f(a)$ を示せばよい．

$f(x)$ は $x = a$ で微分可能であるから $f'(a) = \lim_{x \to a} \dfrac{f(x) - f(a)}{x - a}$ である．

したがって $\lim_{x \to a} \{f(x) - f(a)\} = \lim_{x \to a} \dfrac{f(x) - f(a)}{x - a} \cdot (x - a) = f'(a) \cdot 0 = 0.$

ゆえに $\lim_{x \to a} f(x) = f(a)$ となり，$f(x)$ は $x = a$ において連続である．

研究 逆はいえない．たとえば $y = |x|$ において $x = 0$ で連続であるが微分可能ではない．反例としては

$$f(x) = |x| = \begin{cases} x & (x \geqq 0) \\ -x & (x < 0) \end{cases}$$ とすると $x = 0$ で

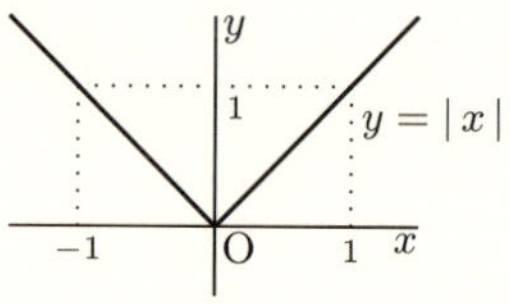

$$\lim_{h \to +0} \dfrac{f(0+h) - f(0)}{h} = \lim_{h \to +0} \dfrac{h - 0}{h} = 1,$$

$$\lim_{h \to -0} \dfrac{f(0+h) - f(0)}{h} = \lim_{h \to -0} \dfrac{-h - 0}{h} = -1$$

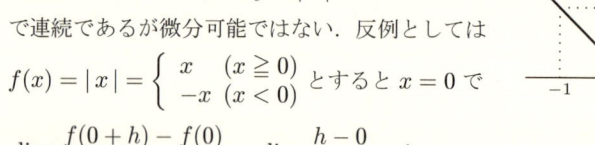

となって，$x = 0$ では微分係数が定まらないので微分可能ではない．

直観的には $y = |x|$ は折れ線になっているため，原点で接線がただ 1 本だけではないので $x = 0$ で微分可能でない．

例題 4 2 ──────────────── 微分可能性と連続性 ─

次の関数 $f(x)$ の微分可能性と連続性を調べよ．

$$f(x) = \begin{cases} x^2 \sin \dfrac{1}{x} & (x \neq 0) \\ 0 & (x = 0) \end{cases}$$

解答 $x \neq 0$ で $f'(x) = 2x \sin \dfrac{1}{x} - \cos \dfrac{1}{x}$ となり微分可能である．したがって $f(x)$ は $x \neq 0$ で連続である．$x = 0$ のときは

$$0 \leqq \lim_{h \to 0} \left| \dfrac{f(0+h) - f(0)}{h} \right| = \lim_{h \to 0} \left| \dfrac{h^2 \sin \dfrac{1}{h} - 0}{h} \right| = \lim_{h \to 0} \left| h \sin \dfrac{1}{h} \right| \leqq \lim_{h \to 0} |h| = 0$$

なので $f'(0) = 0$ となり微分可能である．ゆえに $x = 0$ でも微分可能なので連続である．ゆえにすべての点で連続である．

研究 $\left| \sin \dfrac{1}{x} \right| \leqq 1$ であるから，

$$\lim_{x \to 0} |f(x)| = \lim_{x \to 0} \left| x^2 \sin \dfrac{1}{x} \right| \leqq \lim_{x \to 0} x^2 = 0.$$

ゆえに $\lim\limits_{x \to 0} f(x) = 0 = f(0)$ となるから $f(x)$ は $x = 0$ で連続である．

例題 43 ──────────────── 定義による導関数

定義に従って次の関数の導関数を求めよ．
(1) $f(x) = x^2$ (2) $f(x) = \sqrt{x}$

解答 (1) $f'(x) = \lim\limits_{h \to 0} \dfrac{f(x+h) - f(x)}{h} = \lim\limits_{h \to 0} \dfrac{(x+h)^2 - x^2}{h} = \lim\limits_{h \to 0} \dfrac{2hx + h^2}{h}$

$= \lim\limits_{h \to 0} (2x + h) = 2x.$

(2) $f'(x) = \lim\limits_{h \to 0} \dfrac{f(x+h) - f(x)}{h} = \lim\limits_{h \to 0} \dfrac{\sqrt{x+h} - \sqrt{x}}{h} = \lim\limits_{h \to 0} \dfrac{1}{\sqrt{x+h} + \sqrt{x}} = \dfrac{1}{2\sqrt{x}}.$

例題 44 ──────────────── 定義による導関数

$f(x)$ が $x = a$ で微分可能なとき，次の極限値を $f'(a)$ で表せ．
$$\lim_{h \to 0} \dfrac{f(a + 3h) - f(a)}{h}$$

解答 $\lim\limits_{h \to 0} \dfrac{f(a + 3h) - f(a)}{h} = \lim\limits_{h \to 0} 3 \cdot \dfrac{f(a + 3h) - f(a)}{3h} = 3f'(a).$

練習 29 次の関数の微分可能性と連続性を調べよ．

$$f(x) = \begin{cases} x \sin \dfrac{1}{x} & (x \neq 0) \\ 0 & (x = 0) \end{cases}$$

練習 30 定義に従って，次の関数の $x = a$ における導関数を求めよ．

$$f(x) = \dfrac{x + 2}{x + 1}$$

練習 31 $f(x)$ が $x = a$ で微分可能なとき，次の極限値を $f(a)$ と $f'(a)$ で表せ．

$$\lim_{x \to a} \dfrac{af(x) - xf(a)}{x - a}$$

15 整関数，分数関数の微分，無理関数の微分

・基本公式　u, v, w を微分可能な関数，h, k, c を定数とする

$$c' = 0, \quad (x^\alpha)' = \alpha x^{\alpha-1} \ (\alpha \text{ は実数}), \quad (hu+kv)' = hu' + kv' \ (線形性)$$

$$(uv)' = u'v + uv', \quad 商 \ \left(\frac{u}{v}\right)' = \frac{u'v - uv'}{v^2}, \quad 特に \ \left(\frac{1}{v}\right)' = -\frac{1}{v^2}$$

・合成関数の微分　$y = f(u)$, $u = g(x)$ のとき，

$$y' = f'(u)u' \quad \left(\frac{dy}{dx} = \frac{dy}{du} \cdot \frac{du}{dx}\right)$$

例題 45 ──────────────── 定数倍および和差の微分

次の関数を微分せよ．
(1) $y = x^5 - 2x^3 + x + 3$　　(2) $y = \sqrt[5]{x^3} + 4\sqrt{x}$

解答　(1) $y' = (x^5 - 2x^3 + x + 3)' = (x^5)' + (-2x^3)' + (x)' + (3)'$
$= (x^5)' - 2(x^3)' + (x)' + (3)' = 5x^4 - 2(3x^2) + 1 + 0 = 5x^4 - 6x^2 + 1.$

(2) $y' = \left(x^{\frac{3}{5}} + 4x^{\frac{1}{2}}\right)' = \left(x^{\frac{3}{5}}\right)' + \left(4x^{\frac{1}{2}}\right)' = \frac{3}{5}x^{-\frac{2}{5}} + 4 \cdot \frac{1}{2}x^{-\frac{1}{2}} = \frac{3}{5\sqrt[5]{x^2}} + \frac{2}{\sqrt{x}}.$

解説　各項についてそれぞれ微分する．定数係数は外に出して微分してもよい．

例題 46 ──────────────── 整関数・分数関数の微分

次の関数を微分せよ．
(1) $y = (x^2 - 3x + 1)(x^2 + 1)$　　(2) $y = (x+1)(x-2)(2x+1)$
(3) $y = \dfrac{1}{x^2 + 1}$　　　　　　(4) $y = \dfrac{x^2 + x + 1}{x^2 - x + 1}$

解答　(1) $y' = (x^2 - 3x + 1)'(x^2 + 1) + (x^2 - 3x + 1)(x^2 + 1)'$
$= (2x - 3)(x^2 + 1) + (x^2 - 3x + 1) \cdot 2x = 4x^3 - 9x^2 + 4x - 3.$

(2) $y' = (x+1)'(x-2)(2x+1) + (x+1)(x-2)'(2x+1) + (x+1)(x-2)(2x+1)'$
$= (x-2)(2x+1) + (x+1)(2x+1) + 2(x+1)(x-2) = 6x^2 - 2x - 5.$

(3) $y' = \dfrac{-(x^2+1)'}{(x^2+1)^2} = -\dfrac{2x}{(x^2+1)^2}.$

(4) $y' = \dfrac{(x^2+x+1)'(x^2-x+1) - (x^2+x+1)(x^2-x+1)'}{(x^2-x+1)^2}$

$= \dfrac{(2x+1)(x^2-x+1) - (x^2+x+1)(2x-1)}{(x^2-x+1)^2} = \dfrac{-2x^2+2}{(x^2-x+1)^2}.$

例題 47 ──────────── 合成関数の導関数

次の関数を微分せよ.
(1) $y = (x^2 + x + 1)^4$ (2) $y = \left(x + \dfrac{1}{x^2}\right)^3$

解答 (1) $y' = 4(x^2 + x + 1)^3(x^2 + x + 1)' = 4(x^2 + x + 1)^3(2x + 1)$.

(2) $y' = 3\left(x + \dfrac{1}{x^2}\right)^2 \left(x + \dfrac{1}{x^2}\right)' = 3\left(x + \dfrac{1}{x^2}\right)^2 (x + x^{-2})'$

$= 3\left(x + \dfrac{1}{x^2}\right)^2 \left(1 - \dfrac{2}{x^3}\right)$.

解説 (1) では $y = (x^2 + x + 1)^4$ を $y = u^4$, $u = x^2 + x + 1$ と表して,合成関数の微分を行っている.

例題 48 ──────────── 無理関数の導関数

次の関数を微分せよ.
(1) $y = \sqrt[3]{x^2 - x + 1}$ (2) $y = \sqrt{\dfrac{x^2 - 1}{x^2 + 1}}$

解答 (1) $y = \sqrt[3]{x^2 - x + 1} = (x^2 - x + 1)^{\frac{1}{3}}$ なので,

$y' = \dfrac{1}{3}(x^2 - x + 1)^{-\frac{2}{3}}(x^2 - x + 1)' = \dfrac{2x - 1}{3\sqrt[3]{(x^2 - x + 1)^2}}$.

(2) $y = \sqrt{\dfrac{x^2 - 1}{x^2 + 1}} = \left(\dfrac{x^2 - 1}{x^2 + 1}\right)^{\frac{1}{2}}$ なので,

$y' = \dfrac{1}{2}\left(\dfrac{x^2 - 1}{x^2 + 1}\right)^{-\frac{1}{2}} \left(\dfrac{x^2 - 1}{x^2 + 1}\right)' = \dfrac{1}{2} \cdot \dfrac{1}{\sqrt{\dfrac{x^2 - 1}{x^2 + 1}}} \cdot \dfrac{2x(x^2 + 1) - (x^2 - 1) \cdot 2x}{(x^2 + 1)^2}$

$= \dfrac{1}{2}\sqrt{\dfrac{x^2 + 1}{x^2 - 1}} \cdot \dfrac{4x}{(x^2 + 1)^2} = \dfrac{2x}{\sqrt{x^2 - 1} \cdot (x^2 + 1)\sqrt{x^2 + 1}} = \dfrac{2x}{(x^2 + 1)\sqrt{x^4 - 1}}$.

研究 (1), (2) は次の方法で解くとまちがいが少ない (合成関数の微分の応用).

例えば (1) は両辺を 3 乗して $y^3 = x^2 - x + 1$.

両辺を微分して $3y^2 y' = 2x - 1$. ゆえに $y' = \dfrac{2x - 1}{3y^2} = \dfrac{2x - 1}{3\sqrt[3]{(x^2 - x + 1)^2}}$.

練習 32 次の関数を微分せよ.

(1) $y = 2x - \dfrac{3}{x} + \dfrac{5}{x^2}$ (2) $y = \left(\dfrac{2x + 3}{x^2 - 1}\right)^2$ (3) $y = (x + \sqrt{1 + x^2})^{10}$

(4) $y = \dfrac{1}{x + \sqrt{x^2 - 1}}$ (5) $y = \sqrt[3]{x^2 + 2}$ (6) $y = \dfrac{1}{\sqrt{x^2 + 3}}$

16 三角関数，指数関数の微分

・三角関数，指数関数の微分
$$(\sin x)' = \cos x, \quad (\cos x)' = -\sin x, \quad (\tan x)' = \frac{1}{\cos^2 x}$$
$$(e^x)' = e^x, \quad (a^x)' = a^x \log a \quad (a > 0, \ a \neq 1)$$

例題 49 ─────────────── 三角関数の微分

次の関数を微分せよ．
(1) $y = \sin(3x + 2)$ (2) $y = \sin x \cos x$ (3) $y = \sin^2 x$
(4) $y = x^2 \sin \dfrac{1}{x}$ (5) $y = \tan^2 \left(3x - \dfrac{\pi}{4}\right)$ (6) $y = \dfrac{\sin x - \cos x}{\sin x + \cos x}$

解答 (1) $y' = \cos(3x + 2) \cdot (3x + 2)' = 3\cos(3x + 2)$.

(2) $y' = (\sin x)' \cos x + \sin x (\cos x)' = \cos^2 x - \sin^2 x = \cos 2x$.

(3) $y' = 2 \sin x \cdot (\sin x)' = 2 \sin x \cos x$.

(4) $y' = (x^2)' \sin \dfrac{1}{x} + x^2 \cdot \left(\sin \dfrac{1}{x}\right)' = 2x \sin \dfrac{1}{x} + x^2 \cos \dfrac{1}{x} \cdot \left(\dfrac{1}{x}\right)'$

$= 2x \sin \dfrac{1}{x} + x^2 \cdot \left(-\dfrac{1}{x^2}\right) \cos \dfrac{1}{x} = 2x \sin \dfrac{1}{x} - \cos \dfrac{1}{x}$.

(5) $y' = 2 \tan \left(3x - \dfrac{\pi}{4}\right) \cdot \left\{\tan \left(3x - \dfrac{\pi}{4}\right)\right\}'$

$= 2 \tan \left(3x - \dfrac{\pi}{4}\right) \cdot \dfrac{3}{\cos^2 \left(3x - \dfrac{\pi}{4}\right)} = \dfrac{6 \sin \left(3x - \dfrac{\pi}{4}\right)}{\cos^3 \left(3x - \dfrac{\pi}{4}\right)}$.

(6) $y' = \dfrac{(\sin x - \cos x)'(\sin x + \cos x) - (\sin x - \cos x)(\sin x + \cos x)'}{(\sin x + \cos x)^2}$

$= \dfrac{(\sin x + \cos x)^2 + (\sin x - \cos x)^2}{(\sin x + \cos x)^2} = \dfrac{2(\sin^2 x + \cos^2 x)}{(\sin x + \cos x)^2}$

$= \dfrac{2}{(\sin x + \cos x)^2} = \dfrac{2}{1 + 2 \sin x \cos x} = \dfrac{2}{1 + \sin 2x}$.

例題 50 ─────────────── 三角関数の公式を利用した微分

次の関数を微分せよ．
(1) $y = \sin x \cos 2x$ (2) $y = \sin^2 x \cos^2 x$ (3) $y = 2x \cos^2 \dfrac{x}{2}$

方針 三角関数の公式を用いると微分計算が楽になったり，結果を簡潔にまとめること

ができる．(2), (3) は 2 倍角・半角の公式を用いて，次数を下げた形に変形する．

解答 (1) 積→和の公式から $y = \dfrac{1}{2}(\sin 3x - \sin x)$. ゆえに $y' = \dfrac{1}{2}(3\cos 3x - \cos x)$.

(2) $y = \sin^2 x \cos^2 x = \left(\dfrac{1}{2}\sin 2x\right)^2 = \dfrac{1}{4}\sin^2 2x$ より，

$y' = \dfrac{1}{4} \cdot 2\sin 2x \cdot (\sin 2x)' = \sin 2x \cos 2x = \dfrac{1}{2}\sin 4x$.

(3) 半角の公式 $\cos^2 \dfrac{x}{2} = \dfrac{1+\cos x}{2}$ より $y = x(1+\cos x)$.

ゆえに $y' = 1 \cdot (1+\cos x) + x \cdot (-\sin x) = \cos x - x \sin x + 1$.

解説 (1) 積の微分では $y' = \cos x \cos 2x - \sin x \cdot 2 \sin 2x = \cos x \cos 2x - 4\sin^2 x \cos x$
$= \cos x(2\cos^2 x - 1) - 4(1-\cos^2 x)\cos x = 6\cos^3 x - 5\cos x$ となる．
これが (1) の解答と同じであることは，3 倍角の公式 $\cos 3x = 4\cos^3 x - 3\cos x$
より容易に確認される．

(2) 積の微分では $y' = 2\sin x \cos^3 x - 2\cos x \sin^3 x = 2\sin x \cos x(\cos^2 x - \sin^2 x)$
$= \sin 2x \cos 2x = \dfrac{1}{2}\sin 4x$ となり，(2) の解答と一致する．

(3) 直接微分すると $y' = 2\cos^2 \dfrac{x}{2} + 2x \cdot 2\cos \dfrac{x}{2} \cdot \left(-\dfrac{1}{2}\sin \dfrac{x}{2}\right)$

$= 2\cos^2 \dfrac{x}{2} - 2x \cos \dfrac{x}{2} \sin \dfrac{x}{2}$. これは (3) の解答と一致する (確認してみよ)．

例題 51 ─────────────────── 指数関数の微分

次の関数を微分せよ．
(1) $y = 2^{3x}$ (2) $y = 10^{\sin x}$ (3) $y = xe^{-x^2}$
(4) $y = e^x \sin x$ (5) $y = (e^x + e^{-x})^3$

解答 (1) $3x = u$ とおくと $y' = 2^u \log 2 \cdot u' = 3 \cdot 2^{3x} \log 2$.

(2) $\sin x = u$ とおくと $y' = 10^u \log 10 \cdot u' = 10^{\sin x} \cos x \log 10$.

(3) $y' = (x)' e^{-x^2} + x(e^{-x^2})' = e^{-x^2} + xe^{-x^2}(-x^2)' = e^{-x^2}(1 - 2x^2)$.

(4) $y' = (e^x)' \sin x + e^x (\sin x)' = e^x \sin x + e^x \cos x = e^x(\sin x + \cos x)$.

(5) $y' = 3(e^x + e^{-x})^2 \cdot (e^x + e^{-x})' = 3(e^x + e^{-x})^2 (e^x - e^{-x})$.

練習 33 次の関数を微分せよ．ただし a, b は定数とする．

(1) $y = \sin(x+a)\cos(x-a)$ (2) $y = \sin x \cos^2 x$ (3) $y = \tan^2(\sin x)$

(4) $y = e^{ax}(\sin bx + \cos bx)$ (5) $y = \dfrac{1}{e^x} + e^{\sin x}$ (6) $y = \dfrac{e^x + e^{-x}}{e^x - e^{-x}}$

17 対数関数の微分，対数微分法，逆関数の微分

- 対数関数の微分　$(\log |x|)' = (\log x)' = \dfrac{1}{x}$, 　　$(\log_a |x|)' = (\log_a x)' = \dfrac{1}{x \log a}$

  $$(\log |y|)' = (\log y)' = \dfrac{y'}{y}$$

- 対数微分法　$(\log |y|)' = \dfrac{y'}{y}$ を利用して，関数 $y = f(x)$ の両辺の対数をとって微分する方法．

- 逆関数の微分　逆関数 $y = f^{-1}(x)$ の導関数は　　$y' = \dfrac{dy}{dx} = \dfrac{1}{\dfrac{dx}{dy}} = \dfrac{1}{f'(y)}$

例題 5 2 ────────────────── 対数関数の微分 ─

次の関数を微分せよ．
(1)　$y = \log \sqrt{x^2 + 1}$　　(2)　$y = \log \dfrac{x^2 - 2}{x^2 + 2}$　　(3)　$y = \log_a(x + \sqrt{x^2 + a^2})$

[方針]　$(\log |f(x)|)' = \dfrac{f'(x)}{f(x)}$ を用いる．

[解答]　(1)　$y = \dfrac{1}{2}\log(x^2 + 1)$ なので $y' = \dfrac{1}{2} \cdot \dfrac{2x}{x^2 + 1} = \dfrac{x}{x^2 + 1}$.

(2)　$y = \log(x^2 - 2) - \log(x^2 + 2)$ なので $y' = \dfrac{2x}{x^2 - 2} - \dfrac{2x}{x^2 + 2} = \dfrac{8x}{x^4 - 4}$.

(3)　$y' = \dfrac{1}{(x + \sqrt{x^2 + a^2}) \log a} \cdot \left(1 + \dfrac{x}{\sqrt{x^2 + a^2}}\right)$

$ = \dfrac{1}{(x + \sqrt{x^2 + a^2}) \log a} \cdot \dfrac{\sqrt{x^2 + a^2} + x}{\sqrt{x^2 + a^2}} = \dfrac{1}{\sqrt{x^2 + a^2} \log a}$.

例題 5 3 ────────────────── 対数微分法 ─

対数微分法により，次の関数を微分せよ．
(1)　$y = \sqrt{\dfrac{x^2 - 1}{x^2 + 1}}$　　(2)　$y = x^x$　$(x > 0)$　　(3)　$y = x^{x^x}$　$(x > 0)$

[方針]　両辺の対数をとって微分するのが対数微分法で，一般には両辺の絶対値の対数をとる．(3) は (2) を利用する．

[解答]　(1)　両辺の対数をとると $\log |y| = \dfrac{1}{2} \log |x^2 - 1| - \dfrac{1}{2} \log |x^2 + 1|$.

この両辺を x で微分すると

$\dfrac{y'}{y} = \dfrac{1}{2} \cdot \dfrac{2x}{x^2 - 1} - \dfrac{1}{2} \cdot \dfrac{2x}{x^2 + 1} = \dfrac{x}{x^2 - 1} - \dfrac{x}{x^2 + 1} = \dfrac{2x}{(x^2 + 1)(x^2 - 1)}$.

$$y' = y \cdot \frac{2x}{(x^2+1)(x^2-1)} = \sqrt{\frac{x^2-1}{x^2+1}} \cdot \frac{2x}{(x^2+1)(x^2-1)} = \frac{2x}{(x^2+1)\sqrt{x^4-1}}.$$

(2) 両辺の対数をとると $\log y = x \log x$. この両辺を x で微分すると

$$\frac{y'}{y} = (x)' \log x + x(\log x)' = \log x + x \cdot \frac{1}{x} = \log x + 1.$$

$$y' = y(\log x + 1) = x^x (\log x + 1).$$

(3) 両辺の対数をとると $\log y = x^x \log x$. この両辺を x で微分すると,

(2) より $\dfrac{y'}{y} = x^x (\log x + 1) \log x + x^x \cdot \dfrac{1}{x} = x^x \left\{ (1 + \log x) \log x + \dfrac{1}{x} \right\}.$

$$y' = x^x \cdot x^{x^x} \left\{ (1 + \log x) \log x + \frac{1}{x} \right\}.$$

研究 対数微分法は積, 商, 累乗, 累乗根などの形の関数の微分に用いると便利である. (1) は **例題48** の (2) と同じ問題である.

例題 5 4 ──────────────────── 逆関数の微分 ─

$x = \sqrt[3]{y^2 - 1}$ のとき, $\dfrac{dy}{dx}$ を求めよ.

解答 $\dfrac{dx}{dy} = \dfrac{1}{3}(y^2-1)^{-\frac{2}{3}} \cdot (y^2-1)' = \dfrac{2y}{3\sqrt[3]{(y^2-1)^2}} = \dfrac{2y}{3x^2}$. ゆえに $\dfrac{dy}{dx} = \dfrac{1}{\dfrac{dx}{dy}} = \dfrac{3x^2}{2y}.$

例題 5 5 ──────────────── 微分の三角関数の公式への応用 ─

(1) 正弦の加法定理 $\sin(x + \alpha) = \sin x \cos \alpha + \cos x \sin \alpha$ の両辺を x で微分するとどんな式が得られるか.

(2) 余弦の2倍角の公式 $\cos 2x = \cos^2 x - \sin^2 x$ の両辺を x で微分するとどんな式が得られるか.

解答 (1) (左辺)$' = \cos(x + \alpha)$. (右辺)$' = \cos x \cos \alpha - \sin x \sin \alpha$.
ゆえに $\cos(x + \alpha) = \cos x \cos \alpha - \sin x \sin \alpha$. これは余弦の加法定理である.

(2) (左辺)$' = -2 \sin 2x$. (右辺)$' = -4 \sin x \cos x$. ゆえに $-2 \sin 2x = -4 \sin x \cos x$.
つまり $\sin 2x = 2 \sin x \cos x$. これは正弦の2倍角の公式である.

練習 34 次の関数を微分せよ. (4), (5) は対数微分法を用いよ.

(1) $y = \log \cos x$ (2) $y = \log_2 x$ (3) $y = \sqrt{1 + \log x}$

(4) $y = \dfrac{(x+1)^3}{(x-2)^2 (x+3)^2}$ (5) $y = \sqrt[5]{(x^2+1)^4} \sqrt[3]{(x^2+2)^2}$

練習 35 $x = y^2 - y + 1$ のとき, $\dfrac{dy}{dx}$ を求めよ.

18 陰関数，媒介変数表示関数，逆三角関数の微分

・陰関数 $F(x, y) = 0$ の微分

$$\frac{d\,f(y)}{dx} = \frac{d\,f(y)}{dy} \cdot \frac{dy}{dx}$$ を用いて，$F(x,y) = 0$ の両辺を x で微分する．

・媒介変数 $x = f(t),\ y = g(t)$ の微分 $\quad \dfrac{dy}{dx} = \dfrac{\dfrac{dy}{dt}}{\dfrac{dx}{dt}} = \dfrac{g'(t)}{f'(t)}$

・逆三角関数の微分

$$(\sin^{-1} x)' = \frac{1}{\sqrt{1-x^2}},\quad (\cos^{-1} x)' = -\frac{1}{\sqrt{1-x^2}},\quad (\tan^{-1} x)' = \frac{1}{1+x^2}$$

例題 56 ────────────────── 陰関数の微分

$x^3 + y^3 = 3xy$ について $\dfrac{dy}{dx}$ を求めよ．ただし y を用いて表してもよい．

[方針] $y = f(x)$ で表される関数を陽関数，また $F(x, y) = 0$ で表される関数を陰関数という．$x^3 + y^3 = 3xy$ は $y = f(x)$ と表すことは難しいが，x の関数であるので y^3 は合成関数であると考えて微分する．

[解答] $x^3 + y^3 = 3xy$ より y は x の関数であるから

$$\frac{d}{dx} y^3 = \frac{d}{dy} y^3 \cdot \frac{dy}{dx} = 3y^2 \cdot y',\quad \frac{d}{dx}(3xy) = 3y + 3x \frac{dy}{dx} = 3y + 3xy'$$

より $3x^2 + 3y^2 y' = 3y + 3xy'$ である．これから $y' = \dfrac{x^2 - y}{x - y^2}$ である．

例題 57 ────────────────── 媒介変数表示関数の微分

媒介変数 t で表された次の関数び導関数を求めよ．
$$\begin{cases} x = 2(t - \sin t) \\ y = 2(1 - \cos t) \end{cases}$$

[解答] $\dfrac{dx}{dt} = 2(1 - \cos t),\ \dfrac{dy}{dt} = 2\sin t$ より，$\dfrac{dy}{dx} = \dfrac{\dfrac{dy}{dt}}{\dfrac{dx}{dt}} = \dfrac{2\sin t}{2(1-\cos t)} = \dfrac{\sin t}{1 - \cos t}$．

例題 58 ────────────────── 逆三角関数の微分

$y = \sin^{-1} x\ \left(-\dfrac{\pi}{2} < y < \dfrac{\pi}{2}\right)$ の導関数を求め，$y = \sin^{-1} \dfrac{1}{x}$ を微分せよ $(x > 1)$．

解答 $y = \sin^{-1} x$ から $x = \sin y$ なので，この両辺を x で微分して $1 = \cos y \cdot \dfrac{dy}{dx}$．
ゆえに $\cos y \ne 0$ なので，$\dfrac{dy}{dx} = \dfrac{1}{\cos y}$ である．
ところで $-\dfrac{\pi}{2} < y < \dfrac{\pi}{2}$ では $\cos y > 0$ なので，$\cos y = \sqrt{1 - \sin^2 y} = \sqrt{1 - x^2}$．
ゆえに $\dfrac{dy}{dx} = \dfrac{1}{\sqrt{1 - x^2}}$ である．$y = \sin^{-1} \dfrac{1}{x}$ を x で微分する．$\dfrac{1}{x} = u$ とおくと
$y' = \dfrac{dy}{dx} = \dfrac{dy}{du} \cdot \dfrac{du}{dx} = \dfrac{1}{\sqrt{1 - u^2}} \cdot \left(\dfrac{1}{x}\right)' = \dfrac{1}{\sqrt{1 - \dfrac{1}{x^2}}} \cdot \left(-\dfrac{1}{x^2}\right) = -\dfrac{1}{x\sqrt{x^2 - 1}}$．

研究 $y = \cos^{-1} x \ (0 < y < \pi)$ のとき，$y' = -\dfrac{1}{\sqrt{1 - x^2}}$．

$y = \tan^{-1} x \ \left(-\dfrac{\pi}{2} < y < \dfrac{\pi}{2}\right)$ のとき，$y' = \dfrac{1}{1 + x^2}$ である．

これは $y = \tan^{-1} x$ から $x = \tan y$ なので，両辺を x で微分して $1 = \dfrac{1}{\cos^2 y} \cdot y'$．

ゆえに $y' = \cos^2 y = \dfrac{1}{1 + \tan^2 y} = \dfrac{1}{1 + x^2}$ である．

例題 59 ───────────── 陰関数・逆三角関数の微分 ─

次の関数式における y' を求めよ．ただし y を用いてもよい．

$$\dfrac{1}{2} \log (x^2 + y^2) = \tan^{-1} \dfrac{y}{x}$$

解答 $\dfrac{1}{2} \log (x^2 + y^2) = \tan^{-1} \dfrac{y}{x}$ の両辺を x で微分すると，

$\dfrac{1}{2} \cdot \dfrac{1}{x^2 + y^2} \cdot (x^2 + y^2)' = \dfrac{1}{1 + \left(\dfrac{y}{x}\right)^2} \cdot \left(\dfrac{y}{x}\right)'$．$\dfrac{x + yy'}{x^2 + y^2} = \dfrac{x^2}{x^2 + y^2} \cdot \dfrac{y'x - y}{x^2} = \dfrac{y'x - y}{x^2 + y^2}$．

ゆえに $x + yy' = y'x - y$ なので，$y' = \dfrac{x + y}{x - y}$ である．

✍✍✍✍✍✍✍✍✍✍✍✍✍✍✍✍✍✍✍✍✍✍✍✍✍✍✍✍✍✍✍✍✍✍

練習 36 次の関数について $\dfrac{dy}{dx}$ を求めよ．ただし (1), (2) は t の関数で，(3), (4) は y を用いて表してもよい．また a, b は定数とする．

(1) $\begin{cases} x = t + \dfrac{1}{t} \\ y = t - \dfrac{1}{t} \end{cases}$ \qquad (2) $\begin{cases} x = a \cos^3 t \\ y = a \sin^3 t \end{cases}$ \qquad (3) $ax^2 + by^2 = 1$

(4) $x = \cos(x + y)$ \qquad (5) $y = \cos^{-1}(2 \sin x)$ \qquad (6) $y = \sin^{-1}(\log x)$

総合演習 2

2.1 次の各極限を求めよ．

(1) $\displaystyle\lim_{x\to\infty}(\sqrt{x^2+3x+1}-x)$

(2) $\displaystyle\lim_{x\to\frac{\pi}{4}}\frac{\sin x-\cos x}{x-\frac{\pi}{4}}$

(3) $\displaystyle\lim_{x\to\infty}\frac{\sin kx}{x}$

(4) $\displaystyle\lim_{x\to\frac{\pi}{2}}\frac{\cos 3x}{\cos x}$

(5) $\displaystyle\lim_{x\to\pi}\frac{1+\cos x}{\sin^2 x}$

(6) $\displaystyle\lim_{x\to\infty}\frac{2^x}{3^x-1}$

(7) $\displaystyle\lim_{x\to 0}\frac{\log_a(1+x)}{x}$

(8) $\displaystyle\lim_{x\to 0}(1+x+x^2)^{\frac{1}{x}}$

2.2 次の関数の微分可能性と連続性を調べよ．

$$f(x)=\begin{cases} x^3\sin\dfrac{1}{x} & (x\neq 0) \\ 0 & (x=0) \end{cases}$$

2.3 $\displaystyle\lim_{x\to a}\frac{e^x f(a)-e^a f(x)}{x-a}$ を $f(a)$ と $f'(a)$ で表せ．

2.4 次の等式を証明せよ．

$$\tan^{-1}x+\tan^{-1}\frac{1}{x}=\frac{\pi}{2} \quad (x>0)$$

2.5 $\displaystyle\lim_{x\to 3}\frac{a\sqrt{x+6}+b}{x-3}=\frac{1}{6}$ となるように定数 a,b の値を定めよ．

2.6 次の導関数を求めよ．

(1) $y=\left(x+\dfrac{1}{x}\right)^3$

(2) $y=\sqrt{\log x}$

(3) $y=e^{x^x}$

(4) $y=x^{\sin^{-1}x}$

(5) $y=\cos^{-1}\dfrac{1}{x}$

(6) $y=\log\sqrt{\dfrac{1+\cos x}{1-\cos x}}$

(7) $y=\cos^{-1}(\log x)$

(8) $y=(\tan x)^{\sin x} \quad (0<x<\dfrac{\pi}{2})$

2.7 $\sinh x = \dfrac{1}{2}(e^x - e^{-x})$, $\cosh x = \dfrac{1}{2}(e^x + e^{-x})$, $\tanh x = \dfrac{e^x - e^{-x}}{e^x + e^{-x}}$ で定義された関数を双曲線関数とよび，それぞれハイパーボリック・サイン，ハイパーボリック・コサイン，ハイパーボリック・タンジェントと読む．次の公式を証明せよ．

(1) $\cosh^2 x - \sinh^2 x = 1$

(2) $1 - \tanh^2 x = \dfrac{1}{\cosh^2 x}$

(3) $\sinh(x+y) = \sinh x \cosh y + \cosh x \sinh y$

(4) $\cosh(x+y) = \cosh x \cosh y + \sinh x \sinh y$

2.8 次の関数 $f(x)$ の逆関数を導け．

(1) $f(x) = \sinh x$ のとき，$\sinh^{-1} x = \log(x + \sqrt{x^2+1})$

(2) $f(x) = \cosh x$ のとき，$\cosh^{-1} x = \log(x \pm \sqrt{x^2-1})$ $(x \geqq 1)$

(3) $f(x) = \tanh x$ のとき，$\tanh^{-1} x = \dfrac{1}{2} \log \dfrac{1+x}{1-x}$ $(|x| < 1)$

2.9 次の関数 $y = f(x)$ の導関数を導け．

(1) $y = \sinh x$ のとき，$y' = \cosh x$

(2) $y = \cosh x$ のとき，$y' = \sinh x$

(3) $y = \tanh x$ のとき，$y' = \dfrac{1}{\cosh^2 x}$

(4) $y = \sinh^{-1} x$ のとき，$y' = \dfrac{1}{\sqrt{x^2+1}}$

(5) $y = \cosh^{-1} x$ のとき，$y' = \pm\dfrac{1}{\sqrt{x^2-1}}$ $(x > 1)$

(6) $y = \tanh^{-1} x$ のとき，$y' = \dfrac{1}{1-x^2}$ $(|x| < 1)$

第3章 微分法の応用

1 高次導関数

- 和の高次導関数　$y = f + g$ のとき　$y^{(n)} = f^{(n)} + g^{(n)}$

- 積の高次導関数 (ライプニッツの定理)　$y = f \cdot g$ のとき　$y^{(n)} = \sum_{k=0}^{n} {}_nC_k f^{(n-k)} g^{(k)}$

$$= f^{(n)}g + {}_nC_1 f^{(n-1)}g' + {}_nC_2 f^{(n-2)}g'' + \cdots + {}_nC_k f^{(n-k)} g^{(k)} + \cdots + {}_nC_n f g^{(n)}$$

- 基本関数の高次導関数

y	$y^{(n)}$	y	$y^{(n)}$
x^α	$\alpha(\alpha-1)\cdots(\alpha-n+1)x^{\alpha-n}$	$\log|x|$	$(-1)^{n-1}\dfrac{(n-1)!}{x^n}$
$e^{\alpha x}$	$\alpha^n e^{\alpha x}$	a^x	$a^x (\log a)^n$
$\sin x$	$\sin\left(x + \dfrac{n\pi}{2}\right)$	$\cos x$	$\cos\left(x + \dfrac{n\pi}{2}\right)$

- 媒介変数表示　$x = f(t), \; y = g(t)$ のとき,

$$\frac{dy}{dx} = \frac{\dfrac{dy}{dt}}{\dfrac{dx}{dt}}, \quad \frac{d^2y}{dx^2} = \frac{d}{dx}\left(\frac{dy}{dx}\right) = \frac{\dfrac{d}{dt}\left(\dfrac{dy}{dx}\right)}{\dfrac{dx}{dt}} = \frac{\dfrac{d^2y}{dt^2}\cdot\dfrac{dx}{dt} - \dfrac{dy}{dt}\cdot\dfrac{d^2x}{dt^2}}{\left(\dfrac{dx}{dt}\right)^3}$$

- 逆関数の微分法 (独立変数と従属変数の入れかえ)

$$\frac{dy}{dx} = \frac{1}{\dfrac{dx}{dy}}, \quad \frac{d^2y}{dx^2} = -\frac{\dfrac{d^2x}{dy^2}}{\left(\dfrac{dx}{dy}\right)^3}$$

2 微分法の基本定理

- ロルの定理　関数 $f(x)$ が閉区間 $[a, b]$ で連続, 開区間 (a, b) で微分可能であるとき, $f(a) = f(b)$ ならば $f'(c) = 0 \; (a < c < b)$ となる c が存在する.

- 平均値の定理　関数 $f(x)$ が閉区間 $[a, b]$ で連続, 開区間 (a, b) で微分可能であるとき, $\dfrac{f(b) - f(a)}{b - a} = f'(c) \; (a < c < b)$ となる c が存在する.

　(注)　上の式は次の形にも書ける.
$$f(a + h) = f(a) + h f'(a + \theta h) \quad (0 < \theta < 1)$$

微分法の応用　51

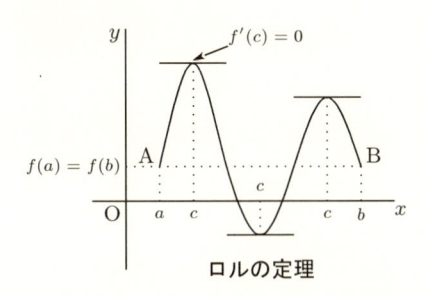

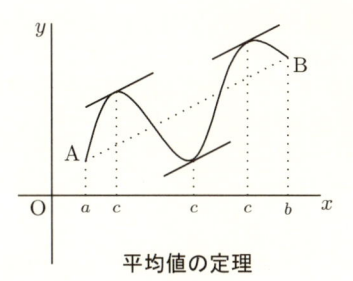

ロルの定理　　　　　　　平均値の定理

- 平均値の定理の拡張 (コーシーの定理)

　関数 $f(x)$, $g(x)$ が閉区間 $[a, b]$ で連続で，$g(a) \neq g(b)$ で，かつ開区間 (a, b) で $f'(x)$, $g'(x)$ が存在して，0 または $\pm\infty$ とならないならば，

$$\frac{f(b) - f(a)}{g(b) - g(a)} = \frac{f'(\xi)}{g'(\xi)} \quad (a < \xi < b)$$

　なる ξ がある．

3　関数の展開公式　　$f(x)$, $f'(x)$, $\cdots$, $f^{(n)}(x)$ は $[a, b]$ で連続で，存在

- テイラーの定理

　(1)　　$f(a + h) = f(a) + hf'(a) + \dfrac{h^2}{2!} f''(a) + \cdots + \dfrac{h^n}{n!} f^{(n)}(a) + R_{n+1}$

　(2)　　$f(b) = f(a) + f'(a)(b - a) + \dfrac{f''(a)}{2!} (b - a)^2 + \cdots + \dfrac{f^{(n)}(a)}{n!} (b - a)^n + R_{n+1}$

　R_{n+1} は (1) のとき $\dfrac{f^{(n+1)}(a + \theta h)}{(n+1)!} h^{n+1} \quad (0 < \theta < 1)$,

　　　　　(2) のとき $\dfrac{f^{(n+1)}(c)}{(n+1)!} (b - a)^{n+1} \quad (a < c < b)$.

- マクローリンの定理　テイラーの定理で $a = 0$, $h = x$ とおいた式　$(0 < \theta < 1)$

$$f(x) = f(0) + f'(0)x + \frac{f''(0)}{2!} x^2 + \cdots + \frac{f^{(n)}(0)}{n!} x^n + \frac{f^{(n+1)}(\theta x)}{(n+1)!}$$

- 近似公式 (マクローリン展開)　　$\displaystyle\lim_{n \to \infty} R_{n+1} = \lim_{n \to \infty} \frac{f^{(n+1)}(\theta x)}{(n+1)!} = 0$ ならば，

　$|x|$ が十分小さいとき　　$f(x) \fallingdotseq f(0) + \dfrac{f'(0)}{1!} x + \dfrac{f''(0)}{2!} x^2 + \cdots + \dfrac{f^{(n)}(0)}{n!} x^n$

- 1 次近似式

　(1)　$|h|$ が十分小さいとき　　$f(a + h) \fallingdotseq f(a) + f'(a)h$　（1 次近似式）

　　　特に $x \neq 0$ のとき　　$f(x) \fallingdotseq f(0) + f'(0)x$

　(2)　$y = f(x)$ において、x の増分 Δx に対する y の増分を Δy とすると，

　　　$|\Delta x|$ が十分小さいとき　　$\Delta y \fallingdotseq y' \Delta x$

・展開の基本公式　(( )内は式が成り立つ範囲，収束半径)

(1)　$e^x = 1 + x + \dfrac{x^2}{2!} + \dfrac{x^3}{3!} + \cdots + \dfrac{x^n}{n!} + \cdots$　$(-\infty < x < \infty)$

(2)　$e = 1 + 1 + \dfrac{1}{2!} + \dfrac{1}{3!} + \cdots + \dfrac{1}{n!} + \cdots = 2.71828\cdots$

(3)　$\sin x = x - \dfrac{x^3}{3!} + \dfrac{x^5}{5!} - \dfrac{x^7}{7!} + \cdots + (-1)^n \dfrac{x^{2n+1}}{(2n+1)!} + \cdots$　$(-\infty < x < \infty)$

(4)　$\cos x = 1 - \dfrac{x^2}{2!} + \dfrac{x^4}{4!} - \dfrac{x^6}{6!} + \cdots + (-1)^n \dfrac{x^{2n}}{(2n)!} + \cdots$　$(-\infty < x < \infty)$

(5)　$\log(1+x) = x - \dfrac{x^2}{2} + \dfrac{x^3}{3} - \dfrac{x^4}{4} + \cdots + (-1)^{n-1} \dfrac{x^n}{n} + \cdots$　$(-1 < x \leqq 1)$

(6)　$(1+x)^m = 1 + mx + \dfrac{m(m-1)}{2!}x^2 + \dfrac{m(m-1)(m-2)}{3!}x^3 +$

　　　$\cdots + \dfrac{m(m-1)\cdots(m-n+1)}{n!}x^n + \cdots$　$(-1 < x < 1)$

特に　$\sqrt{1+x} = 1 + \dfrac{x}{2} - \dfrac{x^2}{8} + \dfrac{x^3}{16} - \cdots$　$(-1 < x < 1)$

・誤差　n 次近似式

$|x|$ が十分小さいとき　$f(x) \fallingdotseq f(0) + \dfrac{f'(0)}{1!}x + \dfrac{f''(0)}{2!}x^2 + \cdots + \dfrac{f^{(n)}(0)}{n!}x^n$

真の誤差は $\dfrac{f^{(n+1)}(\theta x)}{(n+1)!}x^{n+1}$　$(0 < \theta < 1)$，だいたいの誤差は $\dfrac{f^{(n+1)}(0)}{(n+1)!}x^{n+1}$

4 不定形の極限

・ロピタルの定理　$\displaystyle \lim_{x \to a} f(x) = \lim_{x \to a} g(x) = 0$　(または $+\infty, -\infty$) のとき，

$$\lim_{x \to a} \dfrac{g(x)}{f(x)} = \lim_{x \to a} \dfrac{g'(x)}{f'(x)}$$

$\dfrac{0}{0}, \dfrac{\infty}{\infty}, \dfrac{-\infty}{-\infty}$ 以外の不定形の極限値は，適当な変形を行う

5 接線・法線の方程式

・$y = f(x)$ 上の点 $\mathrm{A}(a, f(a))$ における接線・法線の方程式は，

接線　$y - f(a) = f'(a)(x-a)$，

法線　$y - f(a) = -\dfrac{1}{f'(a)}(x-a)$　$(f'(a) \neq 0)$

(点 A における法線とは，点 A における接線に垂直な直線のこと)

6 関数の増減

- 極値の判定 (第 2 次導関数利用)

$$f'(a) = 0 \text{ かつ } f''(a) < 0 \Longrightarrow f(a) \text{ は極大値}$$
$$f'(a) = 0 \text{ かつ } f''(a) > 0 \Longrightarrow f(a) \text{ は極小値}$$

- 漸近線　$m = \lim\limits_{x \to \pm\infty} \dfrac{y}{x}$, $n = \lim\limits_{x \to \pm\infty} (y - mx)$ ならば $y = mx + n$ が漸近線

- ニュートンの方法

方程式 $f(x) = 0$ の実数解 α に対して，近似解 a がわかっているならば $f(x)$ のグラフ上の点 $(a, f(a))$ における接線と x 軸との交点を $(a_2, 0)$ とするとき，$a_2 = a - \dfrac{f(a)}{f'(a)}$, $\cdots$, $a_{n+1} = a_n - \dfrac{f(a_n)}{f'(a_n)}$, $\cdots$ となる数列 $\{a_n\}$ を考えれば，$\lim\limits_{n \to \infty} a_n = \alpha$.

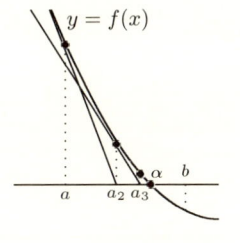

7 速度と加速度

- 速度　　$v = \dfrac{dx}{dt}$　　・加速度　　$\alpha = \dfrac{dv}{dt} = \dfrac{d^2 x}{dt^2}$

- 速さ　　$|v|$,　　加速度の大きさ　　$|\alpha|$

19 高次導関数

- 和の高次導関数　$y = f + g$ のとき $y^{(n)} = f^{(n)} + g^{(n)}$
- 積の高次導関数 (ライプニッツの定理)　$y = f \cdot g$ のとき

$$y^{(n)} = \sum_{k=0}^{n} {}_nC_k f^{(n-k)} g^{(k)} \quad \text{ただし } f^{(0)}(x) = f(x),\ g^{(0)}(x) = g(x).$$

- 基本的な関数の高次導関数

$f(x)$	$f^{(n)}(x)$	$f(x)$	$f^{(n)}(x)$
e^x	e^x	$\sin x$	$\sin\left(x + \dfrac{n}{2}\pi\right)$
x^α	$\alpha(\alpha-1)\cdots(\alpha-n+1)x^{\alpha-n}$	$\cos x$	$\cos\left(x + \dfrac{n}{2}\pi\right)$
a^x	$a^x(\log a)^n$	$\log|x|$	$(-1)^{n-1}\dfrac{(n-1)!}{x^n}$

例題 60 ─────────────────── n 次導関数

次の第 n 次導関数を求めよ．
(1) $y = e^x$　(2) $y = \sin x$　(3) $y = (1+x)^\alpha$ (α : 実数)

[解答] (1) $y' = e^x$, $y'' = (e^x)' = e^x$, $\cdots$．ゆえに明らかに $y^{(n)} = e^x$．

(2) $y = \sin x$, $y' = \cos x$, $y'' = -\sin x$, $y''' = -\cos x$, $y^{(4)} = \sin x$．
以下この 4 つが繰り返される．
ところで $\cos x = \sin\left(x + \dfrac{\pi}{2}\right)$ より，$y' = \sin\left(x + \dfrac{\pi}{2}\right)$, $y'' = \cos\left(x + \dfrac{\pi}{2}\right) = \sin\left(x + \dfrac{\pi}{2} + \dfrac{\pi}{2}\right) = \sin(x+\pi)$, $y''' = \cos(x+\pi) = \sin\left(x + \pi + \dfrac{\pi}{2}\right) = \sin\left(x + \dfrac{3}{2}\pi\right)$．
以下同様にして $y^{(n)} = \sin\left(x + \dfrac{n}{2}\pi\right)$ を得る．

(3) $y = (1+x)^\alpha$, $y' = \alpha(1+x)^{\alpha-1}$, $y'' = \alpha(\alpha-1)(1+x)^{\alpha-2}$．
以下同様にして $y^{(n)} = \alpha(\alpha-1)(\alpha-2)\cdots(\alpha-n+1)(1+x)^{\alpha-n}$．

[研究] $y = \cos x$ についても (2) と同様の方法により，$y' = -\sin x = \cos\left(x + \dfrac{\pi}{2}\right)$, $y'' = -\sin\left(x + \dfrac{\pi}{2}\right) = \cos\left(x + \dfrac{\pi}{2} + \dfrac{\pi}{2}\right) = \cos(x+\pi)$．$y^{(n)} = \cos\left(x + \dfrac{n}{2}\pi\right)$．

例題 61 ─────────────────── n 次導関数

$y = e^x \sin x$ の第 n 次導関数を求めよ．(順次導関数を求め，形を類推せよ)

解答 $y = e^x \sin x$. 合成公式を用いて $y' = e^x \sin x + e^x \cos x = e^x(\sin x + \cos x) = \sqrt{2} e^x \sin\left(x + \dfrac{\pi}{4}\right)$, $y'' = \sqrt{2}\{e^x \sin\left(x + \dfrac{\pi}{4}\right) + e^x \cos\left(x + \dfrac{\pi}{4}\right)\} = \sqrt{2}^2 e^x \sin\left(x + \dfrac{\pi}{4} \cdot 2\right)$.

上のように順次微分するごとに前に $\sqrt{2}$ がかかり, sin の中の x が $\dfrac{\pi}{4}$ だけずれるので,

$y^{(n)} = \sqrt{2}^n e^x \sin\left(x + \dfrac{n}{4}\pi\right)$ である (正式には数学的帰納法で確認).

例題 62 ─────────── n 次導関数 (ライプニッツの定理)

$y = x^3 \sin x$ の第 n 次導関数を求めよ. (ライプニッツの定理を用いよ)

方針 ライプニッツの定理を利用する. $(x^3)^{(k)} = 0 \quad (k \geqq 4)$.

解答 先の**例題60**の (2) から $(\sin x)^{(k)} = \sin\left(x + \dfrac{k}{2}\pi\right)$, また $(x^3)^{(k)} = 0 \quad (k \geqq 4)$ なので, ライプニッツの定理から

$(x^3 \sin x)^{(n)} = (\sin x)^{(n)} x^3 + {}_nC_1 (\sin x)^{(n-1)} (x^3)' + {}_nC_2 (\sin x)^{(n-2)} (x^3)''$
$\qquad\qquad\qquad\qquad\qquad\qquad + {}_nC_3 (\sin x)^{(n-3)} (x^3)'''$

$= x^3 \sin\left(x + \dfrac{n}{2}\pi\right) + 3nx^2 \sin\left(x + \dfrac{n-1}{2}\pi\right)$

$\qquad + 3n(n-1)x \sin\left(x + \dfrac{n-2}{2}\pi\right) + n(n-1)(n-2) \sin\left(x + \dfrac{n-3}{2}\pi\right).$

研究 $f(x), g(x)$ が n 回微分可能ならば, 次の関係式が成り立つ.

$(f(x)g(x))^{(n)} = f^{(n)}(x)g(x) + {}_nC_1 f^{(n-1)}(x) g'(x) + {}_nC_2 f^{(n-2)}(x) g''(x) + \cdots$
$\qquad\qquad\qquad + {}_nC_k f^{(n-k)}(x) g^{(k)}(x) + \cdots + {}_nC_n f(x) g^{(n)}(x)$
$= \displaystyle\sum_{k=0}^{n} {}_nC_k f^{(n-k)}(x) g^{(k)}(x).$ ただし $f^{(0)}(x) = f(x), \ g^{(0)}(x) = g(x).$

この定理をライプニッツの定理という.

※公式は, 下の二項定理に類似しているので記憶しやすい.

$(a+b)^n = \displaystyle\sum_{k=0}^{n} {}_nC_k a^{n-k} b^k = {}_nC_0 a^n + {}_nC_1 a^{n-1} b + \cdots + {}_nC_k a^{n-k} b^k + \cdots + {}_nC_n b^n.$

練習 37 次の第 n 次導関数を求めよ. (a, b は定数とする)

(1) $y = x^n$　　(2) $y = \log x$　　(3) $y = xe^x$ (ライプニッツの定理)

(4) $y = \dfrac{1}{x^2 - 1}$　　(5) $y = e^{ax} \sin bx$　　(6) $y = \sin ax \cos bx$

20 陰関数，媒介変数表示関数，逆三角関数の第 2 次導関数

・媒介変数表示 $x = f(t), \; y = g(t)$ のとき，
$$\frac{dy}{dx} = \frac{dy/dt}{dx/dt}, \quad \frac{d^2y}{dx^2} = \left(\frac{dx}{dt} \cdot \frac{d^2y}{dt^2} - \frac{d^2x}{dt^2} \cdot \frac{dy}{dt}\right) \bigg/ \left(\frac{dx}{dt}\right)^3$$

・逆関数 $\quad \dfrac{dy}{dx} = 1 \bigg/ \dfrac{dx}{dy}, \quad \dfrac{d^2y}{dx^2} = -\dfrac{d^2x}{dy^2} \bigg/ \left(\dfrac{dx}{dy}\right)^3$

例題 63 ───────────────── 陰関数の第 2 次導関数 ─

陰関数 $x^2 + y^2 = r^2$ の第 2 次導関数を求めよ．

方針 $x^2 + y^2 = r^2$ から y を解かずに y'' を求める．ここでは y'' を $\dfrac{d^2y}{dx^2}$ で表す．

解答 1 $x^2 + y^2 = r^2$ の両辺を x で微分して，$2x + 2y \cdot \dfrac{dy}{dx} = 0$．したがって

$$\frac{d^2y}{dx^2} = \frac{d}{dx}\left(-\frac{x}{y}\right) = -\frac{y - x \cdot \dfrac{dy}{dx}}{y^2} = -\frac{y - x \cdot \left(-\dfrac{x}{y}\right)}{y^2} = -\frac{y^2 + x^2}{y^3} = -\frac{r^2}{y^3}.$$

解答 2 $\dfrac{dy}{dx} = -\dfrac{x}{y}$ より，$x + y \cdot \dfrac{dy}{dx} = 0$．この両辺を x で微分して，$1 + \dfrac{dy}{dx} \cdot \dfrac{dy}{dx}$

$+ y \cdot \dfrac{d^2y}{dx^2} = 0$．$\dfrac{dy}{dx} = -\dfrac{x}{y}$ を代入することにより，$1 + \left(-\dfrac{x}{y}\right)^2 + y \cdot \dfrac{d^2y}{dx^2} = 0$．

したがって $\dfrac{d^2y}{dx^2} = -\dfrac{1 + \left(-\dfrac{x}{y}\right)^2}{y} = -\dfrac{y^2 + x^2}{y^3} = -\dfrac{r^2}{y^3}$.

例題 64 ──────────── 媒介変数表示関数の第 2 次導関数 ─

次の媒介変数表示関数の第 2 次導関数を求めよ．(a は定数とする)
$$x = a\cos^3 t, \quad y = a\sin^3 t \quad (a > 0)$$

方針 $\dfrac{dy}{dx} = \dfrac{dy/dt}{dx/dt}$ を用いる．$\dfrac{dy}{dt}, \dfrac{dx}{dt}$ は t の関数である点に注意．

解答 $\dfrac{dy}{dx} = \dfrac{dy/dt}{dx/dt} = \dfrac{3a\sin^2 t \cos t}{3a\cos^2 t \cdot (-\sin t)} = -\dfrac{\sin t}{\cos t}$．したがって

$$\frac{d^2y}{dx^2} = \frac{d}{dx}\left(\frac{dy}{dx}\right) = \frac{d}{dt}\left(\frac{dy}{dx}\right) \cdot \frac{dt}{dx} = \frac{\dfrac{d}{dt}\left(\dfrac{dy}{dx}\right)}{\dfrac{dx}{dt}} = \frac{-\dfrac{\cos^2 t + \sin^2 t}{\cos^2 t}}{-3a\cos^2 t \sin t} = \frac{1}{3a\cos^4 t \sin t}.$$

20 陰関数，媒介変数表示関数，逆三角関数の第2次導関数

---**例題 65**-------------------------**逆三角関数の第2次導関数**---

逆三角関数 $y = \sin^{-1} x$ の第2次導関数を求めよ．

[解答] $y = \sin^{-1} x$ より $y' = \dfrac{1}{\sqrt{1-x^2}} = (1-x^2)^{-\frac{1}{2}}$ なので，この両辺をさらに x で微分して $y'' = -\dfrac{1}{2}(1-x^2)^{-\frac{3}{2}}(1-x^2)' = \dfrac{x}{(\sqrt{1-x^2})^3}$ である．

---**例題 66**-------------------------**逆三角関数の積の微分**---

$y = \sin^{-1} x \cos^{-1} x$ は，次の微分方程式を満たすことを示せ．
$$(1-x^2)y'' - xy' + 2 = 0$$

[方針] $(\sin^{-1} x)' = \dfrac{1}{\sqrt{1-x^2}}$, $(\cos^{-1} x)' = -\dfrac{1}{\sqrt{1-x^2}}$.

[解答] $y = \sin^{-1} x \cos^{-1} x$ の両辺を x で微分すると，
$$y' = \dfrac{\cos^{-1} x}{\sqrt{1-x^2}} - \dfrac{\sin^{-1} x}{\sqrt{1-x^2}} = \dfrac{\cos^{-1} x - \sin^{-1} x}{\sqrt{1-x^2}} \quad \cdots \text{①}$$

平方して分母をはらうと $(1-x^2){y'}^2 = (\cos^{-1} x - \sin^{-1} x)^2$. 両辺を x で微分すると

$$-2x{y'}^2 + (1-x^2)2y'y'' = 2(\cos^{-1} x - \sin^{-1} x) \cdot \left(-\dfrac{2}{\sqrt{1-x^2}} \right).$$

右辺は①より $-4y'$ に等しいので，$-2x{y'}^2 + 2y'y'' - 2x^2 y'y'' = -4y'$. y' は恒等的には 0 ではないので，$2y'$ で両辺をわって整理すると $(1-x^2)y'' - xy' + 2 = 0$ となる．

∠∠∠∠∠∠∠∠∠∠∠∠∠∠∠∠∠∠∠∠∠∠∠∠∠∠∠∠∠∠∠∠∠∠

練習 38 次の関数の第2次導関数を求めよ．a は定数とする．

(1) $x^2 + 2xy + 2y^2 = 1$ (2) $\begin{cases} x = a(t - \sin t) \\ y = a(1 - \cos t) \end{cases}$

(3) $\begin{cases} x = a(\cos t + t \sin t) \\ y = a(\sin t - t \cos t) \end{cases}$ (4) $\begin{cases} x = 1 - t^2 \\ y = t^3 \end{cases}$

練習 39 媒介変数表示関数 $x = f(t)$, $y = g(t)$ が2回微分可能なとき，次を示せ．

$$\dfrac{d^2 y}{dx^2} = \dfrac{\dfrac{dx}{dt} \cdot \dfrac{d^2 y}{dt^2} - \dfrac{d^2 x}{dt^2} \cdot \dfrac{dy}{dt}}{\left(\dfrac{dx}{dt} \right)^3}$$

21 展開公式 (テイラーの定理, マクローリンの定理)

① $e^x = 1 + x + \dfrac{x^2}{2!} + \dfrac{x^3}{3!} + \cdots + \dfrac{x^n}{n!} + \cdots$

② $\sin x = x - \dfrac{x^3}{3!} + \dfrac{x^5}{5!} - \dfrac{x^7}{7!} + \cdots + (-1)^n \dfrac{x^{2n+1}}{(2n+1)!} + \cdots$

③ $\cos x = 1 - \dfrac{x^2}{2!} + \dfrac{x^4}{4!} - \dfrac{x^6}{6!} + \cdots + (-1)^n \dfrac{x^{2n}}{(2n)!} + \cdots$

④ $\log(1+x) = x - \dfrac{x^2}{2} + \dfrac{x^3}{3} - \dfrac{x^4}{4} + \cdots + (-1)^{n-1} \dfrac{x^n}{n} + \cdots$

⑤ $(1+x)^m = 1 + mx + \dfrac{m(m-1)}{2!}x^2 + \dfrac{m(m-1)(m-2)}{3!}x^3 +$
$\qquad \cdots + \dfrac{m(m-1)\cdots(m-n+1)}{n!}x^n + \cdots$

収束範囲は①, ②, ③は $|x| < \infty$, ④は $-1 < x \leqq 1$, ⑤は $-1 < x < 1$

── テイラーの定理 ──

$f(x)$ が $n+1$ 回微分可能ならば, 次の関係を満たす変数値 c が少なくとも 1 つある.

$$f(x) = f(a) + \dfrac{f'(a)}{1!}(x-a) + \dfrac{f''(a)}{2!}(x-a)^2 + \cdots + \dfrac{f^{(n)}(a)}{n!}(x-a)^n + R_{n+1}$$

$R_{n+1} = \dfrac{f^{(n+1)}(c)}{(n+1)!}(x-a)^{n+1}$ を剰余項という. ただし $c = a + \theta(x-a)$ $(0 < \theta < 1)$.

またテイラーの定理で, $a = 0$ としたものをマクローリンの定理という.

── マクローリンの定理 ──

$$f(x) = f(0) + \dfrac{f'(0)}{1!}x + \dfrac{f''(0)}{2!}x^2 + \cdots + \dfrac{f^{(n)}(0)}{n!}x^n + R_{n+1}$$

剰余項 R_{n+1} は $\dfrac{f^{(n+1)}(\theta x)}{(n+1)!}x^{n+1}$ $(0 < \theta < 1)$ である.

ここで剰余項 R_{n+1} が $\lim\limits_{n \to \infty} R_{n+1} = 0$ ならば, テイラーの定理は

$$f(x) = f(a) + \dfrac{f'(a)}{1!}(x-a) + \dfrac{f''(a)}{2!}(x-a)^2 + \cdots$$

なる無限級数となり, これを関数 $f(x)$ の**テイラー級数**といい, テイラー級数を求めることを**テイラー展開**するという. 特に $a = 0$ のときは

$$f(x) = f(0) + \dfrac{f'(0)}{1!}x + \dfrac{f''(0)}{2!}x^2 + \cdots$$

が得られる. これを**マクローリン級数**といい, マクローリン級数を求めることを**マクロー**

リン展開するという．$\lim_{n\to\infty} R_n = 0$ が成り立つ x の範囲を関数 $f(x)$ の**収束半径**という．

例題 67 ──────────────── マクローリン展開 ─

次の関数をマクローリン展開せよ．ただし $\lim_{n\to\infty} R_n = 0$ は概知とする．

(1)　$f(x) = e^x$　　(2)　$f(x) = \sin x$　　(3)　$f(x) = \cos x$

解答 (1) $f(x) = f'(x) = f''(x) = \cdots = f^{(n)}(x) = e^x$ であるので，$f'(0) = f''(0) = \cdots = f^{(n)}(0) = 1$．したがって $e^x = 1 + \dfrac{1}{1!}x + \dfrac{1}{2!}x^2 + \cdots + \dfrac{1}{n!}x^n + \cdots$．

(2) $f(x) = \sin x,\ f^{(k)}(x) = \sin\left(x + \dfrac{k}{2}\pi\right)$ であるので，

右図より $f(0) = f''(0) = \cdots = f^{(2n)}(0) = 0$，
$f'(0) = f^{(5)}(0) = \cdots = f^{(4m+1)}(0) = 1\ \cdots$ ①，
$f'''(0) = f^{(7)}(0) = \cdots = f^{(4m+3)}(0) = -1\ \cdots$ ②．
①，②より $f^{(2n+1)}(0) = (-1)^n\ (n = 0, 1, 2, \cdots)$．
$\sin x = \dfrac{1}{1!}x - \dfrac{1}{3!}x^3 + \cdots + (-1)^n \dfrac{1}{(2n+1)!}x^{2n+1} + \cdots$．

$\sin \dfrac{k}{2}\pi,\ \cos \dfrac{k}{2}\pi$ の値

(3) $f(x) = \cos x,\ f^{(k)}(x) = \cos\left(x + \dfrac{k}{2}\pi\right)$ であるので，右上図より

$f'(0) = f'''(0) = \cdots = f^{(2n+1)}(0) = 0$，
$f(0) = f^{(4)}(0) = \cdots = f^{(4m)}(0) = 1\ \cdots$ ①，
$f''(0) = f^{(6)}(0) = \cdots = f^{(4m+2)}(0) = -1\ \cdots$ ②．
①，②より $f^{(2n)}(0) = (-1)^n\ (n = 0, 1, 2, \cdots)$．
$\cos x = 1 - \dfrac{1}{2!}x^2 + \dfrac{1}{4!}x^4 + \cdots + (-1)^n \dfrac{1}{(2n)!}x^{2n} + \cdots$．

別解 (3) は (2) の結果から両辺を微分しても得られる．(項別微分)

━━━━━━━━━━━━━━━━━━━━━━━━━━━━━━━━

練習 40 次の関数をマクローリン展開せよ．ただし $\lim_{n\to\infty} R_n = 0$ は概知とする．

(1)　$f(x) = \log(1+x)\ (-1 < x < 1)$　　(2)　$f(x) = \dfrac{1}{1+x}\ (-1 < x < 1)$

練習 41 次の関数のマクローリン級数を第 4 項まで求めよ．

(1)　$f(x) = e^{2x}$　　(2)　$f(x) = \sin \dfrac{x}{2}$

(3)　$f(x) = \log(1 + \sin x)$　　(4)　$f(x) = e^x \sin x$

練習 42 次の関数の $x = 1$ におけるテイラー展開を求めよ．

$f(x) = \log x\ (0 < x \leqq 2)$

22 不定形の極限値 (ロピタルの定理)

・ロピタルの定理　$x = a$ を含む開区間で微分可能な関数 $f(x)$, $g(x)$ について，$\lim_{x \to a} f(x) = 0$, $\lim_{x \to a} g(x) = 0$ であるとき，$\lim_{x \to a} \dfrac{f'(x)}{g'(x)}$ が存在するならば (有限または $\pm\infty$)

$$\lim_{x \to a} \frac{f(x)}{g(x)} = \lim_{x \to a} \frac{f'(x)}{g'(x)}.$$

コーシーの平均値の定理の応用として，不定形の極限についてロピタルの方法がある．大変有効なので，しっかりマスターしよう．

ポイント 1　$\lim_{x \to a} f'(x) = 0$, $\lim_{x \to a} g'(x) = 0$ であるとき，$\lim_{x \to a} \dfrac{f''(x)}{g''(x)}$ が存在するならば，上の定理を再び適用して $\lim_{x \to a} \dfrac{f'(x)}{g'(x)} = \lim_{x \to a} \dfrac{f''(x)}{g''(x)}$ となる．

これを繰り返せば $\lim_{x \to a} \dfrac{f(x)}{g(x)} = \lim_{x \to a} \dfrac{f'(x)}{g'(x)} = \lim_{x \to a} \dfrac{f''(x)}{g''(x)} = \cdots = \lim_{x \to a} \dfrac{f^{(n)}(x)}{g^{(n)}(x)}$

となる．もちろん必要な回数の微分可能性は仮定している．

ポイント 2　定理で $\lim_{x \to a}$ の a は，$+\infty$ または $-\infty$ のときも定理は成り立つ．

ポイント 3　上の定理の場合，$\dfrac{f(x)}{g(x)}$ は $\dfrac{0}{0}$ の不定形という．

実は上の定理は $\dfrac{\infty}{\infty}$, $\dfrac{-\infty}{\infty}$, $\dfrac{\infty}{-\infty}$, $\dfrac{-\infty}{-\infty}$ の形の不定形についても成り立つ．

ポイント 4　不定形 $\infty \times 0$, 0^0, ∞^0 の場合も，$\dfrac{0}{0}$ あるいは $\dfrac{\infty}{\infty}$ の形に変形すれば，上の定理は適用できる．

例題 68　──────────────── 不定形とロピタルの定理

次の不定形 $\lim_{x \to 0} \dfrac{\log(1+x)}{x}$ の極限値を求めよ．

[解答]　$f(x) = \log(1+x)$, $g(x) = x$ とすると，$\dfrac{f(x)}{g(x)}$ は $x \to 0$ のとき $\dfrac{0}{0}$ となって不定形である．$f'(x) = \dfrac{1}{1+x}$, $g'(x) = 1$ であるから，

ロピタルの定理から $\lim_{x \to 0} \dfrac{\log(1+x)}{x} = \lim_{x \to 0} \dfrac{\dfrac{1}{1+x}}{1} = 1$ である．

[研究]　$\lim_{h \to 0}(1+h)^{\frac{1}{h}} = e$ を用いた解法では，

$\lim_{x \to 0} \dfrac{\log(1+x)}{x} = \lim_{x \to 0} \dfrac{1}{x} \cdot \log(1+x) = \lim_{x \to 0} \log(1+x)^{\frac{1}{x}} = \log e = 1$ となる．

例題 69 ──────────────── 不定形とロピタルの定理

次の不定形 $\lim_{x\to\infty}\dfrac{e^x}{x^m}$ の極限値を求めよ. (m は正の整数)

解答 $x\to\infty$ のとき $\dfrac{\infty}{\infty}$ 形の不定形である. $f(x)=e^x$, $g(x)=x^m$ とすると, $f'(x)=e^x$, $g'(x)=mx^{m-1}$ であり, また $\dfrac{\infty}{\infty}$ 形の不定形となり, これを繰り返して $\lim_{x\to\infty}\dfrac{e^x}{x^m}=\lim_{x\to\infty}\dfrac{e^x}{mx^{m-1}}=\lim_{x\to\infty}\dfrac{e^x}{m(m-1)x^{m-2}}=\cdots=\lim_{x\to\infty}\dfrac{e^x}{m!}=\infty$ となる.

例題 70 ──────────────── 不定形とロピタルの定理

次の極限値を求めよ.
(1) $x>0$ のとき, $\lim_{x\to 0} x\log x$ (2) $\lim_{x\to\infty} x^{\frac{1}{x}}$

解答 (1) $0\times(-\infty)$ 形なので, $x\log x=\dfrac{\log x}{\dfrac{1}{x}}$ と考えると $\dfrac{-\infty}{\infty}$ 形の不定形となる.

$\lim_{x\to 0} x\log x=\lim_{x\to 0}\dfrac{\log x}{\dfrac{1}{x}}=\lim_{x\to 0}\dfrac{\dfrac{1}{x}}{-\dfrac{1}{x^2}}=\lim_{x\to 0}(-x)=0$ となる.

(2) ∞^0 形である. $f(x)=x^{\frac{1}{x}}$ とおくと $\log f(x)=\dfrac{1}{x}\log x$ なので, $f(x)=e^{\frac{\log x}{x}}$ となる. $\dfrac{\log x}{x}$ は $\dfrac{\infty}{\infty}$ 形なので $\lim_{x\to\infty}\dfrac{\log x}{x}=\lim_{x\to\infty}\dfrac{\dfrac{1}{x}}{1}=0$ となる.

ゆえに $\lim_{x\to\infty} f(x)=\lim_{x\to\infty} e^{\frac{\log x}{x}}=e^0=1$ となる.

研究 1. $\infty-\infty$ の形の場合は, $f-g=\dfrac{\dfrac{1}{g}-\dfrac{1}{f}}{\dfrac{1}{f}\cdot\dfrac{1}{g}}$ を利用する.

2. 分母と分子を微分していくとき, だんだんと複雑になってくる場合は, ロピタルでなくマクローリン展開を利用する.

練習 43 次の極限値を求めよ.
(1) $\lim_{x\to\infty}\dfrac{x^2}{e^x}$ (2) $\lim_{x\to 0}\dfrac{e^x-e^{-x}}{\sin x}$

練習 44 次の計算で間違っている部分はどこか.
$$\lim_{x\to 2}\dfrac{x^2-4}{x+2}=\lim_{x\to 2}\dfrac{(x^2-4)'}{(x+2)'}=\lim_{x\to 2}\dfrac{2x}{1}=4$$

23 関数の増減と極大・極小 (整関数・三角関数のグラフ)

- 関数の増減　$f'(x) > 0$ の区間では $f(x)$ は増加, $f'(x) < 0$ の区間では $f(x)$ は減少.

- 関数の極大・極小

x	$\cdots$	a	$\cdots$
$f'(x)$	$+$	0	$-$
$f(x)$	↗	極大	↘

x	$\cdots$	a	$\cdots$
$f'(x)$	$-$	0	$+$
$f(x)$	↘	極小	↗

例題 71 ──────────────── 整関数のグラフ

次の関数の増減, 極値を調べ, そのグラフを描け.
(1) $y = x^4 - 2x^2 + 1$ 　　(2) $y = x^4 - 6x^2 - 8x + 11$

[解答] (1) $y' = 4x^3 - 4x$
$= 4x(x+1)(x-1)$.
$y' = 0$ とすると $x = -1, 0, 1$.
増減表を作り, グラフは図アとなる.

x	$\cdots$	-1	$\cdots$	0	$\cdots$	1	$\cdots$
y'	$-$	0	$+$	0	$-$	0	$+$
y	↘	0 (極小)	↗	1 (極大)	↘	0 (極小)	↗

(2) $y' = 4x^3 - 12x - 8 = 4(x+1)^2(x-2)$.
$y' = 0$ とすると $x = -1$ (重解), 2.
増減表を作り, グラフは図イとなる.

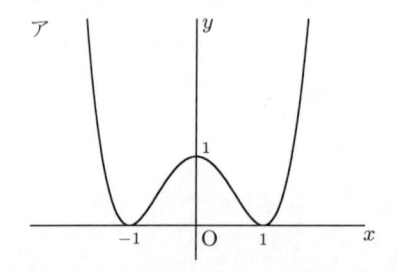

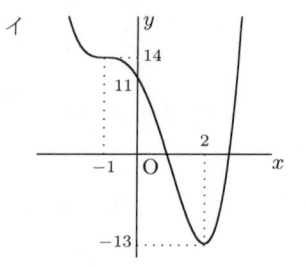

x	$\cdots$	-1	$\cdots$	2	$\cdots$
y'	$-$	0	$-$	0	$+$
y	↘	14	↘	-13 (極小)	↗

[解説] 増減表内の y' の符号 $(+, -)$ の決定は, y' のグラフを描くとわかりやすい. 縦軸を y', 横軸を x としてグラフ化すること.

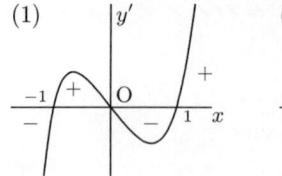

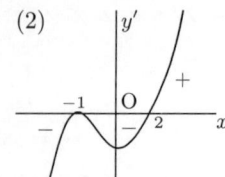

23 関数の増減と極大・極小 (整関数・三角関数のグラフ)

例題 72 ───────────────── 三角関数のグラフ

次の関数の増減, 極値を調べ, そのグラフを描け.
(1) $y = 3\sin x + \sin 3x$ $(-\pi \leqq x \leqq \pi)$
(2) $y = \sin x + \dfrac{1}{2}\sin 2x$ $(0 \leqq x < 2\pi)$

[解答] (1) $y' = 3\cos x + 3\cos 3x = 3(\cos x + \cos 3x)$. 三角関数の和→積の公式と2倍角の公式から $y' = 6\cos 2x \cos x = 6(2\cos^2 x - 1)\cos x$.

$y' = 0$ とすると $\cos x = 0, \pm\dfrac{1}{\sqrt{2}}$. $-\pi \leqq x \leqq \pi$ なので $x = \pm\dfrac{\pi}{2}, \pm\dfrac{\pi}{4}, \pm\dfrac{3}{4}\pi$.

増減表を作り, グラフは図ウとなる.

x	$-\pi$	$\cdots$	$-\dfrac{3}{4}\pi$	$\cdots$	$-\dfrac{\pi}{2}$	$\cdots$	$-\dfrac{\pi}{4}$	$\cdots$	$\dfrac{\pi}{4}$	$\cdots$	$\dfrac{\pi}{2}$	$\cdots$	$\dfrac{3}{4}\pi$	$\cdots$	π
y'	$-$	$-$	0	$+$	0	$-$	0	$+$	0	$-$	0	$+$	0	$-$	$-$
y	0	↘	$-2\sqrt{2}$	↗	-2	↘	$-2\sqrt{2}$	↗	$2\sqrt{2}$	↘	2	↗	$2\sqrt{2}$	↘	0
			(極小)		(極大)		(極小)		(極大)		(極小)		(極大)		

(2) $y' = \cos x + \cos 2x = \cos x + 2\cos^2 x - 1 = (\cos x + 1)(2\cos x - 1)$ であるから,

$y' = 0$ とすると $\cos x = -1, \dfrac{1}{2}$, ゆえに $0 \leqq x < 2\pi$ より $x = \dfrac{\pi}{3}, \pi, \dfrac{5}{3}\pi$ である.

ゆえに増減表を作ると右上表である. グラフは図エとなる.

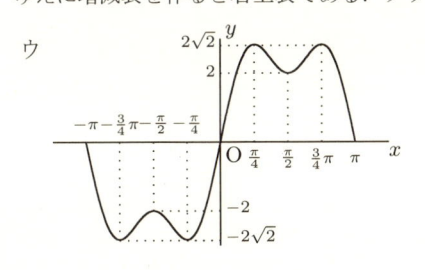

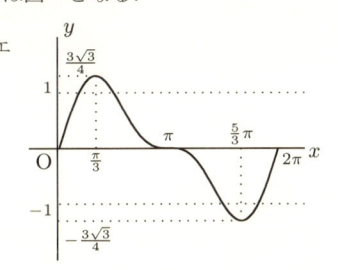

x	0	$\cdots$	$\dfrac{\pi}{3}$	$\cdots$	π	$\cdots$	$\dfrac{5}{3}\pi$	$\cdots$	2π
y'	$+$	$+$	0	$-$	0	$-$	0	$+$	$+$
y	0	↗	$\dfrac{3\sqrt{3}}{4}$	↘	0	↘	$-\dfrac{3\sqrt{3}}{4}$	↗	0
			(極大)				(極小)		

[解説] 三角関数の場合の y' の符号 $(+, -)$ の決定は, $x = 0$ に近い区間から決めていくこと. (1) の場合は $-\dfrac{\pi}{4} < x < \dfrac{\pi}{4}$ のときの $y' > 0$ を最初に決め, その後順に $+, -$ を決めていく. (2) の場合は $x = \pi$ で重解になり, その前後では符号は変化しない.

練習 45 次の関数のグラフを描け.
(1) $y = (x+1)^2(x-2)^2$ (2) $y = \dfrac{x}{1+x^2}$ (3) $y = e^{-x}\sin x$ $(-\pi \leqq x \leqq 2\pi)$

24 関数の増減と極大・極小 (指数・対数・無理関数のグラフ)

・指数関数，対数関数，無理関数のグラフ
　　　定義域に注意する　対数関数→ 真数 >0,　　無理関数→ $\sqrt{}$ の中は $\geqq 0$
　　　定義域の境界のグラフの形に注意する，　漸近線に注意する

例題 73 ───────────── 指数・対数関数のグラフ

関数のグラフ次の関数の増減，極値を調べ，そのグラフを描け．

(1) $y = x^2 e^{-x}$　　(2) $y = \dfrac{(\log x)^2}{x}$

[解答] (1) $y' = 2xe^{-x} - x^2 e^{-x} = -xe^{-x}(x-2)$.

$y' = 0$ とすると $e^{-x} > 0$ より $x = 0, 2$.

増減表を作り，グラフは図アとなる．

x	$\cdots$	0	$\cdots$	2	$\cdots$
y'	$-$	0	$+$	0	$-$
y	$\searrow$	0	$\nearrow$	$\dfrac{4}{e^2}$	$\searrow$
		(極小)		(極大)	

$\displaystyle\lim_{x\to\infty} \dfrac{x^2}{e^x} = \lim_{x\to\infty} \dfrac{2x}{e^x} = \lim_{x\to\infty} \dfrac{2}{e^x} = 0, \quad \lim_{x\to-\infty} \dfrac{x^2}{e^x} = \lim_{t\to\infty} t^2 e^t = \infty. \quad (-x = t)$

漸近線は x 軸である．

(2) 真数 >0 より $x > 0$. $y' = \dfrac{2(\log x) \cdot \dfrac{1}{x} \cdot x - (\log x)^2}{x^2} = -\dfrac{\log x(\log x - 2)}{x^2}$.

$y' = 0$ とすると $x = 1, e^2$. 増減表を作り，グラフは図イとなる．

ロピタルの定理を用いて，

$\displaystyle\lim_{x\to\infty} \dfrac{(\log x)^2}{x} = \lim_{x\to\infty} \dfrac{2\log x}{x}$
$= \displaystyle\lim_{x\to\infty} \dfrac{2}{x} = 0.$

x	0	$\cdots$	1	$\cdots$	e^2	$\cdots$
y'	/	$-$	0	$+$	0	$-$
y	/	$\searrow$	0	$\nearrow$	$\dfrac{4}{e^2}$	$\searrow$
			(極小)		(極大)	

$\displaystyle\lim_{x\to+0} \dfrac{(\log x)^2}{x} = \lim_{x\to+0} \dfrac{2\log x}{x} = \lim_{x\to+0} \dfrac{2}{x} = \infty$. 漸近線は x 軸と y 軸である．

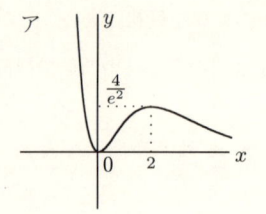

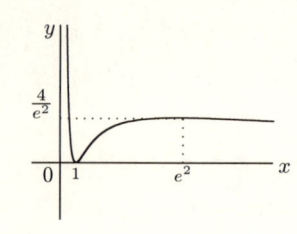

[解説] 極限の計算では，ロピタルの定理が有効である．

例題 74 ─── 無理関数のグラフ

次の関数の増減，極値を調べ，そのグラフを描け．
(1) $y = x\sqrt{1-x^2}$ 　　(2) $y = \sqrt[3]{x^2}(x+5)$

方針 定義域に注意し，(2) は y' が存在しない点でも極値になりうる1つの例である．

解答 (1) 定義域は $-1 \leqq x \leqq 1$ で，奇関数であるからグラフは原点に関して対称である．

$y' = \sqrt{1-x^2} + x \cdot \dfrac{-x}{\sqrt{1-x^2}}$

$= \dfrac{1-2x^2}{\sqrt{1-x^2}} = -\dfrac{2\left(x+\dfrac{1}{\sqrt{2}}\right)\left(x-\dfrac{1}{\sqrt{2}}\right)}{\sqrt{1-x^2}}$.

x	-1	$\cdots$	$-\dfrac{1}{\sqrt{2}}$	$\cdots$	$\dfrac{1}{\sqrt{2}}$	$\cdots$	1
y'	/	$-$	0	$+$	0	$-$	/
y	0	↘	$-\dfrac{1}{2}$	↗	$\dfrac{1}{2}$	↘	0
			(極小)		(極大)		

増減表を作り，グラフは図ウである．$\lim\limits_{x \to -1+0} y' = -\infty$．$\lim\limits_{x \to 1-0} y' = -\infty$．

また $y'_{x=0} = 1$ であるから，グラフは原点において直線 $y=x$ に接する．

(2) $y = \sqrt[3]{x^2}(x+5) = x^{\frac{2}{3}}(x+5) = x^{\frac{5}{3}} + 5x^{\frac{2}{3}}$．

$y' = \dfrac{5}{3}x^{\frac{2}{3}} + \dfrac{10}{3}x^{-\frac{1}{3}} = \dfrac{5}{3}x^{-\frac{1}{3}}(x+2)$

$= \dfrac{5(x+2)}{3\sqrt[3]{x}}$．

x	$\cdots$	-2	$\cdots$	0	$\cdots$
y'	$+$	0	$-$	/	$+$
y	↗	$3\sqrt[3]{4}$	↘	0	↗
		(極大)		(極小)	

$y' = 0$ とすると $x = -2$．y' が存在しない x の値は $x = 0$．

増減表を作り，グラフは図エである．$\lim\limits_{x \to +0} y' = \infty$．$\lim\limits_{x \to -0} y' = -\infty$．

$x = 0$ のとき y' は存在しないが，その点で極小値 0 をとる．

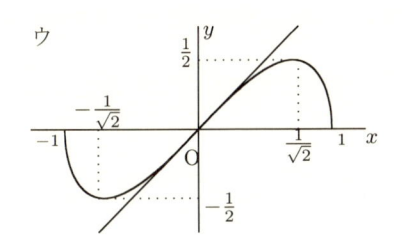

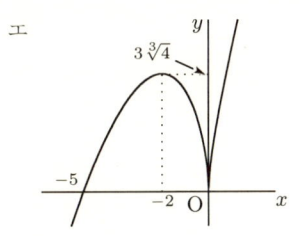

ウ

エ

練習 46 関数 $y = x + \sqrt{1-x^2}$ ($-1 \leqq x \leqq 1$) の増減，極値を調べ，そのグラフを描け．

25 関数の増減と極大・極小，漸近線，解の個数

・グラフ描画　定義域，座標軸との交点，増減，極値，凹凸，変曲点，漸近線などを調べる
・漸近線　$\lim_{x\to\infty}\dfrac{y}{x}=m$, $\lim_{x\to\infty}(y-mx)=n$ となる m, n があれば，

$y=mx+n$ が漸近線，$\lim_{x\to c\pm 0} y=\pm\infty$ のとき，$x=c$ が漸近線

例題 75 ———————————————————— 漸近線 ———

関数の増減，極値を調べ，漸近線があればそれを求めて，グラフを描け．

(1) $y=\dfrac{x^2-x+4}{x-1}$　　(2) $y=\sqrt[3]{x^3+x^2}$

方針　漸近線 $y=mx+n$ は，$m=\lim_{x\to\pm\infty}\dfrac{f(x)}{x}$, $n=\lim_{x\to\pm\infty}\{f(x)-mx\}$ で求める．

解答　(1) $y=x+\dfrac{4}{x-1}$.

$y'=1-\dfrac{4}{(x-1)^2}=\dfrac{x^2-2x-3}{(x-1)^2}$

x	$\cdots$	-1	$\cdots$	1	$\cdots$	3	$\cdots$
y'	$+$	0	$-$	/	$-$	0	$+$
y	↗	-3	↘	/	↘	5	↗
		(極大)				(極小)	

$=\dfrac{(x+1)(x-3)}{(x-1)^2}$. $y'=0$ とすると $x=-1$, 3.

増減表を作り，グラフは図アとなる．漸近線を $y=mx+n$ とすると，

$m=\lim_{x\to\pm\infty}\dfrac{y}{x}=\lim_{x\to\pm\infty}\left\{1+\dfrac{4}{x(x-1)}\right\}=1$.

$n=\lim_{x\to\pm\infty}(y-x)=\lim_{x\to\pm\infty}\dfrac{4}{x-1}=0$ より，漸近線は $y=x$.

$\lim_{x\to 1}y=\pm\infty$ より $x=1$ も漸近線．

(2) $y'=\dfrac{3x^2+2x}{3(\sqrt[3]{x^3+x^2})^2}$

$=\dfrac{x(3x+2)}{3(\sqrt[3]{x^3+x^2})^2}=\dfrac{x(3x+2)}{3(\sqrt[3]{x^2(x+1)})^2}$.

x	$\cdots$	-1	$\cdots$	$-\dfrac{2}{3}$	$\cdots$	0	$\cdots$
y'	$+$	/	$+$	0	$-$	/	$+$
y	↗	0	↗	$\dfrac{\sqrt[3]{4}}{3}$	↘	0	↗
				(極大)			

$y'=0$ とすると $x=-\dfrac{2}{3}$.

増減表を作り，グラフは図イである．漸近線を $y=mx+n$ とすると，

$m=\lim_{x\to\pm\infty}\dfrac{f(x)}{x}=\lim_{x\to\pm\infty}\dfrac{\sqrt[3]{x^3+x^2}}{x}=\lim_{x\to\pm\infty}\dfrac{x\sqrt[3]{1+\dfrac{1}{x}}}{x}=1$.

$n=\lim_{x\to\pm\infty}(f(x)-mx)=\lim_{x\to\pm\infty}(\sqrt[3]{x^3+x^2}-x)=\lim_{x\to\pm\infty}\left(x\sqrt[3]{1+\dfrac{1}{x}}-x\right)$

$$= \lim_{x \to \pm\infty} x\left(\sqrt[3]{1+\frac{1}{x}} - 1\right) = \lim_{x \to \pm\infty} \frac{x\left(1+\frac{1}{x}-1\right)}{\left(\sqrt[3]{1+\frac{1}{x}}\right)^2 + \sqrt[3]{1+\frac{1}{x}} + 1}$$

$$= \lim_{x \to \pm\infty} \frac{1}{\left(\sqrt[3]{1+\frac{1}{x}}\right)^2 + \sqrt[3]{1+\frac{1}{x}} + 1} = \frac{1}{3}. \text{ ゆえに漸近線は } y = x + \frac{1}{3}.$$

ア 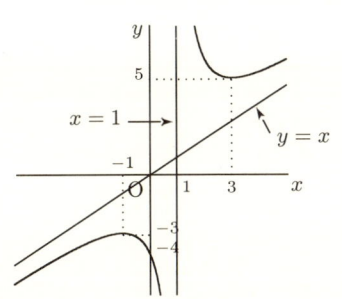
イ

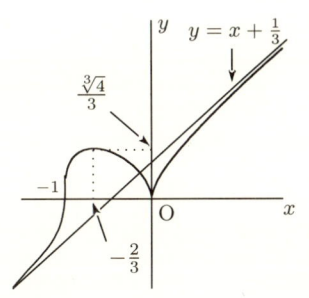

─── 例題 76 ─────────────────────────── 解の個数 ───

方程式 $e^x = mx$ の実数解の個数を調べよ.

方針 $y = e^x$ と $y = mx$ のグラフの共有点の個数を調べる.

解答 $y = e^x \cdots$ ①, $y = mx \cdots$ ② とおく. 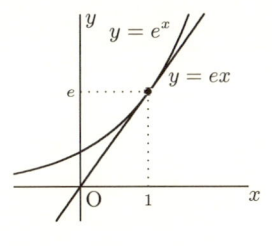
①の原点を通る接線の方程式を求めると, 接点を (t, e^t) として, この点における接線は
$$y = e^t(x - t) + e^t \cdots ③.$$
これが原点 $(0, 0)$ を通るので, $(0, 0)$ を代入して $e^t(1 - t) = 0$. $e^t > 0$ なので $t = 1$ より③に代入して $y = ex \cdots ④$.
これが接線である. ②と④の傾きを比較して共有点の個数は, $m < 0$ のとき 1 個, $0 \leqq m < e$ のとき 0 個, $m = e$ のとき 1 個, $m > e$ のとき 2 個となる.

✂✂✂✂✂✂✂✂✂✂✂✂✂✂✂✂✂✂✂✂✂✂✂✂✂✂✂

練習 47 次の関数のグラフを描け. 漸近線があればそれも求めよ.
$$y = \frac{x^3}{3(x+1)^2}$$

練習 48 3 次方程式 $x^3 - 3x^2 - 9x + a = 0$ が相異なる 2 つの正の解と, 1 つの負の解をもつための実数 a の範囲を求めよ.

26　第2次導関数による極値，曲線の凹凸・変曲点

- 極値と $f''(x)$　　$f'(a)=0$ かつ $f''(a)<0 \Longrightarrow f(a)$ は極大値
　　　　　　　　　$f'(a)=0$ かつ $f''(a)>0 \Longrightarrow f(a)$ は極小値
- 曲線の凹凸と $f''(x)$　　$f''(x)>0$ の区間で下に凸，$f''(x)<0$ の区間で上に凸
　　　　　　　　　　$f''(x)$ の符号の変わる点で変曲点

例題 77 ─────────────────── 第2次導関数による極値 ─

第2次導関数を利用して，関数 $f(x)=x^2 e^{-x}$ の極値を求めよ．

方針　$f'(a)=0$ から $f''(a)$ の符号を調べる．

解答　$f'(x)=2xe^{-x}-x^2 e^{-x}=e^{-x}x(2-x)$．$f'(x)=0$ とすると $x=0,\ 2$．
$f''(x)=e^{-x}(x^2-4x+2)$．
このとき $f''(0)=2>0$ より $x=0$ で極小値 $f(0)=0$，$f''(2)=-2e^{-2}<0$ より $x=2$ で極大値 $f(2)=4e^{-2}$ なので，極大値 $4e^{-2}$ ($x=2$ のとき)，極小値 0 ($x=0$ のとき) である．

解説　この **例題 77** は **例題 73** の (1) と同じ問題である．

例題 78 ─────────────────────── 曲線の凹凸，変曲点 ─

次の関数のグラフの凹凸を調べて，変曲点を求めよ．また極値も求めよ．

(1)　$f(x)=xe^{-\frac{x^2}{2}}$　　(2)　$f(x)=1-\dfrac{3}{x}+\dfrac{2}{x^2}$

解答　(1)　$f'(x)=e^{-\frac{x^2}{2}}+xe^{-\frac{x^2}{2}}\cdot(-x)=e^{-\frac{x^2}{2}}(1-x^2)$．
$f''(x)=e^{-\frac{x^2}{2}}\cdot(-x)(1-x^2)+e^{-\frac{x^2}{2}}\cdot(-2x)=e^{-\frac{x^2}{2}}\cdot x(x^2-3)$．
$f'(x)=0$ とすると $x=\pm 1$．
このとき $f''(1)=-\dfrac{2}{\sqrt{e}}<0$ より $x=1$ で極大値 $f(1)=\dfrac{1}{\sqrt{e}}$，$f''(-1)=\dfrac{2}{\sqrt{e}}>0$ より $x=-1$ で極小値 $f(-1)=-\dfrac{1}{\sqrt{e}}$．
$f''(x)=e^{-\frac{x^2}{2}}\cdot x(x^2-3)>0$ より $-\sqrt{3}<x<0,\ \sqrt{3}<x$ のとき下に凸，
$f''(x)=e^{-\frac{x^2}{2}}\cdot x(x^2-3)<0$ より $x<-\sqrt{3},\ 0<x<\sqrt{3}$ のとき上に凸．
$f''(x)=0$ より変曲点は $(0,\ 0)$，$\left(\sqrt{3},\ \sqrt{3}e^{-\frac{3}{2}}\right)$，$\left(-\sqrt{3},\ -\sqrt{3}e^{-\frac{3}{2}}\right)$．

26 第2次導関数による極値，曲線の凹凸・変曲点　69

また $\lim_{x \to \pm\infty} f(x) = 0$ より漸近線は x 軸．

増減表と凹凸表を作り，グラフは右下図である．

x	$\cdots$	-1	$\cdots$	1	$\cdots$
$f'(x)$	$-$	0	$+$	0	$-$
$f(x)$	$\searrow$	$-\dfrac{1}{\sqrt{e}}$	$\nearrow$	$\dfrac{1}{\sqrt{e}}$	$\searrow$
		(極小)		(極大)	

x	$\cdots$	$-\sqrt{3}$	$\cdots$	0	$\cdots$	$\sqrt{3}$	$\cdots$
$f''(x)$	$-$	0	$+$	0	$-$	0	$+$
$f(x)$	$\cap$	$-\sqrt{3}e^{-\frac{3}{2}}$	$\cup$	0	$\cap$	$\sqrt{3}e^{-\frac{3}{2}}$	$\cup$
		(変曲点)		(変曲点)		(変曲点)	

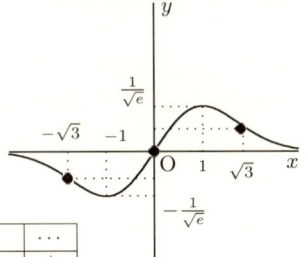

(2) $f'(x) = \dfrac{3}{x^2} - \dfrac{4}{x^3} = \dfrac{3x-4}{x^3}$. $f''(x) = -\dfrac{6}{x^3} + \dfrac{12}{x^4} = -\dfrac{6(x-2)}{x^4}$.

$f'(x) = 0$ とすると $x = \dfrac{4}{3}$. $f''\left(\dfrac{4}{3}\right) > 0$ より $x = \dfrac{4}{3}$ で極小値 $f\left(\dfrac{4}{3}\right) = -\dfrac{1}{8}$.

$f''(x) = -\dfrac{6(x-2)}{x^4} > 0$ より $x < 2$ で下に凸，$f''(x) = -\dfrac{6(x-2)}{x^4} < 0$ より $x > 2$

で上に凸．$f''(x) = 0$ より変曲点は $(2, 0)$．

また $\lim_{x \to \pm\infty} f(x) = 1$, $\lim_{x \to \pm 0} f(x) = \lim_{x \to \pm 0} \dfrac{x^2 - 3x + 2}{x^2} = +\infty$ より，漸近線は

$y = 1$ と y 軸．増減表と凹凸表を作り，グラフは右下図である．

x	$\cdots$	0	$\cdots$	$\dfrac{4}{3}$	$\cdots$
$f'(x)$	$+$	$/$	$-$	0	$+$
$f(x)$	$\nearrow$	$/$	$\searrow$	$-\dfrac{1}{8}$	$\nearrow$
				(極小)	

x	$\cdots$	0	$\cdots$	2	$\cdots$
$f''(x)$	$+$	$/$	$+$	0	$-$
$f(x)$	$\cup$	$/$	$\cup$	0	$\cap$
				(変曲点)	

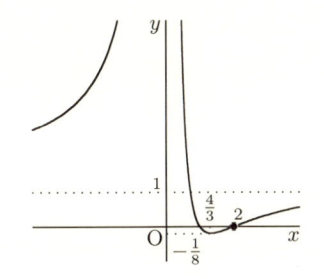

〰〰〰〰〰〰〰〰〰〰〰〰〰〰〰〰〰〰〰〰

練習 49　第2次導関数を利用して，次の関数の極値を求めよ．
$$f(x) = 2\sin x - \sin 2x \quad (0 < x < 2\pi)$$

練習 50　次の関数の増減表と凹凸表をかいて，そのグラフをかけ．

(1) $y = \dfrac{1}{\sqrt{2\pi}} e^{-\frac{x^2}{2}}$　(2) $y = \dfrac{x}{\log x}$

27 関数の最大値・最小値

・最大値と最小値　極値と端の値に注目する

・変数が 2 つの場合は消去して 1 つの文字にまとめる (1 文字消去).

例題 79 ────────────────────── 関数の最大・最小 ──

次の関数の最大値，最小値を求めよ．

(1) $y = \dfrac{x^2 - x + 1}{x^2 + x + 1}$　　(2) $y = |x| e^x \quad (-2 \leqq x \leqq 1)$

方針　$y = f(x)$ の極大，極小を調べ，極値と両端の値とを比較して判断する．

解答　(1) $y' = \dfrac{2x^2 - 2}{(x^2 + x + 1)^2} = \dfrac{2(x+1)(x-2)}{(x^2 + x + 1)^2}$. $y' = 0$ とすると $x = \pm 1$.

増減表を作り，グラフは右下図となる．

増減表から $x = -1$ のとき最大値 3, $x = 1$ のとき最小値 $\dfrac{1}{3}$.

x	$\cdots$	-1	$\cdots$	1	$\cdots$
y'	$+$	0	$-$	0	$+$
y	↗	3	↘	$\dfrac{1}{3}$	↗
		(極大)		(極小)	

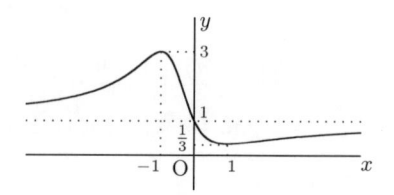

(2) $x \geqq 0$ と $x < 0$ で分けて考える.

　(i)　$x \geqq 0$ のとき，$y = xe^x$. $y' = 1 \cdot e^x + xe^x = (1+x)e^x$.

　　　$x \geqq 0$ なので $1 + x > 0$, $e^x > 0$ より $y' > 0$. y は増加関数．

　(ii)　$x < 0$ のとき，$y = -xe^x$. $y' = -(1+x)e^x$.

　　　$e^x > 0$ なので，$y' = 0$ とすると $x = -1$.

増減表を作り，グラフは右下図となる．$e \fallingdotseq 2.72$ を代入して計算すると，

増減表から $x = 1$ のとき最大値 e, $x = 0$ のとき最小値 0.

x	-2	$\cdots$	-1	$\cdots$	0	$\cdots$	1
y'		$+$	0	$-$	$+$	$+$	
y	$\dfrac{2}{e^2}$	↗	$\dfrac{1}{e}$	↘	0	↗	e
			(極大)		(極小)		

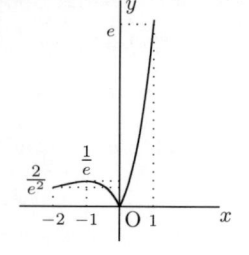

27 関数の最大値・最小値

例題 80 ― 関数の最大・最小

第 1 象限内の定点 $P(a, b)$ を通る直線と x 軸の正の部分との交点を A, y 軸の正の部分との交点を B とする．このとき線分 AB の長さの最小値を求めよ．

方針 傾きを m とする．点 P を通る直線を $y = m(x - a) + b$ として，A, B の交点を求めて $OA^2 + OB^2$ を m で表してもよいが，ここでは三角関数で解く．

解答 $\angle OAB = \theta \ \left(0 < \theta < \dfrac{\pi}{2}\right)$ とおく．

$AB = PA + PB = \dfrac{b}{\sin \theta} + \dfrac{a}{\cos \theta}$ となる．

これを $f(\theta)$ として，$f(\theta)$ の最小値を求める．

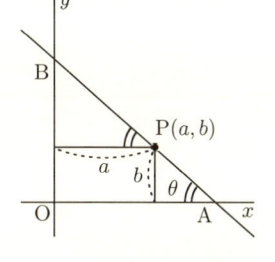

$f'(\theta) = -\dfrac{b \cos \theta}{\sin^2 \theta} + \dfrac{a \sin \theta}{\cos^2 \theta} = \dfrac{a \sin^3 \theta - b \cos^3 \theta}{\sin^2 \theta \cos^2 \theta}$

$= \dfrac{a \cos^3 \theta}{\sin^2 \theta \cos^2 \theta} \left(\tan^3 \theta - \dfrac{b}{a}\right) = \dfrac{a \cos \theta}{\sin^2 \theta} \left(\tan^3 \theta - \dfrac{b}{a}\right)$

$f'(\theta) = 0$ より $\tan \theta = \sqrt[3]{\dfrac{b}{a}}$．$\theta = \tan^{-1} \sqrt[3]{\dfrac{b}{a}}$ として，

θ	0	$\cdots$	$\tan^{-1} \sqrt[3]{\dfrac{b}{a}}$	$\cdots$	$\dfrac{\pi}{2}$
$f'(\theta)$	/	$-$	0	$+$	/
$f(\theta)$	/	↘	最小	↗	/

左の増減表により，$\tan^3 \theta = \dfrac{b}{a}$ のとき AB は最小値をとる．

$\tan \theta = \sqrt[3]{\dfrac{b}{a}}$ のとき $\sin \theta = \dfrac{\sqrt[3]{b}}{\sqrt{a^{\frac{2}{3}} + b^{\frac{2}{3}}}}$, $\cos \theta = \dfrac{\sqrt[3]{a}}{\sqrt{a^{\frac{2}{3}} + b^{\frac{2}{3}}}}$．

よって 最小値 $= \dfrac{b \sqrt{a^{\frac{2}{3}} + b^{\frac{2}{3}}}}{b^{\frac{1}{3}}} + \dfrac{a \sqrt{a^{\frac{2}{3}} + b^{\frac{2}{3}}}}{a^{\frac{1}{3}}} = \sqrt{a^{\frac{2}{3}} + b^{\frac{2}{3}}} \left(a^{\frac{2}{3}} + b^{\frac{2}{3}}\right) = \left(a^{\frac{2}{3}} + b^{\frac{2}{3}}\right)^{\frac{3}{2}}$．

研究 $\overline{OA} = x$, $\overline{OB} = y$ とおくと $(y - b) : a = y : x$．ゆえに $y = \dfrac{bx}{x - a}$．

$AB^2 = x^2 + y^2 = x^2 + \dfrac{b^2 x^2}{(x - a)^2}$ $(x > a)$．この最小値を求めてもよい．

～～～～～～～～～～～～～～～～～～～～～～～～～～～～～～

練習 51 次の問に答えよ．
   (1) 半径 a の円に内接する長方形のうち，面積が最大になるものを求めよ．
   (2) 半径 r の球に内接する直円柱のうち，体積が最大なものを求めよ．

練習 52 底面の半径が r, 高さが h の直円錐の中に含まれていて，それと同じ軸をもつ直円柱のうちで，体積が最大のものを求めよ．

28 不等式の証明

・不等式 $f(x) > g(x)$ の証明　差 $F(x) = f(x) - g(x) > 0$ を示す

　　$x > a$ のときは　① $F(x)$ の最小値 > 0　② $F'(x) > 0$ なら $F(a) \geqq 0$

例題 81 ──────────── 不等式の証明

すべての実数 x に対して，$x^4 - 4p^3 x + 12 > 0$ が成り立つように，定数 p の値の範囲を定めよ．

方針　$f(x) = x^4 - 4p^3 x + 12$ の最小値が正となるように p の値の範囲を定める．

解答　$f(x) = x^4 - 4p^3 x + 12$ とおく．

$f'(x) = 4x^3 - 4p^3 = 4(x^3 - p^3) = 4(x - p)(x^2 + px + p^2)$.

$x^2 + px + p^2 = \left(x + \dfrac{p}{2}\right)^2 + \dfrac{3}{4}p^2 > 0$ なので，

$f'(x) = 0$ とすると $x = p$.

増減表を作り，$x = p$ のとき最小値 $f(p) = -3p^4 + 12 > 0$.

$p^4 - 4 = (p^2 - 2)(p^2 + 2) < 0$. ゆえに $-\sqrt{2} < p < \sqrt{2}$.

x	$\cdots$	p	$\cdots$
$f'(x)$	$-$	0	$+$
$f(x)$	$\searrow$	極小	$\nearrow$

例題 82 ──────────── 不等式の証明

$x > 0$ のとき，不等式 $x > \log(1 + x)$ を証明せよ．

解答　$f(x) = x - \log(1 + x)$ とおく．$f'(x) = 1 - \dfrac{1}{1 + x} = \dfrac{x}{1 + x}$.

$x > 0$ のとき $f'(x) > 0$ であるから，$f(x)$ は単調増加関数かつ $f(0) = 0$.

ゆえに $x > 0$ で $f(x) > 0$. つまり $x > \log(1 + x)$.

解説　$f(0) = 0$ かつ $x > 0$ で $f'(x) > 0$ ならば，$x > 0$ で $f(x) > 0$ となる．$x > 0$ で $f'(x) > 0$ がすぐに示せないときは，$f''(x) > 0$ より $f'(x)$ が増加関数．また $f'(0) = 0$ より $f'(x) > 0$ として扱う．

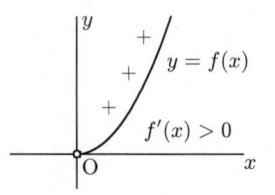

例題 83 ──────────── 不等式の証明

$x > 0$ のとき，次の不等式を証明せよ．

(1) $x > \sin x$　(2) $\cos x > 1 - \dfrac{x^2}{2}$　(3) $\sin x > x - \dfrac{x^3}{6}$

解答　(1) $f(x) = x - \sin x$ とおくと，$f'(x) = 1 - \cos x \geqq 0$.

ゆえに $f(x)$ は単調増加関数でかつ $f(0)=0$. よって $x>0$ では $f(x)>0$, つまり $x>\sin x$ である.

(2) $f(x)=\cos x-1+\dfrac{x^2}{2}$ とおくと, (1) より $f'(x)=x-\sin x>0$.

ゆえに $f(x)$ は単調増加関数でかつ $f(0)=0$. よって $x>0$ では $f(x)>0$.

つまり $\cos x>1-\dfrac{x^2}{2}$ である.

(3) $f(x)=\sin x-x+\dfrac{x^3}{6}$ とおくと, (2) より $f'(x)=\cos x-1+\dfrac{x^2}{2}>0$.

ゆえに $f(x)$ は単調増加関数でかつ $f(0)=0$. よって $x>0$ では $f(x)>0$.

つまり $\sin x>x-\dfrac{x^3}{6}$ である.

例題 84 ──────────────────────── 不等式の証明 ─

n を正の整数とする. $x>0$ のとき次の不等式を数学的帰納法で証明せよ.
$$e^x>1+\frac{x}{1!}+\frac{x^2}{2!}+\cdots+\frac{x^n}{n!} \quad \cdots ①$$

[解答] (i) $n=1$ のとき $f(x)=e^x-\left(1+\dfrac{x}{1!}\right)$ とおくと, $f'(x)=e^x-1>0$.

ゆえに $f(x)$ は $x>0$ で単調増加関数でかつ $f(0)=0$. よって $x>0$ で $f(x)>0$,

つまり $e^x>1+\dfrac{x}{1!}$ となり, ①は $n=1$ のとき成り立つ.

(ii) $n=k$ のとき①が成り立つと仮定すると, $e^x>1+\dfrac{x}{1!}+\dfrac{x^2}{2!}+\cdots+\dfrac{x^k}{k!}$ $\cdots ②$.

$g(x)=e^x-\left(1+\dfrac{x}{1!}+\dfrac{x^2}{2!}+\cdots+\dfrac{x^k}{k!}+\dfrac{x^{k+1}}{(k+1)!}\right)$ とおくと,

仮定の不等式②より $g'(x)=e^x-\left(1+\dfrac{x}{1!}+\dfrac{x^2}{2!}+\cdots+\dfrac{x^k}{k!}\right)>0$.

ゆえに $g(x)$ は単調増加関数でかつ $g(0)=0$. よって $x>0$ では $g(x)>0$,

つまり $n=k+1$ のときも①は成り立つ.

以上 (i), (ii) より, 数学的帰納法によってすべての正の整数 n について①が成り立つ.

[解説] e^x のマクローリン展開は, $x>0$ として
$$e^x=1+\frac{x}{1!}+\frac{x^2}{2!}+\cdots+\frac{x^n}{n!}\cdots\text{である.}$$

練習 53 $x>0$ のとき, 次の不等式を証明せよ.
$$\sin x+\cos x>1+x-x^2$$

29 接線・法線,速度・加速度,いろいろな変化率

・曲線 $y = f(x)$ 上の点 $(a, f(a))$ における接線および法線の方程式

　　　接線　$y - f(a) = f'(a)(x - a)$

　　　法線　$y - f(a) = -\dfrac{1}{f'(a)}(x - a)$　　$(f'(a) \neq 0)$.

・速度　$v = \dfrac{dx}{dt}$,　　加速度　$\alpha = \dfrac{dv}{dt} = \dfrac{d^2 x}{dt^2}$

例題 85 ─────────────────────────────── 接線と法線

次の曲線上の点 A または ( ) 内の t の値に対応する点における接線および法線の方程式を求めよ.

(1) $y = \log x$　　$A(e, 1)$　　(2) $\begin{cases} x = \cos 2t \\ y = \sin t + 1 \end{cases}$　　$\left(t = -\dfrac{\pi}{6}\right)$

[解答] (1) $y' = \dfrac{1}{x}$ で $x = e$ なので, $y' = \dfrac{1}{e}$ である.

接線の方程式は $y - 1 = \dfrac{1}{e}(x - e)$. ゆえに $y = \dfrac{1}{e}x$.

法線の方程式は $y - 1 = -e(x - e)$. ゆえに $y = -ex + e^2 + 1$.

(2) $\dfrac{dy}{dx} = \dfrac{dy/dt}{dx/dt} = \dfrac{\cos t}{-2\sin 2t} = -\dfrac{\cos t}{4\sin t \cos t} = -\dfrac{1}{4\sin t}$ なので $y' = \dfrac{1}{2}$ である.

また $t = -\dfrac{\pi}{6}$ なので, 接点の座標は $x = \cos\left(-\dfrac{\pi}{3}\right) = \dfrac{1}{2}$, $y = \sin\left(-\dfrac{\pi}{6}\right) + 1 = \dfrac{1}{2}$

である. 接線の方程式は $y - \dfrac{1}{2} = \dfrac{1}{2}\left(x - \dfrac{1}{2}\right)$. ゆえに $y = \dfrac{1}{2}x + \dfrac{1}{4}$.

法線の方程式は $y - \dfrac{1}{2} = -2\left(x - \dfrac{1}{2}\right)$. ゆえに $y = -2x + \dfrac{3}{2}$.

例題 86 ─────────────────────────────── 接線

曲線 $y = x \log x$ に点 $(0, -3)$ から引いた接線の方程式を求めよ.

[方針] 曲線上にない点 A から引いた接線の方程式は, 曲線上の点 $(a, f(a))$ における接線が点 A を通ることから a を求める.

[解答] $y = x \log x$ を微分して $y' = 1 + \log x$.

接点を $(a, a \log a)$ とおくと, その接線の方程式は $y - a \log a = (1 + \log a)(x - a)$.

点 $(0, -3)$ を通ることから, $-3 - a \log a = (1 + \log a)(0 - a)$ なので, これを解いて $a = 3$ である. これを①に代入して $y - 3\log 3 = (1 + \log 3)(x - 3)$.

ゆえに接線の方程式は $y = (1 + \log 3)x - 3$ である．

例題 87 ─────────── 速度・加速度

長さ 5m の棒 AB が地面と壁の間にかかっていて，これが滑っていく．壁との接点 A の速度が一定の速度毎秒 12cm で滑るとき，A が地上 3m のときの地面との接点 B の速度および加速度を求めよ．

[解答] t 秒後の棒の上端を A，下端を B とし，OA $= y$，OB $= x$ $(x > 0, y > 0)$ とすると，$x^2 + y^2 = 25$ $\cdots$ ①．
x, y は t の関数なので，①の両辺を t で微分して
$2x\dfrac{dx}{dt} + 2y\dfrac{dy}{dt} = 0$，ゆえに $x\dfrac{dx}{dt} + y\dfrac{dy}{dt} = 0$ $\cdots$ ②．
題意から $\dfrac{dy}{dt} = 0.12 = \dfrac{3}{25}$ (m/sec) なので $x\dfrac{dx}{dt} + \dfrac{3}{25}y = 0$．
ゆえに $\dfrac{dx}{dt} = -\dfrac{3}{25} \cdot \dfrac{y}{x}$．$y = 3$ のとき $x = 4$ なので $\dfrac{dx}{dt} = -\dfrac{3}{25} \cdot \dfrac{3}{4} = -\dfrac{9}{100}$ (m/sec)．

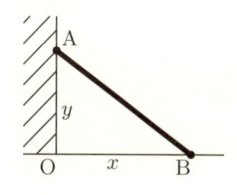

次に加速度を求める．
②の両辺を t で微分して $\left(\dfrac{dx}{dt}\right)^2 + x\dfrac{d^2x}{dt^2} + \left(\dfrac{dy}{dt}\right)^2 + y\dfrac{d^2y}{dt^2} = 0$．

ここで $\dfrac{dy}{dt} = \dfrac{3}{25}$．$\dfrac{d^2y}{dt^2} = \dfrac{d}{dt}\left(\dfrac{dy}{dt}\right) = 0$．$\dfrac{dx}{dt} = -\dfrac{9}{100}$．

$x = 4$，$y = 3$ を代入して，$\dfrac{d^2x}{dt^2} = -\dfrac{1}{4}\left\{\left(\dfrac{3}{25}\right)^2 + \left(-\dfrac{9}{100}\right)^2\right\} = -\dfrac{9}{1600}$ (m/sec²)．

以上より B の速度は -9 (cm/sec)，加速度は $-\dfrac{9}{16}$ (cm/sec²) である．

練習 54 次の曲線上の点 A における接線および法線の方程式を求めよ．
$y = \sqrt{4 - x^2}$　A$(\sqrt{3}, 1)$

練習 55 曲線 $y = x^3$ 上の点 $(2, 8)$ を通る接線は 2 本ある．その 2 本の接線の方程式を求めよ．

練習 56 上面の半径 4cm，高さ 10cm の直円錐形の容器に，毎秒 2cc の割合で水を注ぐとき，水面の高さが 5cm になった瞬間における次の値を求めよ．
(1) 水面の上昇する速さ　(2) 水面の面積の増加する速さ

30 近似式と近似値，誤差

・第1次近似公式　$x=a$ の近くでは，

$|h|$ が十分小さいとき，$f(a+h) ≒ f(a) + f'(a)h$

$|x|$ が十分小さいとき，$f(x) ≒ f(0) + f'(0)x$

・第 n 次近似公式 (1)　$x=a$ の近くでは，

$$f(x) ≒ f(a) + \frac{f'(a)}{1!}(x-a) + \frac{f''(a)}{2!}(x-a)^2 + \cdots + \frac{f^{(n)}(a)}{n!}(x-a)^n.$$

$x = a+h$ とおけば，$|h|$ が小さいとき

$$f(a+h) ≒ f(a) + \frac{f'(a)}{1!}h + \frac{f''(a)}{2!}h^2 + \cdots + \frac{f^{(n)}(a)}{n!}h^n.$$

・第 n 次近似公式 (2)　$|x|$ が十分小さいとき

$$f(x) ≒ f(0) + \frac{f'(0)}{1!}x + \frac{f''(0)}{2!}x^2 + \cdots + \frac{f^{(n)}(0)}{n!}x^n.$$

真の誤差は $\dfrac{f^{(n+1)}(\theta x)}{(n+1)!}x^{n+1}$ $(0<\theta<1)$，およその誤差は $\dfrac{f^{(n+1)}(0)}{(n+1)!}x^{n+1}$

例題 88 ─────────────────────── 近似式 ─

次の関数における $x=0$ の近くでの第1次，第2次近似式を求めよ．
(1) $f(x) = e^x$　　(2) $f(x) = \sin x$　　(3) $f(x) = \log(1+x)$

解答　(1) $f'(x) = f''(x) = e^x$ より，$f(0) = f'(0) = f''(0) = 1$．

ゆえに第1次近似式は $e^x ≒ 1+x$，第2次近似式は $e^x ≒ 1 + x + \dfrac{x^2}{2}$．

(2) $f'(x) = \cos x$, $f''(x) = -\sin x$ より，$f(0) = 0$, $f'(0) = 1$, $f''(0) = 0$．

ゆえに第1次近似式は $\sin x ≒ x$，第2次近似式は $\sin x ≒ x$．

(3) $f'(x) = \dfrac{1}{1+x}$, $f''(x) = -\dfrac{1}{(1+x)^2}$ より，$f(0) = 0$, $f'(0) = 1$, $f''(0) = -1$．

ゆえに第1次近似式は $\log(1+x) ≒ x$，第2次近似式は $\log(1+x) ≒ x - \dfrac{x^2}{2}$．

例題 89 ─────────────────────── 近似値 ─

(1) $x ≒ 0$ のとき $\sqrt[3]{1+x}$ の近似式を作れ．また $\sqrt[3]{997}$ の近似値を求めよ．
(2) 半径 $5\,\mathrm{cm}$ の球を温めると，半径が $5.02\,\mathrm{cm}$ になったとき，この球の表面積，体積はそれぞれどのくらい増加したか．$\pi = 3.14$ とする．

方針　(1) $f(a+h) ≒ f(a) + f'(a)h$ を利用する．$f(a)$ は簡単に求まる数にする．

(2) 半径 $x\,(\text{cm})$ の球の表面積は $S = 4\pi x^2$, 体積は $V = \dfrac{4}{3}\pi x^3$.
これに近似式 $f(x+h) - f(x) \doteqdot f'(x)h$ を適用する.

[解答] (1) $f(x) = \sqrt[3]{x}$ とすると $f(1) = 1$. $f'(x) = \dfrac{1}{3}x^{-\frac{2}{3}}$ より $f'(1) = \dfrac{1}{3}$.

ゆえに $\sqrt[3]{1+x} \doteqdot 1 + \dfrac{1}{3}x$ …①.

$\sqrt[3]{997} = \sqrt[3]{1000-3} = \sqrt[3]{1000(1-0.003)} = 10\sqrt[3]{1+(-0.003)}$.

①より $\sqrt[3]{1+(-0.003)} \doteqdot 1 + \dfrac{1}{3}\cdot(-0.003) = 0.999$.

ゆえに $\sqrt[3]{997} \doteqdot 10 \times 0.999 = 9.99$.

(2) 半径 $x\,(\text{cm})$ の球の表面積を $S\,(\text{cm}^2)$, 体積を $V\,(\text{cm}^3)$ とすると,
$S = 4\pi x^2$, $S' = 8\pi x$. $V = \dfrac{4}{3}\pi x^3$, $V' = 4\pi x^2$.

$|\Delta x| \doteqdot 0$ のとき, $\Delta S \doteqdot 8\pi x \cdot \Delta x$, $\Delta V \doteqdot 4\pi x^2 \cdot \Delta x$.

ここで $\pi = 3.14$, $x = 5$, $\Delta x = 0.02$ を代入すると,

$\Delta S \doteqdot 8 \times 3.14 \times 5 \times 0.02 = 2.512$, $\Delta V \doteqdot 4 \times 3.14 \times 5^2 \times 0.02 = 6.28$.

したがって表面積は約 $2.51\,\text{cm}^2$, 体積は約 $6.28\,\text{cm}^3$ 増加する.

例題 90 ─────────────────── 近似式と誤差 ─

マクローリンの定理を用いて, $f(x) = e^x$ を x の 2 次式で近似せよ. また, そのときの誤差の限界を求めよ. ただし, $0 \leqq x \leqq 0.1$ とする.

[方針] $x = 0$ の近くのマクローリンの定理は,

$$f(x) = f(0) + \frac{f'(0)}{1!}x + \frac{f''(0)}{2!}x^2 + \cdots + \frac{f^{(n)}(0)}{n!}x^n + \frac{f^{(n+1)}(\theta x)}{(n+1)!}x^{n+1} \quad (0 < \theta < 1).$$

[解答] マクローリンの定理より $e^x = 1 + x + \dfrac{1}{2}x^2 + \dfrac{e^{\theta x}}{6}x^3 \quad (0 < \theta < 1)$.

誤差は $\left| e^x - \left(1 + x + \dfrac{1}{2}x^2\right) \right| = \left| \dfrac{e^{\theta x}}{6}\cdot x^3 \right| \leqq \dfrac{e}{6}\cdot(0.1)^3 < \dfrac{3}{6}\cdot(0.1)^3 = 0.005$.

したがって近似式は $e^x \doteqdot 1 + x + \dfrac{1}{2}x^2$, 誤差の限界は ± 0.005 である.

練習 57 第 1 次近似式を用いて, 次の近似値を小数第 3 位まで求めよ.
 (1) $\sqrt{226}$ (2) $\sin 31°$

練習 58 $0 < x \leqq 0.01$ のとき, $\sqrt[5]{1+x} \doteqdot 1 + \dfrac{x}{5}$ としたときの誤差の限界を求めよ.

31 解の近似値 (ニュートン法)，不定形の極限値 (展開式利用)

- ニュートンの解の近似法　$a_{n+1} = a_n - \dfrac{f(a_n)}{f'(a_n)}$　$(n=1, 2, \cdots)$

(第1次近似値 a_1 の決め方がポイント)

方程式 $f(x) = 0$ の解になるべく近い数 a_1 (第1次近似式) を見つけて (グラフなどを描いて)，その a_1 を用いて，$(a_1, f(a_1))$ における接線が x 軸と交わる点 a_2 を求める．

$$a_2 = a_1 - \dfrac{f(a_1)}{f'(a_1)}\quad (\text{第2次近似式})$$

次にこの a_2 を用いて a_3 (第3近似式) を求める．
この繰り返しで近似解が求める．関数のグラフの概形を描いて，$a_1, a_2, \cdots$ の行動をあらかじめ予測するとよい．

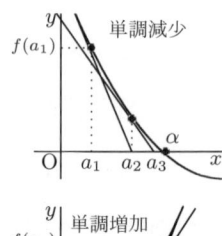

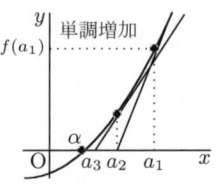

- 不定形の極限値　マクローリン展開や二項定理を利用する方法がある．

例題 91 ─────────────── ニュートン法 ─

方程式 $f(x) = x^3 - 2x - 5 = 0$ は，2 と 2.5 の間にただ1つの解をもつことを示せ．また $a_1 = 2$ を第1次近似値として，第2次近似値および第3次近似値をニュートン法で求めよ．

[解答]　$f(2) = -1 < 0$, $f(2.5) = \dfrac{45}{8} > 0$ であり，$f'(x) = 3x^2 - 2$ は $2 < x < 2.5$ の範囲では正であるので，この範囲で増加関数である．

ゆえに $f(x) = 0$ は，2 と 2.5 の間にただ1つの解をもつ．

第1次近似値を $a_1 = 2$，第2次近似値を a_2，
第3次近似値を a_3 とおくと，
ニュートン法により

$$a_2 = 2 - \dfrac{f(2)}{f'(2)} = 2 + \dfrac{1}{10} = 2.1.$$

$$a_3 = 2.1 - \dfrac{f(2.1)}{f'(2.1)} = 2.1 - 0.0054 = 2.0946.$$

したがってニュートン法による第1，第2，第3次近似値は，順に 2, 2.1, 2.0946 である．

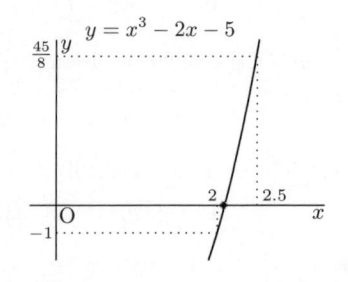

例題 92 ──────────── マクローリン展開による極限値

マクローリン展開を用いて，次の極限値を求めよ．

(1) $\displaystyle\lim_{x\to\infty}\left\{x-x^2\log\left(1+\frac{1}{x}\right)\right\}$ 　　(2) $\displaystyle\lim_{x\to 0}\frac{\cos x-\left(1-\dfrac{x^2}{2!}+\dfrac{x^4}{4!}\right)}{x^6}$

方針 マクローリン展開を利用する．

$$\log(1+x)=x-\frac{x^2}{2}+\frac{x^3}{3}-\cdots+(-1)^{n-1}\frac{x^n}{n}+\cdots,$$

$$e^x=1+x+\frac{x^2}{2!}+\frac{x^3}{3!}+\cdots+\frac{x^n}{n!}+\cdots,$$

$$\cos x=1-\frac{x^2}{2!}+\frac{x^4}{4!}-\frac{x^6}{6!}+\cdots+(-1)^n\frac{x^{2n}}{(2n)!}+\cdots.$$

解答 (1) $\displaystyle\lim_{x\to\infty}\left\{x-x^2\log\left(1+\frac{1}{x}\right)\right\}$

$=\displaystyle\lim_{x\to\infty}\left\{x-x^2\left(\frac{1}{x}-\frac{1}{2x^2}+\frac{1}{3x^3}-\cdots\right)\right\}=\lim_{x\to\infty}\left(\frac{1}{2}-\frac{1}{3x}+\cdots\right)=\frac{1}{2}.$

(2) 分子 $=\left(1-\dfrac{x^2}{2!}+\dfrac{x^4}{4!}-\dfrac{x^6}{6!}+\cdots\right)-\left(1-\dfrac{x^2}{2!}+\dfrac{x^4}{4!}\right)=-\dfrac{x^6}{6!}+\cdots.$

したがって 与式 $=\displaystyle\lim_{x\to 0}\frac{-\dfrac{1}{6!}x^6+\cdots}{x^6}=-\dfrac{1}{6!}.$

研究 不定形の極限は，ロピタルの定理を用いる方が楽であるが，$\infty-\infty$，$0\times\infty$ の形のものは，展開を用いた方が計算がしやすくなることがある．

✍✍✍✍✍✍✍✍✍✍✍✍✍✍✍✍✍✍✍✍✍✍✍✍

練習 59 $x^3-x^2-2=0$ の $1<x<2$ における解の近似値を求めよ．

練習 60 マクローリン展開を用いて，次の極限値を求めよ．

(1) $\displaystyle\lim_{x\to 0}\frac{\sqrt{1+x}-1-\dfrac{1}{2}x+\dfrac{1}{8}x^2}{x^3}$ 　　(2) $\displaystyle\lim_{x\to 0}\left(\frac{1}{x^2}-\frac{1}{x\sin x}\right)$

総合演習 3

3.1 次の関数の区間 $[a, b]$ について，平均値の定理 $f(a+h) - f(a) = hf'(a+\theta h)$ $(0 < \theta < 1)$ を満たす θ を求めよ．また $\lim_{h \to +0} \theta$ を求めよ．ただし $x > 0$ とする．

(1) $f(x) = \dfrac{1}{x}$ (2) $f(x) = \sqrt{x}$

3.2 平均値の定理を利用して，

(1) $\displaystyle\lim_{x \to +0} \dfrac{e^x - e^{\sin x}}{x - \sin x}$ を求めよ．

(2) $\dfrac{1}{x+1} < \log(x+1) - \log x < \dfrac{1}{x}$ を証明せよ．

3.3 次の関数のマクローリン展開を第 4 項まで求めよ．ただし $|x|$ は小さいものとする．

(1) $\cosh x = \dfrac{1}{2}(e^x + e^{-x})$ (2) $e^x \cos x$

(3) $a^x \quad (a \neq 1)$ (4) $\sin x \cos x$

3.4 マクローリン展開を利用して，次の極限を求めよ．

(1) $\displaystyle\lim_{x \to 0} x\left(e^{\frac{1}{x}} - e^{\frac{2}{x}}\right)$ (2) $\displaystyle\lim_{x \to 0} \dfrac{e^x - e^{\sin x}}{x - \sin x}$

3.5 極限値 $P = \displaystyle\lim_{x \to 1} x^{\frac{1}{1-x}}$ を指示に従って求めよ．

(1) $\dfrac{1}{1-x} = t$ とおく． (2) ロピタルの定理を用いる．

3.6 ロピタルの定理を用いて，次の極限を求めよ．

(1) $\displaystyle\lim_{x \to 0} \dfrac{x - \log(1+x)}{x^2}$ (2) $\displaystyle\lim_{x \to 0} \dfrac{3^x - 1}{x}$

3.7 次の関数の第 n 次導関数を求めよ．

(1) $y = \dfrac{1}{x^2 - 3x + 2}$ (2) $y = x^3 e^x$

3.8 $y = \sin^{-1} x$ のとき，次の各式を証明せよ．

(1) $(1-x^2)y'' = xy'$

(2) $(1-x^2)y^{(n+2)} - (2n+1)xy^{(n+1)} - n^2 y^{(n)} = 0$

(3) $y^{(n+2)}(0) = \begin{cases} 1^2 \cdot 3^2 \cdot 5^2 \cdots\cdots n^2 & (n : \text{奇数}) \\ 0 & (n : \text{偶数}) \end{cases}$

3.9 アステロイド $x^{\frac{2}{3}} + y^{\frac{2}{3}} = a^{\frac{2}{3}}$ の接線が，xy 両軸の間にはさまれる長さは一定であることを示せ．ただし $a > 0$ とする．

3.10 だ円 $\dfrac{x^2}{a^2}+\dfrac{y^2}{b^2}=1$ の接線と両軸との交点を P, Q とするとき，線分 PQ の最小値を求めよ．ただし $a>0$, $b>0$ とする．

3.11 半径 a の円形の紙から扇形を切り取って円すいを作り，その容積 V を最大にしたい．そのときに切り取る扇形の中心角 θ を求めよ．

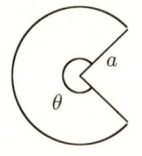

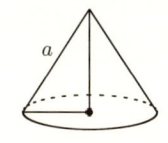

3.12 $f''(x)$ を利用して，次の関数の極大・極小を求め，そのグラフをかけ．

(1) $f(x)=3\sin x+\sin 3x \quad (-\pi\leqq x\leqq\pi)$

(2) $f(x)=e^{-x}\cos x$

3.13 次の媒介変数表示関数のグラフを描け．$(a>0)$

(1) $\begin{cases} x=t-t^3 \\ y=1-t^4 \end{cases}$ (2) $\begin{cases} x=a(t-\sin t) \\ y=a(1-\cos t) \end{cases} \quad (0\leqq t\leqq 2\pi)$

3.14 次の不等式を証明せよ．

(1) $x-\dfrac{1}{2}x^2<\log(1+x)<x \quad (x>0)$

(2) $\dfrac{x}{1+x^2}<\tan^{-1}x<x \quad (x>0)$

3.15 第 1 次近似式 $f(x+h)\fallingdotseq f(x)+f'(x)h$ を用いて，次の近似値を求めよ．

(1) $\sqrt{290}$ (2) $\sin 29°58'$ (3) $\cos 30°1'$

3.16 $0<x<0.1$ の範囲で，

(1) e^x の近似式として $e^x\fallingdotseq 1+x+\dfrac{x^2}{2}+\dfrac{x^3}{6}$ を用いたときの誤差を評価せよ．

(2) $\cos x$ の近似式として $\cos x\fallingdotseq 1-\dfrac{x^2}{2!}+\dfrac{x^4}{4!}$ を用いたときの誤差を評価せよ．

3.17 ニュートン法によって，次の方程式の解の第 3 近似値を求めよ．

(1) $x^2-2=0$ (2) $x-\cos x=0$

3.18 右図のように直立した煙突 AB があって，その地面に接した点 B から 50 m 離れた点 C から点 A を仰いだ角が 30° である．いま仰角に 30′ の誤差が生じたとき，煙突の高さはどれほどの誤差を生じるか．

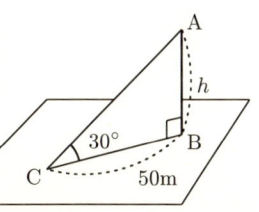

第4章 不定積分

C:積分定数, a, b, α, A は定数とする

1 演算公式

(1) $\displaystyle \int a f(x)\,dx = a \int f(x)\,dx$

(2) $\displaystyle \int \{f(x) \pm g(x)\}\,dx = \int f(x)\,dx \pm \int g(x)\,dx$ （積分の線形性）

(3) $\displaystyle \int f(x)\,dx = F(x) + C, \quad a \neq 0 \text{ のとき} \quad \int f(ax+b)\,dx = \frac{1}{a} F(ax+b) + C$

(4) 置換積分

 (i) $x = g(t)$ とおくと $\displaystyle \int f(x)\,dx = \int f(g(t)) g'(t)\,dt$

 (ii) $\displaystyle \int \{f(x)\}^\alpha f'(x)\,dx = \frac{1}{\alpha + 1} \{f(x)\}^{\alpha+1} + C \quad (\alpha \neq -1)$

 $\displaystyle \int \frac{f'(x)}{f(x)}\,dx = \log |f(x)| + C, \quad \int \frac{f'(x)}{\sqrt{f(x)}}\,dx = 2\sqrt{f(x)} + C$

(5) 部分積分

$\displaystyle \int f(x) g'(x)\,dx = f(x) g(x) - \int f'(x) g(x)\,dx$

特に $\displaystyle \int f(x)\,dx = x f(x) - \int x f'(x)\,dx$

2 基本的な関数の不定積分 (基本公式)

(1) $\displaystyle \int x^\alpha\,dx = \frac{1}{\alpha + 1} x^{\alpha+1} + C \quad (\alpha \neq -1), \quad \int x^{-1}\,dx = \int \frac{1}{x}\,dx = \log |x| + C$

(2) $\displaystyle \int e^x\,dx = e^x + C, \quad \int a^x\,dx = \frac{a^x}{\log a} + C \quad (a > 0,\ a \neq 1)$

(3) $\displaystyle \int \log x\,dx = x \log x - x + C, \quad \int \log_a x\,dx = \frac{x \log x - x}{\log a} + C$

(4) $\displaystyle \int \sin \alpha x\,dx = -\frac{1}{\alpha} \cos \alpha x + C \quad (\alpha \neq 0)$

 $\displaystyle \int \cos \alpha x\,dx = \frac{1}{\alpha} \sin \alpha x + C \quad (\alpha \neq 0)$

(5) $\displaystyle \int \tan \alpha x\,dx = -\frac{1}{\alpha} \log |\cos \alpha x| + C \quad (\alpha \neq 0)$

 $\displaystyle \int \cot \alpha x\,dx = \frac{1}{\alpha} \log |\sin \alpha x| + C \quad (\alpha \neq 0)$

(6) $\displaystyle\int \sec^2 \alpha x \, dx = \int \frac{1}{\cos^2 \alpha x} \, dx = \frac{1}{\alpha} \tan \alpha x + C \quad (\alpha \neq 0)$

$\displaystyle\int \mathrm{cosec}^2 \alpha x \, dx = \int \frac{1}{\sin^2 \alpha x} \, dx = -\frac{1}{\alpha} \cot \alpha x + C \quad (\alpha \neq 0)$

(7) $\displaystyle\int \frac{1}{x^2 + \alpha^2} \, dx = \frac{1}{\alpha} \tan^{-1}\left(\frac{x}{\alpha}\right) + C \quad (\alpha \neq 0)$

$\displaystyle\int \frac{1}{x^2 - \alpha^2} \, dx = \frac{1}{2\alpha} \log \left|\frac{x-\alpha}{x+\alpha}\right| + C \quad (\alpha \neq 0)$

(8) $\displaystyle\int \frac{1}{\sqrt{\alpha^2 - x^2}} \, dx = \sin^{-1} \frac{x}{\alpha} + C \quad (\alpha > 0)$

$\displaystyle\int \frac{1}{\sqrt{x^2 + A}} \, dx = \log |x + \sqrt{x^2 + A}| + C \quad (A \neq 0)$

(9) $\displaystyle\int \sqrt{\alpha^2 - x^2} \, dx = \frac{1}{2}\left(x\sqrt{\alpha^2 - x^2} + \alpha^2 \sin^{-1} \frac{x}{\alpha}\right) + C \quad (\alpha > 0)$

$\displaystyle\int \sqrt{x^2 + A} \, dx = \frac{1}{2}(x\sqrt{x^2 + A} + A \log |x + \sqrt{x^2 + A}|) + C \quad (A \neq 0)$

(10) $\displaystyle\int e^{ax} \cos bx \, dx = \frac{e^{ax}}{a^2 + b^2}(a \cos bx + b \sin bx) + C$

$\displaystyle\int e^{ax} \sin bx \, dx = \frac{e^{ax}}{a^2 + b^2}(a \sin bx - b \cos bx) + C$

3 三角関数，無理関数の積分

(1) $\displaystyle\int f(\sin x) \cos x \, dx = \int f(t) \, dt \quad (ただし \sin x = t とおく)$

$\displaystyle\int f(\cos x) \sin x \, dx = -\int f(t) \, dt \quad (ただし \cos x = t とおく)$

(2) $\displaystyle\int f(\sin x, \cos x) \, dx = \int f\left(\frac{2t}{1+t^2}, \frac{1-t^2}{1+t^2}\right) \frac{2}{1+t^2} \, dt$

$\left(ただし \tan \frac{x}{2} = t とおく\right)$

(3) $\displaystyle\int f(x, \sqrt{x^2 + a^2}) \, dx = \int f(a \tan \theta, a \sec \theta) a \sec^2 \theta \, d\theta$

$\left(ただし x = a \tan \theta \; \left(-\frac{\pi}{2} < \theta < \frac{\pi}{2}\right) とおく\right)$

(4) $\displaystyle\int f(x, \sqrt{a^2 - x^2}) \, dx = \int f(a \sin \theta, a \cos \theta) a \cos \theta \, d\theta$

$\left(ただし x = a \sin \theta \; \left(-\frac{\pi}{2} \leqq \theta \leqq \frac{\pi}{2}\right) とおく\right)$

32 基本的な関数の不定積分，置換積分

・微分と積分は互いに逆演算．得られた結果を微分して検算せよ．

例題 93 ────────────────── $y = x^r$ の不定積分 ─

次の不定積分を求めよ．

(1) $\displaystyle\int \frac{3 - 2x^2}{x}\, dx$ (2) $\displaystyle\int \frac{x^2 + 1}{\sqrt{x}}\, dx$

[解答] (1) 与式 $= 3\displaystyle\int \frac{1}{x}\, dx - 2\int x\, dx = 3\log|x| - x^2 + C.$

(2) 与式 $= \displaystyle\int \left(x^{\frac{3}{2}} + x^{-\frac{1}{2}} \right) dx = \frac{2}{5} x^{\frac{5}{2}} + 2 x^{\frac{1}{2}} + C = \frac{2}{5} x^2 \sqrt{x} + 2\sqrt{x} + C.$

例題 94 ────────────────── 指数関数の不定積分 ─

次の不定積分を求めよ．

(1) $\displaystyle\int (e^{-x} - 3^x)\, dx$ (2) $\displaystyle\int \frac{xa^x - 2}{x}\, dx$

[解答] (1) 与式 $= -e^{-x} - \dfrac{3^x}{\log 3} + C.$

(2) 与式 $= \displaystyle\int \left(a^x - \frac{2}{x} \right) dx = \frac{a^x}{\log a} - 2\log|x| + C = \frac{a^x}{\log a} - \log x^2 + C.$

《注》 $\displaystyle\int e^x\, dx = e^x + C, \quad \int a^x\, dx = \frac{a^x}{\log a} + C.$

例題 95 ────────────────── 三角関数の不定積分 ─

次の不定積分を求めよ．

(1) $\displaystyle\int \tan^2 x\, dx$ (2) $\displaystyle\int \sin^2 \frac{x}{2}\, dx$ (3) $\displaystyle\int \frac{\cos^2 x}{1 + \sin x}\, dx$

[解答] (1) 与式 $= \displaystyle\int \left(\frac{1}{\cos^2 x} - 1 \right) dx = \tan x - x + C.$

(2) 与式 $= \displaystyle\int \frac{1 - \cos x}{2}\, dx = \frac{1}{2}(x - \sin x) + C.$

(3) 与式 $= \displaystyle\int \frac{\cos^2 x (1 - \sin x)}{(1 + \sin x)(1 - \sin x)}\, dx = \int (1 - \sin x)\, dx = x + \cos x + C.$

《注》 半角公式 $\sin^2 x = \dfrac{1 - \cos 2x}{2}, \quad \cos^2 x = \dfrac{1 + \cos 2x}{2}, \quad \sin x \cos x = \dfrac{1}{2} \sin 2x.$

―― 例題 96 ―――――――――――――――――――――――――― 置換積分 1 ――

次の不定積分を求めよ．
(1) $\displaystyle\int \frac{dx}{(3-2x)^2}$ 　(2) $\displaystyle\int \frac{4x}{x^2+1}\,dx$ 　(3) $\displaystyle\int \tan x\,dx$

方針 $f(x)$ の不定積分の 1 つを $F(x)$ とするとき，置換積分法より

$$\int f(ax+b)\,dx = \frac{1}{a}F(ax+b)+C \quad (a \neq 0), \qquad \int \frac{f'(x)}{f(x)}\,dx = \log|f(x)|+C.$$

解答 (1) $\displaystyle\int \frac{dx}{(3-2x)^2} = \int (-2x+3)^{-2}\,dx = \frac{1}{-2}\cdot\frac{1}{-1}(-2x+3)^{-1}+C$
$\displaystyle = \frac{1}{2}\cdot\frac{1}{-2x+3}+C = -\frac{1}{4x-6}+C.$

(2) $(x^2+1)' = 2x$ なので，$\displaystyle\int \frac{4x}{x^2+1}\,dx = 2\int \frac{(x^2+1)'}{x^2+1}\,dx = 2\log(x^2+1)+C.$

(3) $(\cos x)' = -\sin x$ なので，
$$\int \tan x\,dx = \int \frac{\sin x}{\cos x}\,dx = \int \frac{-(\cos x)'}{\cos x}\,dx = -\log|\cos x|+C.$$

《注》 (2) $x^2+1>0$ なので絶対値をつけていない．

―― 例題 97 ―――――――――――――――――――――――――― 置換積分 2 ――

次の不定積分を求めよ．
(1) $\displaystyle\int (2x+1)e^{x^2+x+2}\,dx$ 　(2) $\displaystyle\int \cos^3 x \sin^2 x\,dx$

解答 (1) $x^2+x+2=t$ とおくと $(2x+1)\,dx = dt$ なので，
$$\int (2x+1)e^{x^2+x+2}\,dx = \int e^t\,dt = e^t+C = e^{x^2+x+2}+C.$$

(2) $\sin x = t$ とおくと $\cos x\,dx = dt$ なので，
$$\int \cos^3 x \sin^2 x\,dx = \int \cos x(1-\sin^2 x)\sin^2 x\,dx = \int \cos x(\sin^2 x - \sin^4 x)\,dx.$$
$$= \int (t^2-t^4)\,dt = \frac{1}{3}t^3 - \frac{1}{5}t^5+C = \frac{1}{3}\sin^3 x - \frac{1}{5}\sin^5 x+C.$$

練習 61 次の不定積分を求めよ．
(1) $\displaystyle\int \left(\frac{3}{\cos^2 x} - \cos x\right)dx$ 　(2) $\displaystyle\int (x+1)\sqrt{2x-3}\,dx$ 　(3) $\displaystyle\int \sin\frac{2}{3}\pi t\,dt$
(4) $\displaystyle\int \frac{\cos x}{1+\sin x}\,dx$ 　(5) $\displaystyle\int \frac{(\log x)^2}{x}\,dx$ 　(6) $\displaystyle\int \frac{1}{\cos^4 x}\,dx$

33 分数関数の不定積分 (部分分数分解)

・分数関数の積分

次数を下げる (分子の次数 < 分母の次数)

部分分数に直す　(例)　$\dfrac{x-2}{(x^2+1)(x-3)^2} = \dfrac{Ax+B}{x^2+1} + \dfrac{C}{x-3} + \dfrac{D}{(x-3)^2}$

$\displaystyle\int \dfrac{f'(x)}{f(x)}\,dx = \log|x| + C,\quad \int \dfrac{dx}{x^2-a^2} = \dfrac{1}{2a}\log\left|\dfrac{x-a}{x+a}\right| + C$ の利用

例題 98 ─────────────────────── 部分分数分解 ─

次の不定積分を求めよ．

(1) $\displaystyle\int \dfrac{x^3}{(x-1)(x-2)}\,dx$ 　　(2) $\displaystyle\int \dfrac{20}{(x-1)(x^2+9)}\,dx$

[方針]　分数関数を (整式 + 真分数式) になおし，真分数式を部分分数に分解する．

[解答]　(1) $\dfrac{x^3}{(x-1)(x-2)} = x+3 + \dfrac{7x-6}{(x-1)(x-2)}$.

$\dfrac{7x-6}{(x-1)(x-2)} = \dfrac{A}{x-1} + \dfrac{B}{x-2}$ とおくと，

分母を払って $7x-6 = A(x-2) + B(x-1)$.

$x=1,\ 2$ を代入して $A = -1,\ B = 8$.

$\displaystyle\int \dfrac{x^3}{(x-1)(x-2)}\,dx = \int \left(x+3 + \dfrac{-1}{x-1} + \dfrac{8}{x-2}\right)dx$

$= \dfrac{1}{2}x^2 + 3x - \log|x-1| + 8\log|x-2| + C = \dfrac{x^2}{2} + 3x + \log\dfrac{(x-2)^8}{|x-1|} + C.$

(2) $\dfrac{20}{(x-1)(x^2+9)} = \dfrac{A}{x-1} + \dfrac{Bx+C}{x^2+9}$ とおくと，

分母を払って $20 = A(x^2+9) + (Bx+C)(x-1)$.

$x=0,\ 1,\ 2$ を代入して連立方程式を解くと $A = 2,\ B = -2,\ C = -2$.

$\displaystyle\int \dfrac{20}{(x-1)(x^2+9)}\,dx = \int \left(\dfrac{2}{x-1} + \dfrac{-2x-2}{x^2+9}\right)dx$

$= 2\displaystyle\int \dfrac{1}{x-1}\,dx - \int \dfrac{2x}{x^2+9}\,dx - 2\int \dfrac{1}{x^2+9}\,dx$

$= 2\log|x-1| - \log(x^2+9) - \dfrac{2}{3}\tan^{-1}\dfrac{x}{3} + C.$

《注》　分母の次数より 1 つ低い次数の式を分子にすること．係数比較法を用いてもよい．

33 分数関数の不定積分 (部分分数分解)

例題 99 ───────────────────────── 部分分数分解

次の不定積分を求めよ．

(1) $\displaystyle\int \frac{x-2}{(x-1)^2(x^2-x+1)}\,dx$　　(2) $\displaystyle\int \frac{x^2}{x^4+x^2-2}\,dx$

方針 分母に $(x-\alpha)^n$ がある場合，$\dfrac{A_1}{x-\alpha}+\dfrac{A_2}{(x-\alpha)^2}+\cdots+\dfrac{A_n}{(x-\alpha)^n}$ と分解．

解答 (1) $\dfrac{x-2}{(x-1)^2(x^2-x+1)}=\dfrac{A}{x-1}+\dfrac{B}{(x-1)^2}+\dfrac{Cx+D}{x^2-x+1}$ とおくと，

分母を払って $x-2 = A(x-1)(x^2-x+1)+B(x^2-x+1)+(Cx+D)(x-1)^2$．

$x=-1, 1, 0, 2$ を代入して連立方程式を解くと $A=2, B=-1, C=-2, D=1$．

$$\int \frac{x-2}{(x-1)^2(x^2-x+1)}\,dx = \int\left(\frac{2}{x-1}-\frac{1}{(x-1)^2}-\frac{2x-1}{x^2-x+1}\right)dx$$

$$= 2\log|x-1|+\frac{1}{x-1}-\log(x^2-x+1)+C = \frac{1}{x-1}+\log\frac{(x-1)^2}{x^2-x+1}+C.$$

《注》 $x^2-x+1 = \left(x-\dfrac{1}{2}\right)^2+\dfrac{3}{4}>0$．ゆえに $\log|x^2-x+1|$ とする必要はない．

(2) $\dfrac{x^2}{x^4+x^2-2}=\dfrac{x^2}{(x^2+2)(x^2-1)}=\dfrac{A}{x^2+2}+\dfrac{B}{x^2-1}$ とおくと，

分母を払って $x^2 = A(x^2-1)+B(x^2+2)$．

$x=0, 1$ を代入して連立方程式を解くと $A=\dfrac{2}{3}, B=\dfrac{1}{3}$．

$$\int \frac{x^2}{x^4+x^2-2}\,dx = \frac{2}{3}\int\frac{1}{x^2+2}\,dx + \frac{1}{3}\int\frac{1}{x^2-1}\,dx$$

$$= \frac{2}{3}\cdot\frac{1}{\sqrt{2}}\tan^{-1}\frac{x}{\sqrt{2}}+\frac{1}{3}\cdot\frac{1}{2}\log\left|\frac{x-1}{x+1}\right|+C = \frac{\sqrt{2}}{3}\tan^{-1}\frac{x}{\sqrt{2}}+\frac{1}{6}\log\left|\frac{x-1}{x+1}\right|+C.$$

《注》 $\displaystyle\int\frac{1}{x^2+a^2}\,dx = \frac{1}{a}\tan^{-1}\frac{x}{a}+C$ を用いている．

また $\dfrac{x^2}{x^4+x^2-2}=\dfrac{Ax+B}{x^2+2}+\dfrac{C}{x+1}+\dfrac{E}{x-1}$ とおいてもよい．

───────────────────────────────────

練習 62 次の不定積分を求めよ．

(1) $\displaystyle\int \frac{x^5}{x^4+x^2-2}\,dx$　　(2) $\displaystyle\int \frac{1}{x(x+1)(x+2)}\,dx$　　(3) $\displaystyle\int \frac{e^x}{e^{2x}-1}\,dx$

(4) $\displaystyle\int \frac{x^3}{(x-1)^3(x-2)}\,dx$

34 部分積分

・異なるタイプの積の積分 ⟶ 部分積分
$$\int f(x)g'(x)\,dx = f(x)g(x) - \int f'(x)g(x)\,dx$$

例題 100 ──────────────── 部分積分

次の不定積分を求めよ．
(1) $\displaystyle\int x^2 \log x\,dx$ 　(2) $\displaystyle\int \log(x+1)\,dx$ 　(3) $\displaystyle\int x\sec^2 x\,dx$

[解答] (1) x^2 を積分する側，$\log x$ を微分する側と考える．

$$\int x^2 \log x\,dx = \int \left(\frac{x^3}{3}\right)' \log x\,dx = \frac{x^3}{3}\log x - \int \frac{x^3}{3}\cdot\frac{1}{x}\,dx$$

$$= \frac{x^3}{3}\log x - \frac{1}{3}\int x^2\,dx = \frac{x^3}{3}\log x - \frac{x^3}{9} + C = \frac{x^3}{3}\left(\log x - \frac{1}{3}\right) + C.$$

(2) $\displaystyle\int \log(x+1)\,dx = \int 1\cdot\log(x+1)\,dx = \int (x+1)'\log(x+1)\,dx$

$$= (x+1)\log(x+1) - \int (x+1)\cdot\frac{1}{x+1}\,dx = (x+1)\log(x+1) - \int dx$$

$$= (x+1)\log(x+1) - x + C.$$

(3) $\displaystyle\int x\sec^2 x\,dx = \int \frac{x}{\cos^2 x}\,dx = \int (\tan x)' x\,dx = x\tan x - \int \tan x\,dx$

$$= x\tan x - \int \frac{\sin x}{\cos x}\,dx = x\tan x + \int \frac{(\cos x)'}{\cos x}\,dx = x\tan x + \log|\cos x| + C.$$

《注》 (2) で $\displaystyle\int \log(x+1)\,dx = \int x'\log(x+1)\,dx$ とすると手数がかかる．

$$\int \log(x+1)\,dx = x\log(x+1) - \int \frac{x}{x+1}\,dx = x\log(x+1) - \int \left(1 - \frac{1}{x+1}\right)dx$$

$$= x\log(x+1) - x + \log(x+1) + C = (x+1)\log(x+1) - x + C.$$

例題 101 ──────────────── 繰り返し型の部分積分

部分積分を2回行うことにより，次の不定積分を求めよ．
(1) $\displaystyle\int x^2 e^{3x}\,dx$ 　(2) $\displaystyle\int e^x \sin x\,dx$

[方針] $\displaystyle\int f(x)g'(x)\,dx = f(x)g(x) - \int f'(x)g(x)\,dx$ を繰り返し利用する．

(2) のように同形出現の場合はもとの式を I とおく．

解答 (1) $\displaystyle\int x^2 e^{3x}\,dx = \int x^2 \left(\frac{1}{3}e^{3x}\right)' dx = \frac{1}{3}x^2 e^{3x} - \int 2x \cdot \frac{1}{3}e^{3x}\,dx$

$\displaystyle = \frac{1}{3}x^2 e^{3x} - \frac{2}{3}\int x e^{3x}\,dx = \frac{1}{3}x^2 e^{3x} - \frac{2}{3}\int x\left(\frac{1}{3}e^{3x}\right)' dx$

$\displaystyle = \frac{1}{3}x^2 e^{3x} - \frac{2}{3}\left(\frac{1}{3}x e^{3x} - \frac{1}{9}e^{3x}\right) + C = \frac{1}{27}e^{3x}(9x^2 - 6x + 2) + C.$

(2) $\displaystyle I = \int e^x \sin x\,dx$ とおくと, $\displaystyle I = \int (e^x)' \sin x\,dx = e^x \sin x - \int e^x \cos x\,dx$

$\displaystyle = e^x \sin x - \left\{ e^x \cos x - \int e^x(-\sin x)\,dx \right\} = e^x \sin x - e^x \cos x - I + C_1$

ゆえに $2I = e^x(\sin x - \cos x) + C_1$ なので, $\displaystyle I = \frac{1}{2}e^x(\sin x - \cos x) + C.$

例題 １０２ ─────────────────────── **I, J 型の部分積分**

$\displaystyle I = \int e^x \sin x\,dx,\ J = \int e^x \cos x\,dx$ とするとき,

(1) 関係式 $I = e^x \sin x - J$, $J = e^x \cos x + I$ が成り立つことを証明せよ.

(2) I, J を求めよ.

方針 異なるタイプの積の積分は, 部分積分法を利用する場合が多い.

解答 (1) $\displaystyle\int e^x \sin x\,dx = \int (e^x)' \sin x\,dx = e^x \sin x - \int e^x \cos x\,dx$

$\displaystyle\int e^x \cos x\,dx = \int (e^x)' \cos x\,dx = e^x \cos x - \int e^x(-\sin x)\,dx$

$\displaystyle = e^x \cos x + \int e^x \sin x\,dx$

すなわち $I = e^x \sin x - J\ \cdots ①,\ J = e^x \cos x + I\ \cdots ②.$

(2) ①, ②から J を消去して $I = e^x \sin x - e^x \cos x - I.$

積分定数を考えて $\displaystyle I = \frac{1}{2}e^x(\sin x - \cos x) + C.$

同様に①, ②から I を消去して, 積分定数を考えて $\displaystyle J = \frac{1}{2}e^x(\sin x + \cos x) + C.$

解説 I のみを求める場合が, 1つ前の **例題１０１** の (2) であった.

練習 63 次の不定積分を求めよ.

(1) $\displaystyle\int x e^{3x}\,dx$ (2) $\displaystyle\int (\log x)^2\,dx$ (3) $\displaystyle\int e^x \cos x\,dx$

35 無理関数・三角関数の積分 1

・無理関数の積分　まずは $\sqrt{} = t$ とおいてみる

・三角関数の積は，積→和の公式へ

例題 103　　　　　　　　　　　　　　　　　　　　　　無理関数の積分

次の不定積分を求めよ．

(1) $\displaystyle\int \frac{x}{\sqrt{x^2-1}}\,dx$　　(2) $\displaystyle\int \frac{1}{x\sqrt{x^2+1}}\,dx$　　(3) $\displaystyle\int \sqrt{\frac{x-1}{x+1}}\,dx$

方針　(1), (2), (3) ともに置換積分法を用いる．

解答　(1) $\sqrt{x^2-1} = t$ とおくと $x^2 - 1 = t^2$．微分を求めて $2x\,dx = 2t\,dt$．

$$\text{与式} = \int \frac{1}{t}\cdot t\,dt = \int dt = t + C = \sqrt{x^2-1} + C.$$

(2) $\sqrt{x^2+1} = t$ とおくと $x^2 + 1 = t^2$．微分を求めて $2x\,dx = 2t\,dt$．

$$\text{与式} = \int \frac{x}{x^2\sqrt{x^2+1}}\,dx = \int \frac{t}{(t^2-1)t}\,dt = \int \frac{dt}{(t+1)(t-1)}$$

$$= \frac{1}{2}\log\left|\frac{t-1}{t+1}\right| + C = \frac{1}{2}\log\left|\frac{\sqrt{x^2+1}-1}{\sqrt{x^2+1}+1}\right| + C = \frac{1}{2}\log\frac{\sqrt{x^2+1}-1}{\sqrt{x^2+1}+1} + C.$$

(3) $\sqrt{\dfrac{x-1}{x+1}} = t$ とおくと，平方して x について解くと $x = \dfrac{1+t^2}{1-t^2}$．

微分を求めて $dx = \dfrac{2t(1-t^2) - (1+t^2)\cdot(-2t)}{(1-t^2)^2}\,dt = \dfrac{4t}{(1-t^2)^2}\,dt$．

$$\text{与式} = \int t\cdot\frac{4t}{(1-t^2)^2}\,dt = \int \frac{4t^2}{(1+t)^2(1-t)^2}\,dt.$$

ここで $\dfrac{4t^2}{(1+t)^2(1-t)^2} = \dfrac{A}{1+t} + \dfrac{B}{(1+t)^2} + \dfrac{C}{1-t} + \dfrac{D}{(1-t)^2}$ とおいて，

分母を払い $4t^2 = A(1+t)(1-t)^2 + B(1-t)^2 + C(1+t)^2(1-t) + D(1+t)^2$．

$t = -1, 1, 0, 2$ を代入して連立方程式を解くと $A = -1,\ B = 1.\ C = -1,\ D = 1$．

$$\text{与式} = \int\left(\frac{-1}{1+t} + \frac{1}{(1+t)^2} - \frac{1}{1-t} + \frac{1}{(1-t)^2}\right)dt$$

$$= -\log|1+t| - \frac{1}{1+t} + \log|1-t| + \frac{1}{1-t} + C = \log\left|\frac{1-t}{1+t}\right| + \frac{2t}{1-t^2} + C.$$

変数 t を x にもどして　$\dfrac{1-t}{1+t} = \dfrac{1 - \sqrt{\dfrac{x-1}{x+1}}}{1 + \sqrt{\dfrac{x-1}{x+1}}} = \dfrac{\sqrt{x+1} - \sqrt{x-1}}{\sqrt{x+1} + \sqrt{x-1}}$

$$= \frac{(\sqrt{x+1}-\sqrt{x-1})^2}{2} = x - \sqrt{x^2-1}, \quad \frac{2t}{1-t^2} = \sqrt{x^2-1}.$$

ゆえに 与式 $= \log|x - \sqrt{x^2-1}| + \sqrt{x^2-1} + C.$

研究 公式 $\displaystyle\int \frac{f'(x)}{\sqrt{f(x)}} dx = 2\sqrt{f(x)} + C$ を用いると, (1) は

$$\int \frac{x}{\sqrt{x^2-1}} dx = \frac{1}{2}\int \frac{(x^2-1)'}{\sqrt{x^2-1}} dx = \frac{1}{2}\cdot 2 \cdot \sqrt{x^2-1} + C = \sqrt{x^2-1} + C.$$

例題 104 ─────────────────── 積→和・三角関数の積分

次の不定積分を求めよ.

(1) $\displaystyle\int \cos 2x \cos 3x\, dx$ (2) $\displaystyle\int \sin 2x \cos 3x \sin 5x\, dx$ (3) $\displaystyle\int \frac{dx}{\sin x \cos x}$

方針 (1), (2) は積→和の公式, (3) は 2 倍角の公式を用いる.

解答 (1) $\displaystyle\int \cos 2x \cos 3x\, dx = \frac{1}{2}\int (\cos 5x + \cos x)\, dx = \frac{1}{10}\sin 5x + \frac{1}{2}\sin x + C.$

(2) $\sin 2x \cos 3x = \dfrac{1}{2}(\sin 5x - \sin x)$ であるので,

$$\text{与式} = \frac{1}{2}\int (\sin^2 5x - \sin 5x \sin x)\, dx = \frac{1}{2}\int \left\{\frac{1-\cos 10x}{2} + \frac{1}{2}(\cos 6x - \cos 4x)\right\} dx$$

$$= \frac{1}{4}\left(x - \frac{1}{4}\sin 4x + \frac{1}{6}\sin 6x - \frac{1}{10}\sin 10x\right) + C.$$

(3) $\sin x \cos x = \dfrac{1}{2}\sin 2x.$ $\cos 2x = t$ とおくと $-2\sin 2x\, dx = dt$ なので,

$$\text{与式} = 2\int \frac{1}{\sin 2x}\, dx = 2\int \frac{\sin 2x}{\sin^2 2x}\, dx = 2\int \frac{\sin 2x}{1-\cos^2 2x}\, dx = 2\int \frac{1}{1-t^2}\cdot\left(-\frac{1}{2}\right) dt$$

$$= \int \frac{1}{t^2-1}\, dt = \frac{1}{2}\log\left|\frac{t-1}{t+1}\right| + C = \frac{1}{2}\log\left|\frac{1-\cos 2x}{1+\cos 2x}\right| + C$$

$$= \frac{1}{2}\log\left|\frac{\frac{1-\cos 2x}{2}}{\frac{1+\cos 2x}{2}}\right| + C = \frac{1}{2}\log\left|\frac{\sin^2 x}{\cos^2 x}\right| + C = \log|\tan x| + C.$$

練習 64 次の不定積分を求めよ.

(1) $\displaystyle\int \frac{x^2}{\sqrt{x^3+1}}\, dx$ (2) $\displaystyle\int \frac{1}{(x-1)\sqrt{x+3}}\, dx$ (3) $\displaystyle\int \frac{x^3}{\sqrt{1-x^2}}\, dx$

練習 65 次の不定積分を求めよ.

(1) $\displaystyle\int \frac{1}{\cos x}\, dx$ (2) $\displaystyle\int \sin 2x \cos 4x\, dx$ (3) $\displaystyle\int \sin^3 x\, dx$

36 無理関数・三角関数の積分2

・円関数 $y = f(\sin x, \cos x)$ の積分　$\tan \dfrac{x}{2} = t$ とおいて

$$\cos x = \frac{1-t^2}{1+t^2}, \quad \sin x = \frac{2t}{1+t^2}, \quad dx = \frac{2}{1+t^2} dt \text{ で有理化するのが定石.}$$

──── 例題 105 ──────────────────── 三角関数の積分 ────

不定積分 $\displaystyle\int \frac{1}{1-\sin x} dx$ を求めよ.

方針 $\tan \dfrac{x}{2} = t$ とおく.

解答 $\tan \dfrac{x}{2} = t$ とおくと, $dx = \dfrac{2}{1+t^2} dt$, $\sin x = \dfrac{2t}{1+t^2}$ より

$$1 - \sin x = 1 - \frac{2t}{1+t^2} = \frac{(1-t)^2}{1+t^2}.$$

ゆえに $\displaystyle\int \frac{1}{1-\sin x} dx = \int \frac{1+t^2}{(1-t)^2} \cdot \frac{2}{1+t^2} dt = 2\int \frac{dt}{(1-t)^2} = -\frac{2}{t-1} + C$

$$= \frac{2}{1 - \tan \dfrac{x}{2}} + C.$$

解説 この置換は計算が複雑になりがちである. 上の例題では, 分母分子に $1 + \sin x$ をかけて解く方が楽である.

──── 例題 106 ──────────────────── 逆三角関数の積分 ────

不定積分 $I = \displaystyle\int \sin^{-1} x \, dx$ を求めよ.

方針 $\log x$ の積分と同じ部分積分を用いる. $\displaystyle\int 1 \cdot \sin^{-1} x \, dx$ とみる.

解答 $\displaystyle\int \sin^{-1} x \, dx = \int x' \sin^{-1} x \, dx = x \sin^{-1} x - \int x \cdot \frac{dx}{\sqrt{1-x^2}}$

$= x \sin^{-1} x + \displaystyle\int \frac{-2x}{2\sqrt{1-x^2}} dx = x \sin^{-1} x + \sqrt{1-x^2} + C.$

解説 $\displaystyle\int \frac{f'(x)}{\sqrt{f(x)}} dx = 2\sqrt{f(x)} + C$ を用いたが, $\sqrt{1-x^2} = t$ として置換してもよい.

研究 $\displaystyle\int \cos^{-1} x \, dx = x \cos^{-1} x - \sqrt{1-x^2} + C$　（各自試みよ）.

$\displaystyle\int \tan^{-1} x \, dx = x \tan^{-1} x - \frac{1}{2} \log(1+x^2) + C$　（各自試みよ）.

36 無理関数・三角関数の積分 2

例題 107 ━━━━━━━━━━━━━━━━━ 基本公式の適用

$\sqrt{x^2+a^2} = t-x$ とおいて，次の不定積分を求めよ．

(1) $\displaystyle\int \frac{dx}{\sqrt{x^2+a^2}}\,dx$ (2) $\displaystyle\int \sqrt{x^2+a^2}\,dx$

解答 (1) $\sqrt{x^2+a^2} = t-x$ を平方して $2xt = t^2 - a^2$ なので，$x = \dfrac{t^2-a^2}{2t}$ …①．

$\sqrt{x^2+a^2} = t-x = \dfrac{t^2+a^2}{2t}$，また①より $dx = \dfrac{t^2+a^2}{2t^2}\,dt$．$\displaystyle\int \dfrac{dx}{\sqrt{x^2+a^2}}\,dx$

$= \displaystyle\int \dfrac{2t}{t^2+a^2} \cdot \dfrac{t^2+a^2}{2t^2}\,dt = \int \dfrac{1}{t}\,dt = \log|t| + C = \log|x+\sqrt{x^2+a^2}| + C$．

(2) $\displaystyle\int \sqrt{x^2+a^2}\,dx = \int \dfrac{t^2+a^2}{2t} \cdot \dfrac{t^2+a^2}{2t^2}\,dt = \dfrac{1}{4}\int \dfrac{(t^2+a^2)^2}{t^3}\,dt$

$= \dfrac{1}{4}\displaystyle\int \left(t + \dfrac{2a^2}{t} + \dfrac{a^4}{t^3} \right) dt = \dfrac{1}{4}\left(\dfrac{t^2}{2} + 2a^2 \log|t| - \dfrac{a^4}{2t^2} \right) + C$ …②．

ここで $t^2 = (x+\sqrt{x^2+a^2})^2 = 2x^2 + a^2 + 2x\sqrt{x^2+a^2}$ より，

$\dfrac{a^4}{t^2} = \dfrac{a^4}{2x^2+a^2+2x\sqrt{x^2+a^2}} = \dfrac{a^4(2x^2+a^2-2x\sqrt{x^2+a^2})}{(2x^2+a^2)^2 - 4x^2(x^2+a^2)}$

$= 2x^2 + a^2 - 2x\sqrt{x^2+a^2}$ なので，②より $\displaystyle\int \sqrt{x^2+a^2}\,dx$

$= \dfrac{1}{4}\left\{ x^2 + \dfrac{a^2}{2} + x\sqrt{x^2+a^2} + 2a^2 \log|x+\sqrt{x^2+a^2}| - \left(x^2 + \dfrac{a^2}{2} - x\sqrt{x^2+a^2} \right) \right\}$

$= \dfrac{1}{2}\{ x\sqrt{x^2+a^2} + a^2 \log|x+\sqrt{x^2+a^2}| \} + C$．

解説 上の例題と同様に $\sqrt{x^2-a^2} = t-x$ とおくことにより，次の公式も得られる．

$\displaystyle\int \sqrt{x^2-a^2}\,dx = \dfrac{1}{2}\{ x\sqrt{x^2-a^2} - a^2 \log|x+\sqrt{x^2-a^2}| \} + C$．

また上の (2) は，部分積分と上の (1) の結果を利用して得ることもできる．

$\sqrt{x^2+a^2}$ の形がある場合，$x = a\tan t \left(-\dfrac{\pi}{2} < t < \dfrac{\pi}{2} \right)$ とおいても解ける．

━━━━━━━━━━━━━━━━━━━━━━━━━━━━━━━━━━━━━

練習 66 指示に従って，次の不定積分を求めよ．$(a > 0)$

(1) $\displaystyle\int \sqrt{x^2+a^2}\,dx$ （部分積分を用いて）   (2) $\displaystyle\int \sin^{-1} x\,dx$ $(\sin^{-1} x = \theta)$

(3) $\displaystyle\int \tan^{-1} x\,dx$ （部分積分を用いて）   (4) $\displaystyle\int \dfrac{\sin x}{1+\sin x}\,dx$ $\left(\tan \dfrac{x}{2} = t \right)$

(5) $\displaystyle\int \dfrac{1}{\cos x}\,dx$ $\left(\tan \dfrac{x}{2} = t \right)$ (6) $\displaystyle\int \dfrac{dx}{\sqrt{x^2+a^2}}$ $(x = a\tan t)$

37 基本公式の適用と応用1

・基本公式

① $\displaystyle\int \frac{1}{x^2-a^2}\,dx = \frac{1}{2a}\log\left|\frac{x-a}{x+a}\right|+C$ ② $\displaystyle\int \frac{1}{x^2+a^2}\,dx = \frac{1}{a}\tan^{-1}\frac{x}{a}+C$

③ $\displaystyle\int \frac{1}{\sqrt{a^2-x^2}}\,dx = \sin^{-1}\frac{x}{a}+C$ ④ $\displaystyle\int \frac{1}{\sqrt{x^2+A}}\,dx = \log\left|x+\sqrt{x^2+A}\right|+C$

例題 108 ─────────────── 積分の基本公式の適用 ─

次の不定積分を求めよ.

(1) $\displaystyle\int \frac{1}{9x^2+4}\,dx$ (2) $\displaystyle\int \frac{1}{\sqrt{4-9x^2}}\,dx$ (3) $\displaystyle\int \frac{4}{\sqrt{2x^2-3}}\,dx$

[方針] 基本公式が使える形に変形すること.

[解答] (1) 基本公式②を用いる.

$$与式 = \frac{1}{9}\int \frac{1}{x^2+\left(\frac{2}{3}\right)^2}\,dx = \frac{1}{9}\cdot\frac{1}{\frac{2}{3}}\tan^{-1}\frac{x}{\frac{2}{3}}+C = \frac{1}{6}\tan^{-1}\frac{3}{2}x+C.$$

(2) 基本公式③を用いる. $\displaystyle 与式 = \frac{1}{3}\int \frac{1}{\sqrt{\left(\frac{2}{3}\right)^2-x^2}}\,dx = \frac{1}{3}\sin^{-1}\frac{3}{2}x+C.$

(3) 基本公式④を用いる. $\displaystyle 与式 = \int \frac{4}{\sqrt{2}\sqrt{x^2-\frac{3}{2}}}\,dx = 2\sqrt{2}\log\left|x+\sqrt{x^2-\frac{3}{2}}\right|+C.$

[解説] 分母の x^2 の係数を 1 または -1 になるように, 係数をくくり出すことがコツである. この4つの公式は基本公式なので必ず覚えておくこと. ④で $A>0$ のときは, $x+\sqrt{x^2+A}$ はつねに正であるので $|\ |$ は不要である. しかし $A<0$ のときは, $x+\sqrt{x^2+A}$ は負になる場合があるので $|\ |$ は付ける必要がある.

分数関数の積分は $\displaystyle\int \frac{f'(x)}{f(x)}\,dx = \log|f(x)|+C,\ \int \frac{f'(x)}{\sqrt{f(x)}}\,dx = 2\sqrt{f(x)}+C$ がよく利用される. 上の公式①〜④を次の形で覚えてもよい.

①' $\displaystyle\int \frac{f'(x)}{\{f(x)\}^2-a^2}\,dx = \frac{1}{2a}\log\left|\frac{f(x)-a}{f(x)+a}\right|+C$

②' $\displaystyle\int \frac{f'(x)}{\{f(x)\}^2+a^2}\,dx = \frac{1}{a}\tan^{-1}\frac{f(x)}{a}+C$

③' $\displaystyle\int \frac{f'(x)}{\sqrt{a^2 - \{f(x)\}^2}}\, dx = \sin^{-1}\frac{f(x)}{a} + C$

④' $\displaystyle\int \frac{f'(x)}{\sqrt{\{f(x)\}^2 + A}}\, dx = \log|f(x) + \sqrt{\{f(x)\}^2 + A}| + C$

分母の $\{f(x)\}^2$ と分子の $f'(x)$ がポイントとなる．例題をこの方法で解くと，

(1)' $\displaystyle\int \frac{dx}{9x^2 + 4} = \frac{1}{3}\int \frac{(3x)'}{(3x)^2 + 2^2}\, dx = \frac{1}{3}\cdot\frac{1}{2}\tan^{-1}\frac{3}{2}x + C = \frac{1}{6}\tan^{-1}\frac{3}{2}x + C$

(2)' $\displaystyle\int \frac{dx}{\sqrt{4 - 9x^2}} = \frac{1}{3}\int \frac{(3x)'}{\sqrt{2^2 - (3x)^2}}\, dx = \frac{1}{3}\sin^{-1}\frac{3}{2}x + C$

(3)' $\displaystyle\int \frac{4\, dx}{\sqrt{2x^2 - 3}} = \frac{4}{\sqrt{2}}\int \frac{(\sqrt{2}x)'}{\sqrt{(\sqrt{2}x)^2 - 3}}\, dx = 2\sqrt{2}\log|\sqrt{2}x + \sqrt{2x^2 - 3}| + C$

2つの解 (3) と (3)' の違いは，定数の差であるから答はどちらでもよい．

例題１０９ ──────────────── 積分の基本公式の適用

次の不定積分を求めよ．

(1) $\displaystyle\int \frac{1}{\sqrt{-3x^2 - 6x - 2}}\, dx$ 　　(2) $\displaystyle\int \frac{1}{\sqrt{3x^2 + 6x - 2}}\, dx$

方針 完全平方形に直して，上の①〜④または①'〜④' を用いる．

解答 (1) $-3x^2 - 6x - 2 = -3(x^2 + 2x) - 2 = -3\{(x+1)^2 - 1\} - 2 = 1 - 3(x+1)^2$．
$\sqrt{3}(x+1) = t$ とおくと $\sqrt{3}\, dx = dt$ なので，

与式 $\displaystyle= \frac{1}{\sqrt{3}}\int \frac{1}{\sqrt{1 - t^2}}\, dt = \frac{1}{\sqrt{3}}\sin^{-1} t + C = \frac{1}{\sqrt{3}}\sin^{-1}\sqrt{3}(x+1) + C$．

(2) $3x^2 + 6x - 2 = 3(x+1)^2 - 5$．$\sqrt{3}(x+1) = t$ とおくと $\sqrt{3}\, dx = dt$ より，

与式 $\displaystyle= \frac{1}{\sqrt{3}}\int \frac{1}{\sqrt{t^2 - 5}}\, dt = \frac{1}{\sqrt{3}}\log|t + \sqrt{t^2 - 5}| + C$

$\displaystyle= \frac{1}{\sqrt{3}}\log|\sqrt{3}x + \sqrt{3} + \sqrt{3x^2 + 6x - 2}| + C$．

練習 67 次の不定積分を求めよ．$(a > 0)$

(1) $\displaystyle\int \frac{1}{\sqrt{4x - 3 - x^2}}\, dx$ 　(2) $\displaystyle\int \frac{1}{\sqrt{x^2 + 4x + 5}}\, dx$ 　(3) $\displaystyle\int \frac{x}{x^2 + 2x + 5}\, dx$

(4) $\displaystyle\int \frac{x^2}{x^4 + x^2 - 2}\, dx$ 　(5) $\displaystyle\int \frac{x}{\sqrt{1 - x^4}}\, dx$

38 基本公式の適用と応用 2

・基本公式

⑤ $\displaystyle\int \sqrt{a^2-x^2}\,dx = \frac{1}{2}\left(x\sqrt{a^2-x^2} + a^2 \sin^{-1}\frac{x}{a}\right) + C \quad (a>0)$

⑥ $\displaystyle\int \sqrt{x^2+A}\,dx = \frac{1}{2}\left\{x\sqrt{x^2+A} + A\log|x+\sqrt{x^2+A}|\right\} + C$

$A>0$ のときは，$x+\sqrt{x^2+A}$ はつねに正であるので $|\ |$ は不要である．$A<0$ のときは，$x+\sqrt{x^2+A}$ は負になる場合があるので $|\ |$ をつける必要がある．
⑥は次の2つの式をまとめたものである (複号同順)．

$$\int \sqrt{x^2 \pm a^2}\,dx = \frac{1}{2}\left(x\sqrt{x^2 \pm a^2} \pm a^2 \sinh^{-1}\frac{x}{a}\right) + C$$
$$= \frac{1}{2}\left\{x\sqrt{x^2 \pm a^2} \pm a^2 \log|x+\sqrt{x^2 \pm a^2}|\right\} + C$$

例題 110 ──────────────── 積分の基本公式の適用

次の不定積分を求めよ．

(1) $\displaystyle\int \sqrt{4-9x^2}\,dx$ (2) $\displaystyle\int \sqrt{9x^2+4}\,dx$

方針 基本公式が使える形に変形すること．x^2 の係数を 1 または -1 にするのがこつである．

解答 (1) 基本公式⑤を用いる．$3x=t$ とおいて $3\,dx=dt$ より

$$\text{与式} = \frac{1}{3}\int \sqrt{2^2-t^2}\,dt = \frac{1}{6}\left(t\sqrt{2^2-t^2} + 2^2 \sin^{-1}\frac{t}{2}\right) + C$$
$$= \frac{x}{2}\sqrt{4-9x^2} + \frac{2}{3}\sin^{-1}\frac{3}{2}x + C.$$

(2) 基本公式⑥を用いる．$3x=t$ とおいて $3\,dx=dt$ より

$$\text{与式} = \frac{1}{3}\int \sqrt{t^2+2}\,dt = \frac{1}{6}\left\{t\sqrt{t^2+2^2} + 2^2 \log\left(t+\sqrt{t^2+2^2}\right)\right\} + C$$
$$= \frac{x}{2}\sqrt{9x^2+4} + \frac{2}{3}\log\left(3x+\sqrt{9x^2+4}\right) + C.$$

解説 ⑤は図形的に次のように解釈することができる．

$\displaystyle\int \sqrt{a^2-x^2}\,dx$ を 0 から x までの上半円 $y=\sqrt{a^2-x^2}$ の図形の面積を表すものとすると，右図の $\triangle$OPQ と扇形 PRO の面積の和として求められる．それぞれの面積

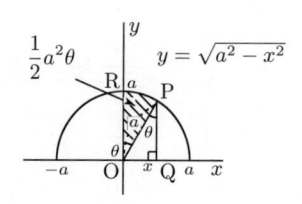

は $\triangle \text{OPQ} = \dfrac{1}{2}x\sqrt{a^2-x^2}$, 扇形 $\text{PRO} = \dfrac{1}{2}a^2\theta$.

ここで $\sin\theta = \dfrac{x}{a}$ なので $\theta = \sin^{-1}\dfrac{x}{a}$.

ゆえに $\displaystyle\int \sqrt{a^2-x^2}\,dx = \dfrac{1}{2}x\sqrt{a^2-x^2} + \dfrac{1}{2}a^2 \sin^{-1}\dfrac{x}{a}$ が得られる.

⑥の場合も同様の考え方で,

$\displaystyle\int \sqrt{x^2+a^2}\,dx = \dfrac{1}{2}x\sqrt{x^2+a^2} + \dfrac{1}{2}a^2 \sinh^{-1}\dfrac{x}{a}$
$= \dfrac{1}{2}x\sqrt{x^2+a^2} + \dfrac{1}{2}a^2 \log|x+\sqrt{x^2+a^2}|$

が得られる.

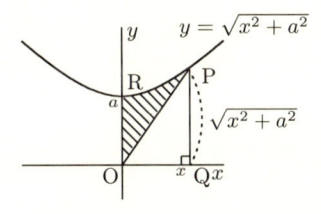

例題 111 ──────────────── 積分の基本公式の適用

次の不定積分を求めよ.

(1) $\displaystyle\int \sqrt{4x^2+4x-5}\,dx$ (2) $\displaystyle\int \sqrt{3-2x-x^2}\,dx$

方針 完全平方形に直して, 上の公式⑤, ⑥を用いる.

解答 (1) $4x^2+4x-5 = (2x+1)^2 - 6$. $2x+1 = t$ とおくと,

与式 $= \dfrac{1}{2}\displaystyle\int \sqrt{t^2-6}\,dt = \dfrac{1}{2}\cdot\dfrac{1}{2}\left\{t\sqrt{t^2-6} - 6\log|t+\sqrt{t^2-6}|\right\} + C$
$= \dfrac{1}{4}\left\{(2x+1)\sqrt{4x^2+4x-5} - 6\log|2x+1+\sqrt{4x^2+4x-5}|\right\} + C$

(2) $3-2x-x^2 = 3-(x^2+2x) = 4-(x+1)^2$. $x+1 = t$ とおくと,

与式 $= \displaystyle\int \sqrt{4-t^2}\,dt = \dfrac{1}{2}\left\{t\sqrt{4-t^2} + 4\sin^{-1}\dfrac{t}{2}\right\} + C$
$= \dfrac{1}{2}\left\{(x+1)\sqrt{3-2x-x^2} + 4\sin^{-1}\dfrac{x+1}{2}\right\} + C$

練習 68 次の不定積分を求めよ.

(1) $\displaystyle\int \sqrt{2x^2+4}\,dx$ (2) $\displaystyle\int \sqrt{2-x^2}\,dx$

(3) $\displaystyle\int \sqrt{5+4x-x^2}\,dx$ (4) $\displaystyle\int \sqrt{4x^2+4x+2}\,dx$

39 不定積分の漸化式

・漸化式を求めるには部分積分が有力な方法である．

例題 112 ─────────────── 三角関数の漸化式

$I_n = \int \sin^n x\, dx \quad (n \geqq 2)$ の漸化式を求め，これを用いて $\int \sin^4 x\, dx$ を求めよ．

方針 部分積分したあとの積分が再び I_n を含むように変形する (同形出現)．

解答 $I_n = \displaystyle\int \sin^n x\, dx = \int \sin^{n-1} x \sin x\, dx = \int \sin^{n-1} x(-\cos x)'\, dx$

$= -\sin^{n-1} x \cos x + (n-1)\displaystyle\int \sin^{n-2} x \cos^2 x\, dx$

$= -\sin^{n-1} x \cos x + (n-1)\displaystyle\int \sin^{n-2} x(1 - \sin^2 x)\, dx$

$= -\sin^{n-1} x \cos x + (n-1)I_{n-2} - (n-1)I_n$．

ゆえに $I_n = -\dfrac{\sin^{n-1} x \cos x}{n} + \dfrac{n-1}{n} I_{n-2}$ $\cdots$ ①．

①より $\displaystyle\int \sin^4 x\, dx = I_4 = -\dfrac{\sin^3 x \cos x}{4} + \dfrac{3}{4} I_2$,

$I_2 = -\dfrac{\sin x \cos x}{2} + \dfrac{1}{2} I_0 = -\dfrac{\sin x \cos x}{2} + \dfrac{x}{2}$．

ゆえに $\displaystyle\int \sin^4 x\, dx = -\dfrac{\sin^3 x \cos x}{4} - \dfrac{3}{8} \sin x \cos x + \dfrac{3}{8} x + C$．

解説 別解として次のような方法もある．

$\sin^4 x = \left(\dfrac{1 - \cos 2x}{2}\right)^2 = \dfrac{1}{4}\left\{1 - 2\cos 2x + \dfrac{1 + \cos 4x}{2}\right\}$．

ゆえに $I_4 = \dfrac{1}{4}\displaystyle\int \left(1 - 2\cos 2x + \dfrac{1 + \cos 4x}{2}\right) dx = \dfrac{3}{8} x - \dfrac{\sin 2x}{4} + \dfrac{\sin 4x}{32} + C$．

$\cos^n x$ の場合も同様に $\cos x \cdot \cos^{n-1} x$ として部分積分で同形出現させるが (**練習 69**)，$\tan^n x$ の場合は $\tan^2 x \cdot \tan^{n-2} x$ と分けて $\tan^2 x$ を $\sec^2 x - 1$ とする (**総合演習 4.8**)．

例題 113 ─────────────── 漸化式の適用

上の漸化式を利用して，次の関数の積分を求めよ．

(1) $\dfrac{1}{\sin^3 x}$ (2) $\dfrac{1}{\sin^4 x}$

[解答] 上の例題から $I_n = \int \sin^n x \, dx$ とおくと，

$$I_n = -\frac{\sin^{n-1} x \cos x}{n} + \frac{n-1}{n} I_{n-2} \quad \cdots ①$$

が得られる．ここで上の①を I_{n-2} について解き直すと，

$$I_{n-2} = \frac{\sin^{n-1} x \cos x}{n-1} + \frac{n}{n-1} I_n$$

ここで n の代わりに $n+2$ とすれば，

$$I_n = \frac{\sin^{n+1} x \cos x}{n+1} + \frac{n+2}{n+1} I_{n+2} \quad \cdots ②$$

(1) $\displaystyle\int \frac{1}{\sin^3 x} dx = I_{-3} = \frac{\sin^{-2} x \cos x}{-2} + \frac{-1}{-2} I_{-1}$.

ところで $\displaystyle I_{-1} = \int \frac{1}{\sin x} dx = \int \frac{\sin x}{1 - \cos^2 x} dx$.

$\cos x = t$ とおくと $-\sin x \, dx = dt$.

ゆえに $\displaystyle I_{-1} = \int \frac{-1}{1-t^2} dt = \int \frac{1}{t^2-1} dt = \frac{1}{2} \log \left| \frac{t-1}{t+1} \right| + C$

$\displaystyle = \frac{1}{2} \log \left| \frac{\cos x - 1}{\cos x + 1} \right| + C = \frac{1}{2} \log \left| \frac{2 \sin^2 \frac{x}{2}}{2 \cos^2 \frac{x}{2}} \right| + C = \log \left| \tan \frac{x}{2} \right| + C$.

ゆえに $\displaystyle I_{-3} = -\frac{\cos x}{2 \sin^2 x} + \frac{1}{2} \log \left| \tan \frac{x}{2} \right| + C$.

(2) $\displaystyle\int \frac{1}{\sin^4 x} dx = I_{-4} = \frac{\cos x}{-3 \sin^3 x} + \frac{2}{3} I_{-2}$

$\displaystyle I_{-2} = \int \frac{1}{\sin^2 x} dx = -\cot x + C$ であるから，$\displaystyle I_{-4} = -\frac{\cos x}{3 \sin^3 x} - \frac{2}{3} \cot x + C$.

[研究] $\displaystyle\int \frac{1}{\sin x} dx$ は $\tan \frac{x}{2} = t$ とおいて解くのが定道であるが，上の解では分母，分子に $\sin x$ を乗じて求めている．この方法は計算がめんどうである．

定道的な解法は次の通り．

$$\int \frac{1}{\sin x} dx = \int \frac{1+t^2}{2t} \cdot \frac{2}{1+t^2} dt = \int \frac{1}{t} dt = \log |t| + C = \log \left| \tan \frac{x}{2} \right| + C$$

∠∠∠∠∠∠∠∠∠∠∠∠∠∠∠∠∠∠∠∠∠∠∠∠∠∠∠∠

[練習 69] $\displaystyle J_n = \int \cos^n x \, dx$ とおいて漸化式を求め，J_4, J_{-3} を求めよ．

[練習 70] $\displaystyle I_n = \int (\log x)^n dx$ とおいて $I_n = x(\log x)^n - n I_{n-1}$ を証明し，I_4 を求めよ．

4.1 次の不定積分を求めよ.

(1) $\displaystyle\int \frac{1}{x\log x}\,dx$

(2) $\displaystyle\int \frac{1}{x(\log x)^2}\,dx$

(3) $\displaystyle\int (x+1)e^x \log x\,dx$

(4) $\displaystyle\int x^2 e^{3x}\,dx$

(5) $\displaystyle\int \frac{x}{(x^2-1)^2}\,dx$

(6) $\displaystyle\int \frac{x}{(2x+1)^3}\,dx$

(7) $\displaystyle\int \frac{1}{x^3-x}\,dx$

(8) $\displaystyle\int \frac{x}{\sqrt{2x-1}}\,dx$

(9) $\displaystyle\int \frac{1}{x^4-1}\,dx$

(10) $\displaystyle\int \frac{1}{(a^2+x^2)^{\frac{3}{2}}}\,dx \quad (a>0)$

4.2 次の不定積分を求めよ.

(1) $\displaystyle\int \sin 2x \sin 4x\,dx$

(2) $\displaystyle\int \cos^2 \frac{x}{3}\,dx$

(3) $\displaystyle\int \frac{1}{1-\cos x}\,dx$

(4) $\displaystyle\int \cos^3 x\,dx$

(5) $\displaystyle\int x^2 \sin x\,dx$

(6) $\displaystyle\int \frac{1}{\sin x+\cos x}\,dx$

4.3 次の不定積分を求めよ.

(1) $\displaystyle\int \frac{1}{\sqrt{x^2-2x+2}}\,dx$

(2) $\displaystyle\int \sqrt{x^2+2x+2}\,dx$

(3) $\displaystyle\int \frac{x^2}{\sqrt{1-x^2}}\,dx$

(4) $\displaystyle\int \frac{2x+1}{\sqrt{x^2-4x+5}}\,dx$

(5) $\displaystyle\int \frac{x+1}{x^2+1}\,dx$

(6) $\displaystyle\int \frac{1}{(1+x^2)^2}\,dx$

(7) $\displaystyle\int \frac{1}{\sqrt{3+2x-x^2}}\,dx$

(8) $\displaystyle\int \sqrt{3x^2-2}\,dx$

(9) $\displaystyle\int \frac{x^2}{\sqrt{x^2-3}}\,dx$

(10) $\displaystyle\int \frac{x^2}{\sqrt{x^6-3}}\,dx$

4.4 次の不定積分を求めよ.

(1) $\displaystyle\int x\sin^{-1} x\,dx$

(2) $\displaystyle\int x\tan^{-1} x\,dx$

4.5 不定積分 $I = \displaystyle\int e^{ax} \cos bx\, dx$, $J = \displaystyle\int e^{ax} \sin bx\, dx$ $(a > 0)$ を求めよ.

4.6 不定積分 $I = \displaystyle\int \cos(\log x)\, dx$, $J = \displaystyle\int \sin(\log x)\, dx$ を求めよ.

4.7 $\cosh x = \dfrac{e^x + e^{-x}}{2}$, $\sinh x = \dfrac{e^x - e^{-x}}{2}$ について,次の等式を証明せよ.

(1) $\displaystyle\int \sinh x\, dx = \cosh x + C$, $\displaystyle\int \cosh x\, dx = \sinh x + C$

(2) $\displaystyle\int \sinh kx\, dx = \dfrac{1}{k} \cosh kx + C$, $\displaystyle\int \cosh kx\, dx = \dfrac{1}{k} \sinh x + C$

4.8 $I_n = \displaystyle\int \tan^n x\, dx$ とおくとき,次の式を証明せよ.これを用いて I_5 および I_6 を求めよ.

$$I_n = \frac{\tan^{n-1} x}{n-1} - I_{n-2}$$

4.9 $I_n = \displaystyle\int x^n e^x\, dx$ とおくとき,次の式を証明せよ.これを用いて I_3 を求めよ.

$$I_n = x^n e^x - n I_{n-1}$$

第5章 定積分

1 定積分と数列の和の極限

$$\lim_{n\to\infty}\frac{b-a}{n}\left\{f(a)+f\left(a+\frac{b-a}{n}\right)+f\left(a+\frac{2(b-a)}{n}\right)+\right.$$
$$\left.\cdots+f\left(a+\frac{(n-1)(b-a)}{n}\right)\right\}=\int_a^b f(x)\,dx$$

$$\lim_{n\to\infty}\frac{b-a}{n}\left\{f\left(a+\frac{b-a}{n}\right)+f\left(a+\frac{2(b-a)}{n}\right)+\right.$$
$$\left.\cdots+f\left(a+\frac{(n-1)(b-a)}{n}\right)+f(b)\right\}=\int_a^b f(x)\,dx$$

特に $\displaystyle\lim_{n\to\infty}\frac{1}{n}\left\{f(0)+f\left(\frac{1}{n}\right)+\cdots+f\left(\frac{n-1}{n}\right)\right\}$

$$=\lim_{n\to\infty}\frac{1}{n}\left\{f\left(\frac{1}{n}\right)+f\left(\frac{2}{n}\right)+\cdots+f\left(\frac{n-1}{n}\right)+f\left(\frac{n}{n}\right)\right\}=\int_0^1 f(x)\,dx$$

2 定積分の基本公式

(1) $\displaystyle\int_a^a f(x)\,dx=0,\quad \int_b^a f(x)\,dx=-\int_a^b f(x)\,dx$

(2) $\displaystyle\int_a^b kf(x)\,dx=k\int_a^b f(x)\,dx\quad (k:定数)$

(3) $\displaystyle\int_a^b \{f(x)\pm g(x)\}\,dx=\int_a^b f(x)\,dx\pm\int_a^b g(x)\,dx\quad (複号同順)$

(4) $\displaystyle\int_a^b f(x)\,dx=\int_a^c f(x)\,dx+\int_c^b f(x)\,dx$

3 偶関数・奇関数の定積分の公式

(1) $f(x)$ が偶関数ならば $\displaystyle\int_{-a}^a f(x)\,dx=2\int_0^a f(x)\,dx$

(2) $f(x)$ が奇関数ならば $\displaystyle\int_{-a}^a f(x)\,dx=0$

4 置換積分

$$\int_a^b f(x)\,dx=\int_{t_1}^{t_2} f(g(t))g'(t)\,dt$$

x	a	$\to$	b
t	t_1	$\to$	t_2

$\left(\begin{array}{l}[a,b]\text{ で }f(x)\text{ は連続},[t_1,t_2]\text{ で}\\ g'(t)\text{ が存在して連続}\end{array}\right)$
$\left(\begin{array}{l}g(t)\text{ は }[t_1,t_2]\\ \text{で単調関数}\end{array}\right)$

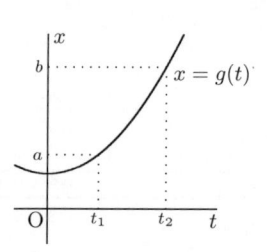

5 部分積分

$$\int_a^b f(x)g'(x)\,dx = \Big[f(x)g(x)\Big]_a^b - \int_a^b f'(x)g(x)\,dx$$

6 有名な定積分

(1) $\displaystyle\int_0^{\frac{\pi}{2}} \sin^n x\,dx = \int_0^{\frac{\pi}{2}} \cos^n x\,dx = \begin{cases} \dfrac{n-1}{n}\cdot\dfrac{n-3}{n-2}\cdots\cdots\dfrac{3}{4}\cdot\dfrac{1}{2}\cdot\dfrac{\pi}{2} & (n:偶数) \\[2mm] \dfrac{n-1}{n}\cdot\dfrac{n-3}{n-2}\cdots\cdots\dfrac{4}{5}\cdot\dfrac{2}{3} & (n:奇数) \end{cases}$

(2) ガンマ関数 $\displaystyle\Gamma(s) = \int_0^\infty x^{s-1}e^{-x}\,dx \quad (s>0)$

$\Gamma(s+1) = s\Gamma(s), \quad \Gamma(n+1) = n! \quad (n=0,\,1,\,2,\,\cdots)$

(3) ベータ関数 $\displaystyle B(m,n) = \int_0^1 x^{m-1}(1-x)^{n-1}\,dx \quad (m,n>0)$

$B(m,n) = B(n,m) = \dfrac{\Gamma(m)\Gamma(n)}{\Gamma(m+n)}$

7 広義積分

(1) $\displaystyle\int_a^{+\infty} f(x)\,dx = \lim_{b\to+\infty}\int_a^b f(x)\,dx, \quad \int_{-\infty}^b f(x)\,dx = \lim_{a\to-\infty}\int_a^b f(x)\,dx$

(2) $\displaystyle\lim_{x\to c}f(x)=\infty$ のとき, $a<c<b$

$$\int_a^b f(x)\,dx = \lim_{\varepsilon_1\to 0}\int_a^{c-\varepsilon_1} f(x)\,dx + \lim_{\varepsilon_2\to 0}\int_{c+\varepsilon_2}^b f(x)\,dx$$

8 定積分と不等式

(1) $a \leqq x \leqq b$ のとき, $f(x) \leqq g(x) \Rightarrow \displaystyle\int_a^b f(x)\,dx \leqq \int_a^b g(x)\,dx$

(2) $\left|\displaystyle\int_a^b f(x)\,dx\right| \leqq \int_a^b |f(x)|\,dx$

(3) $\displaystyle\int_a^b \{f(x)\}^2\,dx \int_a^b \{g(x)\}^2\,dx \geqq \left\{\int_a^b f(x)g(x)\,dx\right\}^2$ (シュワルツの不等式)

9 積分で表された関数

(1) $\dfrac{d}{dx}\displaystyle\int_a^x f(t)\,dt = f(x)$

(2) $\dfrac{d}{dx}\displaystyle\int_{h(x)}^{g(x)} f(t)\,dt = f(g(x))g'(x) - f(h(x))h'(x)$

40　区分求積

$$\lim_{n\to\infty}\sum_{k=0}^{n-1}f(x_k)\Delta x = \lim_{n\to\infty}\sum_{k=1}^{n}f(x_k)\Delta x = \int_a^b f(x)\,dx$$

ただし $\Delta x = \dfrac{b-a}{n}$, $x_k = a + k\Delta x$ $(k=0,1,2,\cdots,n)$

特に $\displaystyle\lim_{n\to\infty}\frac{1}{n}\sum_{k=1}^{n}f\left(\frac{k}{n}\right) = \int_0^1 f(x)\,dx$

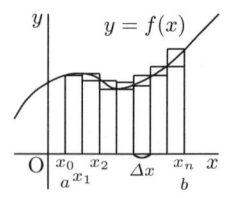

例題 114 ───────────────────── 区分求積1

次の極限値を求めよ.

(1) $\displaystyle\lim_{n\to\infty}\sum_{k=1}^{n}\frac{k^2}{n^3}$ 　　(2) $\displaystyle\lim_{n\to\infty}\sum_{k=1}^{n}\frac{1}{n+k}$ 　　(3) $\displaystyle\lim_{n\to\infty}\frac{\pi}{n}\sum_{k=1}^{n}\frac{k\pi}{n}\sin\frac{k\pi}{n}$

[解答] (1) $\displaystyle\lim_{n\to\infty}\sum_{k=1}^{n}\frac{k^2}{n^3} = \lim_{n\to\infty}\sum_{k=1}^{n}\left(\frac{k}{n}\right)^2 \cdot \frac{1}{n} = \lim_{n\to\infty}\sum_{k=1}^{n}\left(0 + k\cdot\frac{1-0}{n}\right)^2 \cdot \frac{1-0}{n}$

$= \displaystyle\int_0^1 x^2\,dx = \left[\frac{1}{3}x^3\right]_0^1 = \frac{1}{3}.$

(2) $\displaystyle\lim_{n\to\infty}\sum_{k=1}^{n}\frac{1}{n+k} = \lim_{n\to\infty}\sum_{k=1}^{n}\frac{1}{1+k\cdot\frac{1-0}{n}}\cdot\frac{1-0}{n} = \int_0^1 \frac{1}{1+x}\,dx = \Big[\log|1+x|\Big]_0^1$

$= \log 2.$

(3) $\displaystyle\lim_{n\to\infty}\sum_{k=1}^{n}f\left(a + k\cdot\frac{b-a}{n}\right)\cdot\frac{b-a}{n} = \int_a^b f(x)\,dx$ において,

$a=0$, $b=\pi$, $f(x) = x\sin x$ とおくと,

与式 $= \displaystyle\int_0^\pi x\sin x\,dx = \int_0^\pi (-\cos x)' x\,dx = \Big[-x\cos x\Big]_0^\pi + \int_0^\pi \cos x\,dx = \pi.$

[解説] (3) は 与式 $= \pi^2 \displaystyle\lim_{n\to\infty}\frac{1}{n}\sum_{k=1}^{n}\frac{k}{n}\sin\frac{k\pi}{n} = \pi^2 \int_0^1 x\sin\pi x\,dx$ としてもよい.

例題 115 ───────────────────── 区分求積2

第 n 項までの和 S_n が次の式であるとき, $\displaystyle\lim_{n\to\infty}S_n$ を求めよ.

(1) $S_n = \left(\dfrac{n!}{n^n}\right)^{\frac{1}{n}}$ 　　(2) $S_n = \left\{\left(1+\dfrac{1^2}{n^2}\right)\left(1+\dfrac{2^2}{n^2}\right)\cdots\left(1+\dfrac{n^2}{n^2}\right)\right\}^{\frac{1}{n}}$

[解答] (1) $\log S_n = \dfrac{1}{n}\log\dfrac{n!}{n^n} = \dfrac{1}{n}\log\dfrac{1\cdot 2\cdot 3\cdots n}{n^n}$

$= \dfrac{1}{n}\left(\log\dfrac{1}{n} + \log\dfrac{2}{n} + \cdots + \log\dfrac{n}{n}\right) = \dfrac{1}{n}\sum_{k=1}^{n}\log\dfrac{k}{n} = \displaystyle\int_0^1 \log x\,dx$

$$= \Big[x\log x - x\Big]_0^1 = -1. \quad \lim_{n\to\infty} S_n = e^{-1} = \frac{1}{e}.$$

(2) $\log S_n = \frac{1}{n}\log\left(1+\frac{1^2}{n^2}\right)\left(1+\frac{2^2}{n^2}\right)\cdots\left(1+\frac{n^2}{n^2}\right) = \frac{1}{n}\sum_{k=1}^{n}\log\left\{1+\left(\frac{k}{n}\right)^2\right\}$

$$= \int_0^1 \log(1+x^2)\,dx = \int_0^1 x'\log(1+x^2)\,dx = \Big[x\log(1+x^2)\Big]_0^1 - \int_0^1 \frac{2x^2}{1+x^2}\,dx$$

$$= \log 2 - 2\Big[x - \tan^{-1}x\Big]_0^1 = \log 2 - 2 + \frac{\pi}{2}. \quad \lim_{n\to\infty} S_n = e^{\log 2 + \frac{\pi}{2} - 2} = 2e^{\frac{\pi}{2}-2}.$$

解説 (2) は $e^{\log a} = a$ を利用して,$e^{\log 2 + \frac{\pi}{2} - 2} = e^{\log 2} \cdot e^{\frac{\pi}{2}-2} = 2e^{\frac{\pi}{2}-2}$.

例題 116 ─────────────────── 区分求積（図形への応用）─

半径 r の定円 O の外にあって，円 O の中心から a $(a>r)$ だけ離れた定点を A とする．AO が円 O と点 B で交わるとするとき，B を起点として円 O の周りを n 等分する点を $B = X_0, X_1, X_2, \cdots, X_{n-1}, X_n = B$ とする．このとき $\displaystyle\lim_{n\to\infty}\frac{1}{n}\sum_{k=1}^{n}\overline{AX_k}^2$ を求めよ．

解答 円の中心を原点，点 A を $(a, 0)$ とすると，余弦定理から $\overline{AX_k}^2 = a^2 + r^2 - 2ar\cos\frac{2k\pi}{n}$ なので，

ゆえに $\displaystyle\lim_{n\to\infty}\frac{1}{n}\sum_{k=1}^{n}\overline{AX_k}^2$

$$= \lim_{n\to\infty}\frac{1}{n}\sum_{k=1}^{n}\left(a^2 + r^2 - 2ar\cos\frac{2k\pi}{n}\right)$$

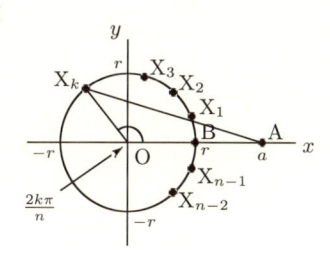

$$= \lim_{n\to\infty}\left\{a^2 + r^2 - 2ar\cdot\frac{1}{n}\sum_{k=1}^{n}\cos\frac{2k\pi}{n}\right\} = a^2 + r^2 - 2ar\int_0^1 \cos 2\pi x\,dx$$

$$= a^2 + r^2 - 2ar\Big[\frac{1}{2\pi}\sin 2\pi x\Big]_0^1 = a^2 + r^2.$$

練習 71 $S_n = \dfrac{1}{n^2}\left\{\sqrt{n^2 - 1^2} + \sqrt{n^2 - 2^2} + \cdots + \sqrt{n^2 - (n-1)^2}\right\}$ とするとき, $\displaystyle\lim_{n\to\infty} S_n$ を求めよ．

練習 72 $AB = 2a$ を直径とする半円周を $A = X_0, X_1, X_2, \cdots, X_n = B$ で n 等分するとき，$\displaystyle\lim_{n\to\infty}\frac{1}{n}\sum_{k=1}^{n}\overline{AX_k}$ を求めよ．

41 定積分の置換積分と部分積分

・置換積分　$\int_a^b f(x)\,dx$ において，$x = g(t)$ と置換すると，

$$\int_a^b f(x)\,dx = \int_\alpha^\beta f(g(t))g'(t)\,dt \qquad \text{ここで } a = g(\alpha),\ b = g(\beta)$$

・部分積分　$\int_a^b f(x)g'(x)\,dx = \Big[f(x)g(x)\Big]_a^b - \int_a^b f'(x)g(x)\,dx$

例題 １１７ ────────────────────────── 置換積分

次の定積分を求めよ．

(1) $\displaystyle\int_1^2 \frac{(\log x)^2}{x}\,dx$　　(2) $\displaystyle\int_0^3 \frac{x}{\sqrt{4-x}}\,dx$　　(3) $\displaystyle\int_0^{\frac{\pi}{2}} \frac{1}{4+5\sin x}\,dx$

方針　3題とも置換積分を用いる．(3) は $\tan\dfrac{x}{2} = t$ とおく．

解答　(1) $\log x = t$ とおくと $\dfrac{1}{x}\,dx = dt$．

このとき t は 0 から $\log 2$ の範囲になって，

$$\text{与式} = \int_0^{\log 2} t^2\,dt = \left[\frac{1}{3}t^3\right]_0^{\log 2} = \frac{1}{3}(\log 2)^3.$$

x	1	$\to$	2
t	0	$\to$	$\log 2$

(2) $\sqrt{4-x} = t$ とおくと $4 - x = t^2$．$-dx = 2t\,dt$．

このとき t は 2 から 1 の範囲になって，また $x = 4 - t^2$ なので，

$$\text{与式} = \int_2^1 \frac{t^2 - 4}{t} \cdot 2t\,dt = \left[\frac{2}{3}t^3 - 8t\right]_2^1 = \frac{10}{3}.$$

x	0	$\to$	3
t	2	$\to$	1

(3) $\tan\dfrac{x}{2} = t$ とおくと $\sin x = \dfrac{2t}{1+t^2}$，$dx = \dfrac{2}{1+t^2}$．

代入して $4 + 5\sin x = 4 + \dfrac{10t}{1+t^2} = \dfrac{4t^2 + 10t + 4}{1+t^2}$．

x	0	$\to$	$\dfrac{\pi}{2}$
t	0	$\to$	1

ゆえに部分分数になおして　$\text{与式} = \displaystyle\int_0^1 \dfrac{1}{2t^2 + 5t + 2}\,dt$

$$= \frac{1}{3}\int_0^1 \left(\frac{2}{2t+1} - \frac{1}{t+2}\right)dt = \frac{1}{3}\left[\log\left|\frac{2t+1}{t+2}\right|\right]_0^1 = \frac{1}{3}\log 2.$$

解説　(3) 三角関数の入った積分は $\tan\dfrac{x}{2} = t$ とおくのが定石．

このとき $\cos x = \dfrac{1-t^2}{1+t^2}$，$\sin x = \dfrac{2t}{1+t^2}$，$dx = \dfrac{2}{1+t^2}\,dt$．

例題 118 ─────────── 部分積分

次の定積分を求めよ.

(1) $\displaystyle\int_0^{\frac{\pi}{2}} x\cos x\,dx$ (2) $\displaystyle\int_0^1 \tan^{-1} x\,dx$ (3) $\displaystyle\int_0^1 x^2 \log(x+2)\,dx$

方針 異なるタイプの積の場合, 例えば $\sin x$, $\cos x$ が x^n, e^{kx} との積の形の場合, 多くは部分積分となる.

解答 (1) $\displaystyle\int_0^{\frac{\pi}{2}} x\cos x\,dx = \int_0^{\frac{\pi}{2}} x(\sin x)'\,dx = \Big[x\sin x\Big]_0^{\frac{\pi}{2}} - \int_0^{\frac{\pi}{2}} \sin x\,dx$

$= \dfrac{\pi}{2} + \Big[\cos x\Big]_0^{\frac{\pi}{2}} = \dfrac{\pi}{2} - 1.$

(2) $\displaystyle\int_0^1 \tan^{-1} x\,dx = \int_0^1 (x)' \tan^{-1} x\,dx = \Big[x\tan^{-1} x\Big]_0^1 - \int_0^1 \dfrac{x}{x^2+1}\,dx$

$= \tan^{-1} 1 - \dfrac{1}{2}\Big[\log(x^2+1)\Big]_0^1 = \dfrac{\pi}{4} - \dfrac{1}{2}\log 2.$

(3) $\displaystyle\int_0^1 x^2 \log(x+2)\,dx = \int_0^1 \left(\dfrac{1}{3}x^3\right)' \log(x+2)\,dx$

$= \left[\dfrac{x^3}{3}\log(x+2)\right]_0^1 - \dfrac{1}{3}\int_0^1 \dfrac{x^3}{x+2}\,dx = \dfrac{1}{3}\log 3 - \dfrac{1}{3}\int_0^1 \left(x^2 - 2x + 4 - \dfrac{8}{x+2}\right)dx$

$= \dfrac{1}{3}\log 3 - \dfrac{1}{3}\left[\dfrac{1}{3}x^3 - x^2 + 4x - 8\log|x+2|\right]_0^1 = 3\log 3 - \dfrac{10}{9} - \dfrac{8}{3}\log 2.$

解説 (2) 逆三角関数の微分は次の通り. 覚えておくこと.

(i) $(\sin^{-1} x)' = \dfrac{1}{\sqrt{1-x^2}}$,   (ii) $(\cos^{-1} x)' = -\dfrac{1}{\sqrt{1-x^2}}$

(iii) $(\tan^{-1} x)' = \dfrac{1}{1+x^2}$,   (iv) $(\cot^{-1} x)' = -\dfrac{1}{1+x^2}$

練習 73 次の定積分を求めよ.

(1) $\displaystyle\int_0^{\frac{\pi}{2}} \dfrac{\cos x}{1+\sin^2 x}\,dx$ (2) $\displaystyle\int_0^1 x\log(1+x)\,dx$

(3) $\displaystyle\int_0^2 \dfrac{dx}{\sqrt{16-x^2}}$ (4) $\displaystyle\int_0^1 \sin^{-1} x\,dx$

42 定積分の基本公式，漸化式

$$\int_0^{\frac{\pi}{2}} \sin^n x\, dx = \int_0^{\frac{\pi}{2}} \cos^n x\, dx = \begin{cases} \dfrac{n-1}{n}\cdot\dfrac{n-3}{n-2}\cdots\cdots\dfrac{4}{5}\cdot\dfrac{2}{3} & (n \geqq 3,\ n:\text{奇数}) \\[6pt] \dfrac{n-1}{n}\cdot\dfrac{n-3}{n-2}\cdots\cdots\dfrac{3}{4}\cdot\dfrac{1}{2}\cdot\dfrac{\pi}{2} & (n \geqq 2,\ n:\text{偶数}) \end{cases}$$

上式は公式として暗記しておくと便利である．

例題 119 ───────────────── 基本公式の適用 ─

次の定積分を求めよ．

(1) $\displaystyle\int_{-a}^{a} \sqrt{a^2 - x^2}\, dx \quad (a > 0)$ 　　(2) $\displaystyle\int_1^{\sqrt{3}} \dfrac{dx}{3 + x^2}$

[解答] (1) $x = a\sin t$ とおくと，$-a \leqq x \leqq a$ に対応して

t は $-\dfrac{\pi}{2}$ から $\dfrac{\pi}{2}$ である．また $dx = a\cos t\, dt$ なので，

x	$-a$	$\to$	a
t	$-\dfrac{\pi}{2}$	$\to$	$\dfrac{\pi}{2}$

$$\int_{-a}^{a} \sqrt{a^2 - x^2}\, dx = \int_{-\frac{\pi}{2}}^{\frac{\pi}{2}} a^2 \cos^2 t\, dt = a^2 \int_{-\frac{\pi}{2}}^{\frac{\pi}{2}} \frac{1 + \cos 2t}{2}\, dt$$

$$= a^2 \left[\frac{t}{2} + \frac{\sin 2t}{4} \right]_{-\frac{\pi}{2}}^{\frac{\pi}{2}} = \frac{\pi a^2}{2}.$$

(2) $x = \sqrt{3}\tan t$ とおくと，$1 \leqq x \leqq \sqrt{3}$ に対応して

t は $\dfrac{\pi}{6}$ から $\dfrac{\pi}{4}$ である．また $dx = \sqrt{3}\sec^2 t\, dt$ なので，

x	1	$\to$	$\sqrt{3}$
t	$\dfrac{\pi}{6}$	$\to$	$\dfrac{\pi}{4}$

$$\int_1^{\sqrt{3}} \frac{dx}{3 + x^2}\, dx = \int_{\frac{\pi}{6}}^{\frac{\pi}{4}} \frac{1}{3(1 + \tan^2 t)} \cdot \frac{\sqrt{3}}{\cos^2 t}\, dt = \int_{\frac{\pi}{6}}^{\frac{\pi}{4}} \frac{\sqrt{3}}{3}\, dt = \frac{\sqrt{3}}{36}\pi.$$

[解説] (1) 公式 $\displaystyle\int \sqrt{a^2 - x^2}\, dx = \frac{1}{2}\left\{ x\sqrt{a^2 - x^2} + a^2 \sin^{-1}\frac{x}{a} \right\} + C$ を用いると，

$$\int_{-a}^{a} \sqrt{a^2 - x^2}\, dx = \frac{a^2}{2}\left\{ \sin^{-1} 1 - \sin^{-1}(-1) \right\} = \frac{a^2}{2}\left\{ \frac{\pi}{2} - \left(-\frac{\pi}{2}\right) \right\} = \frac{\pi a^2}{2}.$$

(2) 公式 $\displaystyle\int \frac{dx}{x^2 + a^2} = \frac{1}{a}\tan^{-1}\frac{x}{a} + C$ を用いると，

$$\int_1^{\sqrt{3}} \frac{dx}{3 + x^2} = \left[\frac{1}{\sqrt{3}} \tan^{-1} \frac{x}{\sqrt{3}} \right]_1^{\sqrt{3}} = \frac{1}{\sqrt{3}}\left(\frac{\pi}{4} - \frac{\pi}{6} \right) = \frac{\pi}{12\sqrt{3}} = \frac{\sqrt{3}}{36}\pi.$$

42 定積分の基本公式，漸化式

例題 120 ─────────────────── 定積分の漸化式 ─

$$\int_0^{\frac{\pi}{2}} \sin^n x\,dx = \int_0^{\frac{\pi}{2}} \cos^n x\,dx = \begin{cases} \dfrac{n-1}{n} \cdot \dfrac{n-3}{n-2} \cdots \dfrac{4}{5} \cdot \dfrac{2}{3} & (n \geqq 3,\ n:奇数) \\[2mm] \dfrac{n-1}{n} \cdot \dfrac{n-3}{n-2} \cdots \dfrac{3}{4} \cdot \dfrac{1}{2} \cdot \dfrac{\pi}{2} & (n \geqq 2,\ n:偶数) \end{cases}$$

となることを証明せよ．また $I = \displaystyle\int_0^{\frac{\pi}{2}} \cos^6 x \sin^2 x\,dx$ の値を求めよ．

方針 $\sin\left(\dfrac{\pi}{2} - t\right) = \cos t$ を利用する．すなわち $x = \dfrac{\pi}{2} - t$ を利用．

解答 $x = \dfrac{\pi}{2} - t$ とおくと，$dx = -dt$，$\sin x = \sin\left(\dfrac{\pi}{2} - t\right) = \cos t$ なので，$\displaystyle\int_0^{\frac{\pi}{2}} \sin^n x\,dx = \int_{\frac{\pi}{2}}^{0} \cos^n t\,(-dt) = -\int_{\frac{\pi}{2}}^{0} \cos^n t\,dt$

x	0	$\to$	$\dfrac{\pi}{2}$
t	$\dfrac{\pi}{2}$	$\to$	0

$= \displaystyle\int_0^{\frac{\pi}{2}} \cos^n t\,dt$．ここで $I_n = \displaystyle\int_0^{\frac{\pi}{2}} \sin^n x\,dx$ とおくと，$I_1 = \displaystyle\int_0^{\frac{\pi}{2}} \sin x\,dx = 1$, $I_0 = \displaystyle\int_0^{\frac{\pi}{2}} dx = \dfrac{\pi}{2}$．ゆえに**例題112**の①の漸化式を利用すると，

$$I_n = \left[-\dfrac{\sin^{n-1} x \cos x}{n}\right]_0^{\frac{\pi}{2}} + \dfrac{n-1}{n} I_{n-2} = \dfrac{n-1}{n} I_{n-2} = \dfrac{n-1}{n} \cdot \dfrac{n-3}{n-2} I_{n-4} = \cdots$$

$$= \begin{cases} \dfrac{n-1}{n} \cdot \dfrac{n-3}{n-2} \cdots \dfrac{4}{5} \cdot \dfrac{2}{3} \cdot I_1 \\[2mm] \dfrac{n-1}{n} \cdot \dfrac{n-3}{n-2} \cdots \dfrac{3}{4} \cdot \dfrac{1}{2} \cdot I_0 \end{cases} = \begin{cases} \dfrac{n-1}{n} \cdot \dfrac{n-3}{n-2} \cdots \dfrac{4}{5} \cdot \dfrac{2}{3} & (n:奇数) \\[2mm] \dfrac{n-1}{n} \cdot \dfrac{n-3}{n-2} \cdots \dfrac{3}{4} \cdot \dfrac{1}{2} \cdot \dfrac{\pi}{2} & (n:偶数) \end{cases}$$

$I = \displaystyle\int_0^{\frac{\pi}{2}} \cos^6 x(1 - \cos^2 x)\,dx = \int_0^{\frac{\pi}{2}} \cos^6 x\,dx - \int_0^{\frac{\pi}{2}} \cos^8 x\,dx$

$= \dfrac{5}{6} \cdot \dfrac{3}{4} \cdot \dfrac{1}{2} \cdot \dfrac{\pi}{2} - \dfrac{7}{8} \cdot \dfrac{5}{6} \cdot \dfrac{3}{4} \cdot \dfrac{1}{2} \cdot \dfrac{\pi}{2} = \dfrac{5}{6} \cdot \dfrac{3}{4} \cdot \dfrac{1}{2} \cdot \dfrac{\pi}{2} \cdot \left(1 - \dfrac{7}{8}\right) = \dfrac{5}{256}\pi$.

✂︎

練習 74 次の定積分を求めよ．

(1) $\displaystyle\int_{-1}^{1} \dfrac{dx}{\sqrt{1+x^2}}$ (2) $\displaystyle\int_0^{\frac{1}{2}} \dfrac{dx}{\sqrt{x(1-x)}}$ (3) $\displaystyle\int_0^{1} \dfrac{x+2}{x^2+x+1}\,dx$

練習 75 次の定積分を求めよ．

(1) $\displaystyle\int_0^{\frac{\pi}{2}} \sin^7 x\,dx$ (2) $\displaystyle\int_0^{\frac{\pi}{2}} \cos^8 x \sin^2 x\,dx$

(3) $\displaystyle\int_0^{\frac{\pi}{4}} \sin^3 2x\,dx$ (4) $\displaystyle\int_0^{\pi} \sin^4 \dfrac{x}{2}\,dx$

43 積分等式, 不等式

─ 例題 121 ─────────────── 積分等式 ─

$f(x)$ が連続であるとき, 次の関係式を証明せよ.

(1) $\displaystyle\int_0^{\frac{\pi}{2}} f(\sin x)\,dx = \int_0^{\frac{\pi}{2}} f(\cos x)\,dx$

(2) $\displaystyle\int_0^{\pi} f(\sin x)\,dx = 2\int_0^{\frac{\pi}{2}} f(\sin x)\,dx$

方針 例題 120 の $\displaystyle\int_0^{\frac{\pi}{2}} \sin^n x\,dx = \int_0^{\frac{\pi}{2}} \cos^n x\,dx$ を一般化したのが (1) である.

解答 (1) $x = \dfrac{\pi}{2} - t$ とおくと, $dx = -dt$, $\sin x = \sin\left(\dfrac{\pi}{2} - t\right)$

x	0	$\to$	$\dfrac{\pi}{2}$
t	$\dfrac{\pi}{2}$	$\to$	0

$= \cos t$ より, $\displaystyle\int_0^{\frac{\pi}{2}} f(\sin x)\,dx = \int_{\frac{\pi}{2}}^{0} f\left(\sin\left(\dfrac{\pi}{2} - t\right)\right)\cdot(-1)\,dt$

$\displaystyle = -\int_{\frac{\pi}{2}}^{0} f(\cos t)\,dt = \int_0^{\frac{\pi}{2}} f(\cos t)\,dt = \int_0^{\frac{\pi}{2}} f(\cos x)\,dx.$

(2) $\displaystyle\int_0^{\pi} f(\sin x)\,dx = \int_0^{\frac{\pi}{2}} f(\sin x)\,dx + \int_{\frac{\pi}{2}}^{\pi} f(\sin x)\,dx.$

$x = \pi - t$ とおくと, $dx = -dt$, $\sin x = \sin(\pi - t) = \sin t$

x	$\dfrac{\pi}{2}$	$\to$	π
t	$\dfrac{\pi}{2}$	$\to$	0

より, $\displaystyle\int_{\frac{\pi}{2}}^{\pi} f(\sin x)\,dx = \int_{\frac{\pi}{2}}^{0} f(\sin(\pi - t))(-1)\,dt$

$\displaystyle = -\int_{\frac{\pi}{2}}^{0} f(\sin t)\,dt = \int_0^{\frac{\pi}{2}} f(\sin t)\,dt = \int_0^{\frac{\pi}{2}} f(\sin x)\,dx.$

ゆえに $\displaystyle\int_0^{\pi} f(\sin x)\,dx = 2\int_0^{\frac{\pi}{2}} f(\sin x)\,dx.$

─ 例題 122 ─────────────── 積分等式 ─

$f(x)$ が連続であるとき, 次の式を証明し, 幾何学的意味を考えよ.

$\displaystyle\int_{-a}^{a} f(x)\,dx = \int_0^{a} \{f(x) + f(-x)\}\,dx$

解答 $\displaystyle\int_{-a}^{a} f(x)\,dx = \int_{-a}^{0} f(x)\,dx + \int_0^{a} f(x)\,dx.$

x	$-a$	$\to$	0
t	a	$\to$	0

ここで $x = -t$ とおくと, $dx = -dt$ より,

$$\int_{-a}^{0} f(x)\,dx = \int_{a}^{0} f(-t)(-1)\,dt = -\int_{a}^{0} f(-t)\,dt = \int_{0}^{a} f(-t)\,dt = \int_{0}^{a} f(-x)\,dx.$$

ゆえに $\displaystyle\int_{-a}^{a} f(x)\,dx = \int_{0}^{a} f(x)\,dx + \int_{0}^{a} f(-x)\,dx = \int_{0}^{a} \{f(x) + f(-x)\}\,dx$

幾何学的考察 関数 $y = f(x)$ のグラフと $y = f(-x)$ のグラフとは，y 軸に関して対称であり，定積分は面積を表すから直感的に明らかである．特に関数 $f(x)$ が偶関数の場合には，$f(x) = f(-x)$ なので $\displaystyle\int_{-a}^{a} f(x)\,dx = 2\int_{0}^{a} f(x)\,dx$ となり，また奇関数の場合には，$f(x) = -f(-x)$ なので $\displaystyle\int_{-a}^{a} f(x)\,dx = 0$ となる．

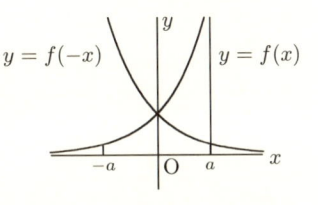

―― 例題 123 ――――――――――――――――――――――― 積分不等式 ――

次の不等式を証明せよ．
$$\frac{1}{2} < \int_{0}^{\frac{1}{2}} \frac{dx}{\sqrt{1-x^n}} < \frac{\pi}{6} \quad (n > 2)$$

[解答] $0 < x < \dfrac{1}{2}$ のとき $0 < x^n < x^2$ であるから，$1 - x^2 < 1 - x^n < 1$.

ゆえに $\sqrt{1-x^2} < \sqrt{1-x^n} < 1$ なので，$1 < \dfrac{1}{\sqrt{1-x^n}} < \dfrac{1}{\sqrt{1-x^2}}$.

したがって $\displaystyle\int_{0}^{\frac{1}{2}} dx < \int_{0}^{\frac{1}{2}} \frac{dx}{\sqrt{1-x^n}} < \int_{0}^{\frac{1}{2}} \frac{dx}{\sqrt{1-x^2}}$. 左端は $\dfrac{1}{2}$，右端は $\displaystyle\int_{0}^{\frac{1}{2}} \frac{dx}{\sqrt{1-x^2}}$

$= \left[\sin^{-1} x\right]_{0}^{\frac{1}{2}} = \dfrac{\pi}{6}$ なので，$\dfrac{1}{2} < \displaystyle\int_{0}^{\frac{1}{2}} \frac{dx}{\sqrt{1-x^n}} < \dfrac{\pi}{6}$.

[解説] 例題の右端の $\dfrac{\pi}{6}$ は，$\sin^{-1} x$ の値と考えると $\displaystyle\int \frac{dx}{\sqrt{1-x^2}}$ が連想される．

練習 76 幾何学的意味を考えることによって，次の式を証明せよ．

(1) $\displaystyle\int_{0}^{a} f(x)\,dx = \int_{0}^{\frac{a}{2}} \{f(x) + f(a-x)\}\,dx$

(2) $\displaystyle\int_{0}^{a} f(x)\,dx = \int_{0}^{a} f(a-x)\,dx$

練習 77 次の不等式を証明せよ．

$$\log(1+\sqrt{2}) < \int_{0}^{1} \frac{dx}{\sqrt{1+x^n}} < 1 \quad (n > 2)$$

44 定積分で表された関数

・x は t に無関係な変数，a, b は定数とするとき，

① $\displaystyle\int_a^b f(t)\,dt$ を含むもの： $\displaystyle\int_a^b f(t)\,dt = C$ (定数) とおく．

② $\displaystyle\int_a^b f(x,t)\,dt$ を含むもの： x を定数として t について積分すると x の関数となる．

③ $\displaystyle\int_a^x f(t)\,dt,\ \int_a^{g(x)} f(t)\,dt,\ \int_{h(x)}^{g(x)} f(t)\,dt$ を含むもの：

$\qquad\qquad\qquad$ t について積分すれば，区間の端の変数 x の関数となる．

③の場合，x で微分すると次のようになる．

(i) $\displaystyle\frac{d}{dx}\int_a^x f(t)\,dt = f(x),\qquad \frac{d}{dx}\int_x^a f(t)\,dt = -f(x)$

(ii) $\displaystyle\frac{d}{dx}\int_a^{g(x)} f(t)\,dt = f(g(x))\cdot g'(x)$

(iii) $\displaystyle\frac{d}{dx}\int_{h(x)}^{g(x)} f(t)\,dt = f(g(x))g'(x) - f(h(x))h'(x)\quad (*)$

[例] $\displaystyle\frac{d}{dx}\int_0^x \sin t\,dt = \sin x,\qquad \frac{d}{dx}\int_x^1 e^t\,dt = \frac{d}{dx}(e - e^x) = -e^x,$

$\displaystyle\frac{d}{dx}\int_{x-1}^{x+1} t^3\,dt = (x+1)^3\cdot 1 - (x-1)^3\cdot 1 = 6x^2 + 2.$

【$(*)$ の証明】 $\displaystyle\int f(t)\,dt = F(t)$ とおくと $\displaystyle\int_{h(x)}^{g(x)} f(t)\,dt = F(g(x)) - F(h(x)),$

ゆえに $\displaystyle\frac{d}{dx}\int_{h(x)}^{g(x)} f(t)\,dt = \frac{d}{dx}F(g(x)) - \frac{d}{dx}F(h(x))$

$= F'(g(x))g'(x) - F'(h(x))h'(x) = f(g(x))g'(x) - f(h(x))h'(x).$

例題 124 ―――――――――――――――― 定積分で表された関数 ―

次の関数を x について微分せよ．

(1) $\displaystyle\int_1^x (t-x)e^t\,dt$ (2) $\displaystyle\int_{2x}^{x^2} e^t \sin t\,dt$ (3) $\displaystyle\int_x^{2x+1} \frac{1}{t^2+1}\,dt$

[方針] ③の (ii), (iii) を利用する．

[解答] (1) $\displaystyle\frac{d}{dx}\int_1^x (t-x)e^t\,dt = \frac{d}{dx}\left(\int_1^x te^t\,dt - x\int_1^x e^t\,dt\right) = xe^x - \int_1^x e^t\,dt - xe^x$

$\displaystyle = -\Big[e^t\Big]_1^x = -e^x + e.$

(2) $\dfrac{d}{dx}\displaystyle\int_{2x}^{x^2} e^t \sin t\, dt = (x^2)' e^{x^2} \sin x^2 - (2x)' e^{2x} \sin 2x = 2xe^{x^2} \sin x^2 - 2e^{2x} \sin 2x.$

(3) $\dfrac{d}{dx}\displaystyle\int_{x}^{2x+1} \dfrac{1}{t^2+1}\, dt = \dfrac{1}{(2x+1)^2+1}(2x+1)' - \dfrac{1}{x^2+1}(x)'$

$= \dfrac{2}{(2x+1)^2+1} - \dfrac{1}{x^2+1} = -\dfrac{x(x+2)}{(2x^2+2x+1)(x^2+1)}.$

┌─ 例題 １２５ ──────────────── 定積分で表された関数 ─┐

次の関係式を満たす関数 $f(x)$ を求めよ.

(1) $f(x) = x + \displaystyle\int_0^{\pi} f(t) \sin t\, dt$ 　　(2) $\displaystyle\int_0^x (x-t) f(t)\, dt = \sin x - x$

└──────────────────────────────────────┘

解答 (1) $\displaystyle\int_0^{\pi} f(t) \sin t\, dt = C$ (定数) $\cdots$ ① とおくと $f(x) = x + C.$

これを①に代入して　$\displaystyle\int_0^{\pi} (t+C) \sin t\, dt = \int_0^{\pi} (t+C)(-\cos t)'\, dt$

$= \Big[-(t+C)\cos t\Big]_0^{\pi} + \displaystyle\int_0^{\pi} \cos t\, dt = \pi + 2C.$

①より $C = \pi + 2C.$ ゆえに $C = -\pi.$ よって $f(x) = x - \pi.$

(2) $x\displaystyle\int_0^x f(t)\, dt - \int_0^x t f(t)\, dt = \sin x - x \cdots$ ①.

両辺を x で微分して　$\displaystyle\int_0^x f(t)\, dt + xf(x) - xf(x) = \cos x - 1.$

ゆえに $\displaystyle\int_0^x f(t)\, dt = \cos x - 1.$ この両辺を x で微分して $f(x) = -\sin x.$

♔♔♔♔♔♔♔♔♔♔♔♔♔♔♔♔♔♔♔♔♔♔♔♔♔♔♔♔♔♔♔♔♔

練習 78 次の関数を微分せよ.

(1) $\displaystyle\int_x^{2x} \cos^2 t\, dt$ 　　(2) $\displaystyle\int_1^x (t-x)\log t\, dt$ 　　(3) $\displaystyle\int_x^{2x^2} (x+t)\sin t\, dt$

練習 79 すべての実数 x に対して, $f(x) = \sin x + \displaystyle\int_0^{\pi} f(t) \sin(x-t)\, dt$ を満たす

関数 $f(x)$ を求めよ.

練習 80 次の関数 $f(x)$ の最大値, 最小値を求めよ.

$f(x) = \displaystyle\int_1^x (2-t)\log t\, dt \quad (1 \leqq x \leqq e)$

45 広義積分 1，定積分の評価

・**広義 (異常) 積分** 不連続点をもつ関数の定積分や $[0, \infty)$ のような有界でない区間の定積分を考えるのが広義積分

例題 126 ─────────────── 広義積分

次の広義積分を計算せよ．

(1) $\displaystyle\int_1^\infty \frac{dx}{x(x+1)}$ (2) $\displaystyle\int_{-1}^1 \frac{dx}{\sqrt{1-x^2}}$ (3) $\displaystyle\int_{-\infty}^\infty \frac{dx}{x^2+4}$

[解答] (1) $\displaystyle\int_1^\infty \frac{dx}{x(x+1)} = \lim_{N\to\infty}\int_1^N \left(\frac{1}{x} - \frac{1}{x+1}\right) = \lim_{N\to\infty}\left[\log\left|\frac{x}{x+1}\right|\right]_1^N$

$= \displaystyle\lim_{N\to\infty}\left(\log\frac{N}{N+1} - \log\frac{1}{2}\right) = \log 2$

(2) この定積分の特異点は -1 と 1 である．ゆえに

$\displaystyle\int_{-1}^1 \frac{dx}{\sqrt{1-x^2}} = \lim_{\substack{\varepsilon\to+0 \\ \varepsilon'\to+0}}\int_{-1+\varepsilon'}^{1-\varepsilon} \frac{dx}{\sqrt{1-x^2}} = \lim_{\substack{\varepsilon\to+0 \\ \varepsilon'\to+0}}\left[\sin^{-1} x\right]_{-1+\varepsilon'}^{1-\varepsilon}$

$= \displaystyle\lim_{\substack{\varepsilon\to+0 \\ \varepsilon'\to+0}}\left\{\sin^{-1}(1-\varepsilon) - \sin^{-1}(-1+\varepsilon')\right\} = \sin^{-1} 1 - \sin^{-1}(-1) = \frac{\pi}{2} - \left(-\frac{\pi}{2}\right) = \pi.$

(3) $\displaystyle\int_{-\infty}^\infty \frac{dx}{x^2+4} = \lim_{\substack{M\to\infty \\ N\to-\infty}}\int_N^M \frac{dx}{x^2+4} = \lim_{\substack{M\to\infty \\ N\to-\infty}}\left[\frac{1}{2}\tan^{-1}\frac{x}{2}\right]_N^M$

$= \displaystyle\lim_{\substack{M\to\infty \\ N\to-\infty}}\frac{1}{2}\left\{\tan^{-1}\frac{M}{2} - \tan^{-1}\frac{N}{2}\right\} = \frac{1}{2}\left\{\lim_{M\to\infty}\tan^{-1}\frac{M}{2} - \lim_{N\to-\infty}\tan^{-1}\frac{N}{2}\right\}$

$= \displaystyle\frac{1}{2}\left\{\frac{\pi}{2} - \left(-\frac{\pi}{2}\right)\right\} = \frac{\pi}{2}.$

[解説] $\displaystyle\lim_{\substack{M\to\infty \\ N\to-\infty}}\left[\frac{1}{2}\tan^{-1}\frac{x}{2}\right]_N^M$ を略して $\displaystyle\left[\frac{1}{2}\tan^{-1}\frac{x}{2}\right]_{-\infty}^\infty$ と書くこともある．

例題 127 ─────────────── 広義積分

次の広義積分を計算せよ．

(1) $\displaystyle\int_0^1 \log x\, dx$ (2) $\displaystyle\int_0^\infty \frac{\log(1+x^2)}{x^2}\, dx$

[方針] (1), (2) ともに部分積分を利用する．

[解答] (1) $\displaystyle\lim_{\varepsilon\to+0}\int_\varepsilon^1 x' \log x\, dx = \lim_{\varepsilon\to+0}\left\{\left[x\log x\right]_\varepsilon^1 - \int_\varepsilon^1 dx\right\} = \lim_{\varepsilon\to+0}(-\varepsilon\log\varepsilon + \varepsilon - 1)$

$= -0 + 0 - 1 = -1.$

(2) $\displaystyle\int \frac{\log(1+x^2)}{x^2}\,dx = \int \left(-\frac{1}{x}\right)' \log(1+x^2)\,dx$

$\displaystyle = -\frac{1}{x}\log(1+x^2) + \int \frac{1}{x}\{\log(1+x^2)\}'\,dx$ より,

与式 $\displaystyle = \lim_{\substack{N\to\infty \\ \varepsilon\to 0}} \left\{\left[-\frac{1}{x}\log(1+x^2)\right]_\varepsilon^N + \int_\varepsilon^N \frac{2}{1+x^2}\,dx\right\} = 0 + \lim_{\substack{N\to\infty \\ \varepsilon\to 0}} \left[2\tan^{-1} x\right]_\varepsilon^N$

$\displaystyle = 0 + \left(2\cdot\frac{\pi}{2} - 2\cdot 0\right) = \pi.$

研究 ロピタルの定理を利用すれば,

(1) $\displaystyle \lim_{\varepsilon\to 0}\varepsilon\log\varepsilon = \lim_{\varepsilon\to 0}\frac{\log\varepsilon}{\dfrac{1}{\varepsilon}} = \lim_{\varepsilon\to 0}\frac{\dfrac{1}{\varepsilon}}{-\dfrac{1}{\varepsilon^2}} = \lim_{\varepsilon\to 0}(-\varepsilon) = 0.$

(2) も同様の方法で $\varepsilon\to 0,\ N\to +\infty$ のとき, $\displaystyle \left[-\frac{1}{x}\log(1+x^2)\right]_\varepsilon^N \to 0-0$.

例題 128 ──────────────────────────── 定積分の評価

関数 $f(x) = \dfrac{1}{\sqrt{2\pi}\sigma}e^{-\frac{1}{2}\left(\frac{x-m}{\sigma}\right)^2}$ とする. 今 $\displaystyle\int_0^\infty e^{-\frac{x^2}{2}}\,dx = \sqrt{\dfrac{\pi}{2}}$ が概知であるとき, $\displaystyle\int_{-\infty}^\infty f(x)\,dx = 1$ であることを示せ.

方針 $\dfrac{x-m}{\sigma} = t$ とおくと与えられた式が使用できる.

解答 $\dfrac{x-m}{\sigma} = t$ とおくと $\dfrac{1}{\sigma}dx = dt,\ e^{-\frac{t^2}{2}}$ は偶関数なので

$\displaystyle\int_{-\infty}^\infty f(x)\,dx = \frac{1}{\sqrt{2\pi}}\int_{-\infty}^\infty e^{-\frac{t^2}{2}}\,dt = \frac{2}{\sqrt{2\pi}}\int_0^\infty e^{-\frac{t^2}{2}}\,dt$

x	$-\infty$	$\to$	∞
t	$-\infty$	$\to$	∞

$\displaystyle = \frac{2}{\sqrt{2\pi}}\cdot\sqrt{\frac{\pi}{2}} = 1.$

解説 $\displaystyle\int_0^\infty e^{-\frac{x^2}{2}}\,dx = \sqrt{\dfrac{\pi}{2}}$ の証明は重積分の知識を必要とする.

この式は統計学の正規分布でよく使われる式である.

練習 81 次の広義積分を計算せよ. ただし, $a,\ b>0$ とする.

(1) $\displaystyle\int_1^\infty \frac{dx}{x(1+x^2)}$ (2) $\displaystyle\int_0^\infty e^{-ax}\cos bx\,dx$ (3) $\displaystyle\int_0^3 \frac{dx}{(x-1)^2}$

46 広義積分 2, ガンマ関数

・ガンマ関数 $\Gamma(s) = \displaystyle\int_0^\infty x^{s-1} e^{-x} \, dx \quad (s > 0)$

$\Gamma(s+1) = s\Gamma(s), \quad \Gamma(n) = (n-1)! \quad (n:自然数)$

例題 129 ───────────────── ガンマ関数 $\Gamma(4)$ ─

次の広義積分を計算せよ.

$\Gamma(4) = \displaystyle\int_0^\infty x^3 e^{-x} \, dx$

方針 広義積分を用いるが, 簡便法で表記する.

解答 部分積分を用いて

$$\int_0^\infty x^3 e^{-x} \, dx = \int_0^\infty x^3 (-e^{-x})' \, dx = \left[-x^3 e^{-x} \right]_0^\infty + 3 \int_0^\infty x^2 e^{-x} \, dx.$$

ところでロピタルの定理を用いて $\displaystyle\lim_{x \to \infty} \frac{x^3}{e^x} = \lim_{x \to \infty} \frac{3x^2}{e^x} = \lim_{x \to \infty} \frac{3 \cdot 2x}{e^x} = \lim_{x \to \infty} \frac{3!}{e^x} = 0.$

したがって同様の方法によって

$$\int_0^\infty x^3 e^{-x} \, dx = 3 \int_0^\infty x^2 e^{-x} \, dx = 3 \cdot 2 \int_0^\infty x e^{-x} \, dx = 3 \cdot 2 \cdot 1 \cdot \int_0^\infty e^{-x} \, dx$$

$$= 3 \cdot 2 \cdot 1 \cdot \left[-e^{-x} \right]_0^\infty = 3!.$$

解説 一般に $\displaystyle\int_0^\infty x^n e^{-x} \, dx = n! \quad (n:自然数)$ となる. (練習 **82**.)

例題 130 ─────────────────────── ガンマ関数 ─

ガンマ関数 $\Gamma(s) = \displaystyle\int_0^\infty x^{s-1} e^{-x} \, dx$ に関する次の性質を証明せよ.

(1) $s > 1$ ならば, $\Gamma(s) = (s-1)\Gamma(s-1)$

(2) 自然数 n に対して, $\Gamma(n) = (n-1)!$

解答 (1) $\Gamma(s) = \displaystyle\int_0^\infty x^{s-1} e^{-x} \, dx = \int_0^\infty x^{s-1} (-e^{-x})' \, dx$

$= \left[-x^{s-1} e^{-x} \right]_0^\infty + \displaystyle\int_0^\infty (s-1) x^{s-2} e^{-x} \, dx.$

ここでロピタルの定理から, $s - 1$ が自然数のときは

$$\lim_{x \to \infty} \frac{x^{s-1}}{e^x} = \lim_{x \to \infty} \frac{(s-1) x^{s-2}}{e^x} = \cdots = \lim_{x \to \infty} \frac{(s-1)!}{e^x} = 0.$$

$s-1$ が自然数でないときは，$s < m$ なる自然数 m に対して

$$\lim_{x\to\infty} \frac{x^{s-1}}{e^x} = \lim_{x\to\infty} \frac{(s-1)x^{s-2}}{e^x} = \lim_{x\to\infty} \frac{(s-1)(s-2)x^{s-3}}{e^x}$$

$$= \cdots = \lim_{x\to\infty} \frac{(s-1)(s-2)\cdots\{s-(m-1)\}}{e^x \cdot x^{m-s}} = 0.$$

ゆえに $\Gamma(s) = (s-1)\int_0^\infty x^{s-2}e^{-x}\,dx = (s-1)\Gamma(s-1)$ となる．

(2) 自然数 n に対して，(1) より $\Gamma(n) = (n-1)\Gamma(n-1)$ なので，これを繰り返すと
$\Gamma(n) = (n-1)\Gamma(n-1) = (n-1)(n-2)\Gamma(n-2) = \cdots = (n-1)\cdots 2 \cdot 1 \cdot \Gamma(1)$．
ここで $\Gamma(1) = \int_0^\infty e^{-x}\,dx = \left[-\frac{1}{e^x}\right]_0^\infty = 0 + \frac{1}{e^0} = 1$ なので，$\Gamma(n) = (n-1)!$ となる．

|解説| 例題128で述べたように $\int_0^\infty e^{-\frac{x^2}{2}}\,dx = \sqrt{\frac{\pi}{2}}$ であった．ここで $\frac{x}{\sqrt{2}} = t$ と置換を行うと $\int_0^\infty e^{-x^2}\,dx = \frac{\sqrt{\pi}}{2}$ がわかる．そこで $\Gamma(0.5) = \int_0^\infty x^{-\frac{1}{2}}e^{-x}\,dx$ において $2\sqrt{x} = t$ なる置換を行うと，$\Gamma(0.5) = 2\int_0^\infty e^{-t^2}\,dt = 2 \cdot \frac{\sqrt{\pi}}{2} = \sqrt{\pi}$ となる．

例題 131 ──────────────────────── ガンマ関数の値 ─

次の値を求めよ．

(1) $\dfrac{\Gamma(6)}{\Gamma(4)}$ (2) $\dfrac{\Gamma(2.5)}{\Gamma(0.5)}$ (3) $\dfrac{\Gamma\left(\dfrac{8}{3}\right)}{\Gamma\left(\dfrac{2}{3}\right)}$

|方針| $\Gamma(s) = (s-1)\Gamma(s-1)$ を用いる．

|解答| (1) $\dfrac{\Gamma(6)}{\Gamma(4)} = \dfrac{5!}{3!} = 5 \cdot 4 = 20.$

(2) $\dfrac{\Gamma(2.5)}{\Gamma(0.5)} = \dfrac{1.5\,\Gamma(1.5)}{\Gamma(0.5)} = \dfrac{1.5 \times 0.5\,\Gamma(0.5)}{\Gamma(0.5)} = 1.5 \times 0.5 = 0.75.$

(3) $\dfrac{\Gamma\left(\dfrac{8}{3}\right)}{\Gamma\left(\dfrac{2}{3}\right)} = \dfrac{\dfrac{5}{3}\Gamma\left(\dfrac{5}{3}\right)}{\Gamma\left(\dfrac{2}{3}\right)} = \dfrac{\dfrac{5}{3}\cdot\dfrac{2}{3}\Gamma\left(\dfrac{2}{3}\right)}{\Gamma\left(\dfrac{2}{3}\right)} = \dfrac{5}{3}\cdot\dfrac{2}{3} = \dfrac{10}{9}.$

|練習 82| $\int_0^\infty x^n e^{-x}\,dx \quad (n:\text{自然数})$ を求めよ．

総合演習 5

5.1 次の定積分を求めよ．

(1) $\displaystyle\int_{-\frac{1}{2}}^{\frac{1}{2}} \frac{x^2}{x^2-1}\,dx$ (2) $\displaystyle\int_{-\pi}^{\pi} \sin 3x \sin x\,dx$ (3) $\displaystyle\int_0^{\frac{\pi}{2}} x^2 \sin x\,dx$

(4) $\displaystyle\int_1^e x(\log x)^2\,dx$ (5) $\displaystyle\int_0^{\frac{\pi}{2}} \frac{1}{2+\cos x}\,dx$ (6) $\displaystyle\int_0^1 \sqrt{1+x+x^2}\,dx$

(7) $\displaystyle\int_0^1 \sqrt{\frac{1-x}{1+x}}\,dx$ ($\sqrt{1+x}=t$ とおく) (8) $\displaystyle\int_0^1 \frac{x^2}{\sqrt{x^2+4}}\,dx$

(9) $\displaystyle\int_0^1 x^5 \sqrt{1-x^2}\,dx$ (10) $\displaystyle\int_0^{\frac{\pi}{2}} \sin^3 x \cos^5 x\,dx$ (11) $\displaystyle\int_0^4 \frac{x^2}{(4+x)^2}\,dx$

(12) $\displaystyle\int_0^{3\pi} \sin^4 \frac{x}{3}\,dx$ (13) $\displaystyle\int_{-\frac{\pi}{2}}^{\frac{\pi}{2}} \cos^5 x\,dx$ (14) $\displaystyle\int_0^{2\pi} e^{-x}|\sin x|\,dx$

5.2 次の定積分を求めよ．

(1) $\displaystyle\int_{-1}^1 \frac{1}{\sqrt[3]{x^2}}\,dx$ (2) $\displaystyle\int_{-\infty}^{\infty} xe^{-x^2}\,dx$

(3) $\displaystyle\int_0^{\infty} \frac{x}{1+x^3}\,dx$ (4) $\displaystyle\int_a^b \frac{dx}{\sqrt{(x-a)(b-x)}}$ $(a<b)$

(5) $\displaystyle\int_0^{\infty} \frac{1}{e^x+e^{-x}}\,dx$ (6) $\displaystyle\int_{-1}^1 \frac{1}{(2-x)\sqrt{1-x^2}}\,dx$ (まず $x=\sin\theta$ とおく)

5.3 $n\to\infty$ としたとき，次の各式の極限値を求めよ．

(1) $\displaystyle n\sum_{k=1}^n \frac{1}{4n^2-k^2}$ (2) $\displaystyle \frac{1}{n^3}\sum_{k=1}^n k^2\sqrt{\frac{k}{n}-\left(\frac{k}{n}\right)^2}$

5.4 $\log x = \displaystyle\int_1^x \frac{1}{t}\,dt$ $(x>0)$ を $\log x$ の定義と考えて，これから次の式を導け．

$$\log ab = \log a + \log b \quad (a>0,\ b>0)$$

5.5 次の定積分を求めよ．ただし m, n は 0 以上の整数とする．

(1) $I_1 = \displaystyle\int_0^{2\pi} \sin mx \sin nx\,dx$ (2) $I_2 = \displaystyle\int_0^{2\pi} \sin mx \cos nx\,dx$

(3) $I_3 = \displaystyle\int_0^{2\pi} \cos mx \cos nx\,dx$

5.6 $f(x) = \dfrac{a_0}{2} + (a_1\cos x + b_1\sin x) + (a_2\cos 2x + b_2\sin 2x) +$
$$\cdots + (a_n\cos nx + b_n\sin nx)$$

のとき，$a_0 = \dfrac{1}{\pi}\displaystyle\int_0^{2\pi} f(x)\,dx$，および次の式を証明せよ．

$$a_k = \dfrac{1}{\pi}\int_0^{2\pi} f(x)\cos kx\,dx, \quad b_k = \dfrac{1}{\pi}\int_0^{2\pi} f(x)\sin kx\,dx \quad (k=1, 2, \cdots, n)$$

5.7 ベータ関数　$B(m,n) = \displaystyle\int_0^1 x^{m-1}(1-x)^{n-1}\,dx$ $(m, n : 自然数)$ において，次の等式を証明せよ．

(1)　$B(m,n) = \dfrac{n-1}{m+n-1} B(m, n-1)$

(2)　$B(m,n) = \dfrac{(m-1)!(n-1)!}{(m+n-1)!}$

(3)　$B(m,n) = 2\displaystyle\int_0^{\frac{\pi}{2}} \sin^{2n-1}\theta \cos^{2m-1}\theta\,d\theta$

5.8　$I(m,n) = \displaystyle\int_0^{\frac{\pi}{2}} \sin^m x \cos^n x\,dx$ $(m, n = 0, 1, 2, \cdots)$ とするとき，

(1)　$I(m,n) = \dfrac{n-1}{m+n} I(m, n-2) \quad (n \geq 2,\ m+n \neq 0)$

　　　$I(m,n) = \dfrac{m-1}{m+n} I(m-2, n) \quad (m \geq 2,\ m+n \neq 0)$

　　が成り立つことを証明せよ．

(2)　上の結果から次の値を求めよ．

$$I(5,2) = \int_0^{\frac{\pi}{2}} \sin^5 x \cos^2 x\,dx, \quad I(2,4) = \int_0^{\frac{\pi}{2}} \sin^2 x \cos^4 x\,dx,$$

$$I(5,3) = \int_0^{\frac{\pi}{2}} \sin^5 x \cos^3 x\,dx$$

5.9　次の式を証明せよ．

(1)　$\log(n+1) < 1 + \dfrac{1}{2} + \dfrac{1}{3} + \cdots + \dfrac{1}{n} < 1 + \log n$

(2)　$\displaystyle\lim_{n\to\infty} \dfrac{1 + \dfrac{1}{2} + \dfrac{1}{3} + \cdots + \dfrac{1}{n}}{\log n} = 1$

5.10　負でない整数 n に対し $I_n = \displaystyle\int_0^{\frac{\pi}{4}} \tan^n x\,dx$ とおくとき，次の小問に答えよ．

(1)　$I_n + I_{n-2}$ を計算せよ．　　(2)　I_5 を求めよ．

第6章 定積分の応用

1. 面積 S

    (1) 直交座標表示　$f(x) \geqq g(x),\ a \leqq x \leqq b$
    $$S = \int_a^b \{f(x) - g(x)\}\, dx$$

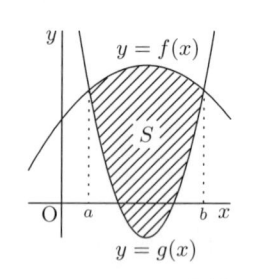

    (2) 媒介変数表示　$x = f(t),\ y = g(t),\ \alpha \leqq t \leqq \beta$
    $$S = \int_a^b y(x)\, dx = \int_\alpha^\beta g(t) f'(t)\, dt$$

    (3) 極座標表示　$r = f_1(\theta),\ r = f_2(\theta),\ \alpha \leqq \theta \leqq \beta$
    $$S = \frac{1}{2}\int_\alpha^\beta \left\{f_1(\theta)^2 - f_2(\theta)^2\right\} d\theta$$

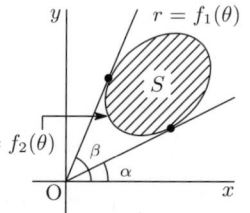

2. 曲線の長さ　$L = \int ds$

    (1) 直交座標表示　$y = f(x),\ a \leqq x \leqq b,\quad L = \int_a^b \sqrt{1 + (y')^2}\, dx$

    (2) 媒介変数表示　$x = f(t),\ y = g(t),\ \alpha \leqq t \leqq \beta,$
    $$L = \int_\alpha^\beta \sqrt{\{f'(t)\}^2 + \{g'(t)\}^2}\, dt$$

    (3) 極座標表示　$r = f(\theta),\ \alpha \leqq \theta \leqq \beta,\quad L = \int_\alpha^\beta \sqrt{r^2 + \left(\frac{dr}{d\theta}\right)^2}\, d\theta$

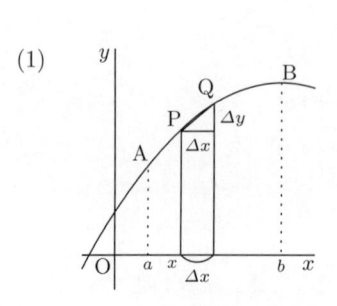

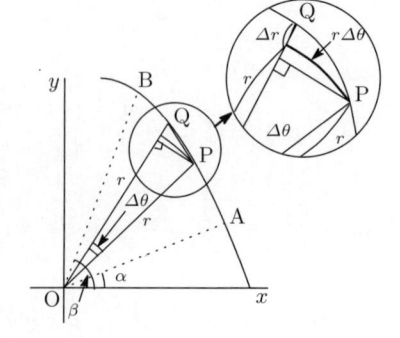

(1) 弧 $\mathrm{PQ} \fallingdotseq \overline{\mathrm{PQ}} = \sqrt{(\Delta x)^2 + (\Delta y)^2}$
$$= \sqrt{1 + \left(\frac{\Delta y}{\Delta x}\right)^2}\, \Delta x$$

(3) 弧 $\mathrm{PQ} \fallingdotseq \overline{\mathrm{PQ}} \fallingdotseq \sqrt{(\Delta r)^2 + (r\Delta\theta)^2}$
$$= \sqrt{r^2 + \left(\frac{\Delta r}{\Delta\theta}\right)^2}\, \Delta\theta$$

3 体積　V

(1)　$x = x$ の切り口の面積が $S(x)$ のとき，$\quad V = \int_a^b S(x)\,dx$

(2)　x 軸のまわりの回転体の体積 $V_x \quad y = f(x),\ a \leqq x \leqq b, \quad V_x = \pi \int_a^b y^2\,dx$

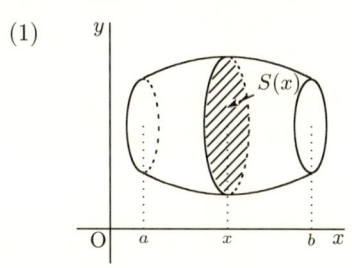

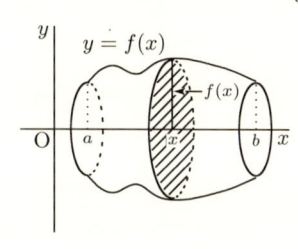

(1)

(2)

4 回転面の面積　S

x 軸のまわりの回転面の面積 $S_x, \quad y = f(x),\ a \leqq x \leqq b,$

$$S_x = 2\pi \int_a^b y\sqrt{1+(y')^2}\,dx$$

5 重心　G　（密度一様）　$y = f(x),\ a \leqq x \leqq b$

(1)　平面曲線の重心

$$\bar{x} = \int_a^b x\sqrt{1+(y')^2}\,dx \Big/ \int_a^b \sqrt{1+(y')^2}\,dx,$$

$$\bar{y} = \int_a^b y\sqrt{1+(y')^2}\,dx \Big/ \int_a^b \sqrt{1+(y')^2}\,dx$$

(2)　平面板の重心

$$\bar{x} = \int_a^b xy\,dx \Big/ \int_a^b y\,dx, \quad \bar{y} = \frac{1}{2}\int_a^b y^2\,dx \Big/ \int_a^b y\,dx$$

(3)　x 軸まわりの回転体の重心（π は消去される）

$$\bar{x} = \pi\int_a^b xy^2\,dx \Big/ \pi\int_a^b y^2\,dx, \quad \bar{y} = 0$$

6 いろいろな量の和

ある量 y が区間 $[x, x+\varDelta]$ において，近似的に $f(x)\varDelta x$ ならば，区間 $[a,b]$ の y の総量は，

$$\int_a^b f(x)\,dx \left(= \lim_{\varDelta x \to 0} \sum_a^b f(x)\varDelta x \right).$$

47 平面図形の面積

- グラフを描いて2曲線の共有点，上下関係に注目．
- 対称性を利用すると計算が楽になる．
- $f(x) \geqq g(x)$ として，直線 $x = a$, $x = b$ で囲まれた面積 S は，

$$S = \int_a^b \{f(x) - g(x)\}\,dx.$$

例題 132 ─────────────── 曲線で囲まれた面積

次の2つまたは3つの曲線で囲まれた図形の面積を求めよ．
(1) $y = \sin x$, $y = \cos 2x$ $(0 \leqq x \leqq \pi)$
(2) $y = x^2$, $\sqrt{x} + \sqrt{y} = 2$, y 軸
(3) $y^2 = 2x + 5$, $y = x + 1$

方針 曲線の上下関係を正しくつかむこと．

解答 (1) $y = \sin x$, $y = \cos 2x$ より $2\sin^2 x + \sin x - 1 = 0$.

$(2\sin x - 1)(\sin x + 1) = 0$. $0 \leqq x \leqq \pi$ なので $\sin x = \dfrac{1}{2}$.

ゆえに $x = \dfrac{\pi}{6}, \dfrac{5}{6}\pi$. 右図より

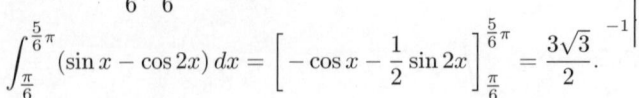

$$\int_{\frac{\pi}{6}}^{\frac{5}{6}\pi} (\sin x - \cos 2x)\,dx = \left[-\cos x - \frac{1}{2}\sin 2x\right]_{\frac{\pi}{6}}^{\frac{5}{6}\pi} = \frac{3\sqrt{3}}{2}.$$

(2) $y = x^2$, $\sqrt{x} + \sqrt{y} = 2$ より $\sqrt{x} + x = 2$ ($\because x \geqq 0$) なので，$(\sqrt{x} - 1)(\sqrt{x} + 2) = 0$.

ここで $\sqrt{x} \geqq 0$ なので $x = 1$. 右図より

$$\int_0^1 \{(2 - \sqrt{x})^2 - x^2\}\,dx = \int_0^1 (4 - 4\sqrt{x} + x - x^2)\,dx$$

$$= \left[4x - \frac{8}{3}\sqrt{x^3} + \frac{x^2}{2} - \frac{x^3}{3}\right]_0^1 = \frac{3}{2}.$$

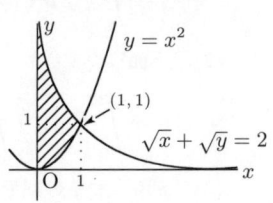

(3) $y^2 = 2x + 5$, $y = x + 1$ より $(x+1)^2 = 2x + 5$ なので，$x^2 = 4$, ゆえに $x = \pm 2$.

$y = x + 1$ に代入して $y = 3, -1$. 曲線の交点は $(2, 3), (-2, -1)$. 右図より

$$\int_{-1}^{3} \left\{(y - 1) - \frac{1}{2}(y^2 - 5)\right\} dy$$

$$= \int_{-1}^{3} \left(-\frac{1}{2}y^2 + y + \frac{3}{2}\right) dy$$

$$= \left[-\frac{1}{6}y^3 + \frac{1}{2}y^2 + \frac{3}{2}y\right]_{-1}^{3} = \frac{16}{3}.$$

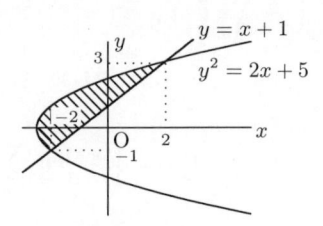

例題 133 ─────────── だ円の面積

(1) だ円 $\dfrac{x^2}{a^2} + \dfrac{y^2}{b^2} = 1 \ (a, b > 0)$ の面積を求めよ．

(2) 2つのだ円 $\dfrac{x^2}{a^2} + \dfrac{y^2}{b^2} = 1, \ \dfrac{x^2}{b^2} + \dfrac{y^2}{a^2} = 1 \ (a > b > 0)$ の共通部分の面積を求めよ．

解答 (1) 第1象限の面積を求めて4倍してもよいので，求める面積を S とすると

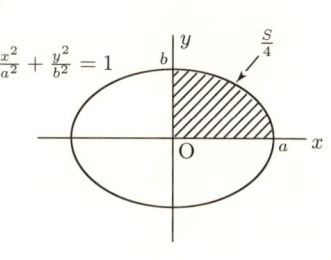

$$\dfrac{S}{4} = \int_0^a \dfrac{b}{a}\sqrt{a^2 - x^2}\,dx = \dfrac{b}{a}\int_0^a \sqrt{a^2 - x^2}\,dx$$

$$= \dfrac{b}{a}\left[\dfrac{1}{2}x\sqrt{a^2 - x^2} + \dfrac{a^2}{2}\sin^{-1}\dfrac{x}{a}\right]_0^a = \dfrac{ab}{2}\sin^{-1}1$$

$$= \dfrac{ab}{2} \cdot \dfrac{\pi}{2}. \quad \text{ゆえに } S = ab\pi.$$

(2) 右図の図形 OAB の面積を求めて8倍する．求める面積を S とする．交点 A の x 座標は $\dfrac{b}{a}\sqrt{a^2 - x^2} = x$ より $x = \dfrac{ab}{\sqrt{a^2 + b^2}}$ となるので，

$$\dfrac{S}{8} = \int_0^{\frac{ab}{\sqrt{a^2+b^2}}} \left(\dfrac{b}{a}\sqrt{a^2 - x^2} - x\right) dx$$

$$= \left[\dfrac{b}{2a}\left\{x\sqrt{a^2 - x^2} + a^2 \sin^{-1}\dfrac{x}{a}\right\} - \dfrac{1}{2}x^2\right]_0^{\frac{ab}{\sqrt{a^2+b^2}}}$$

$$= \dfrac{b}{2a}\left\{\dfrac{ab}{\sqrt{a^2+b^2}}\sqrt{a^2 - \dfrac{a^2b^2}{a^2+b^2}} + a^2\sin^{-1}\dfrac{b}{\sqrt{a^2+b^2}}\right\} - \dfrac{a^2b^2}{2(a^2+b^2)}$$

$$= \dfrac{a^2b^2}{2(a^2+b^2)} + \dfrac{ab}{2}\sin^{-1}\dfrac{b}{\sqrt{a^2+b^2}} - \dfrac{a^2b^2}{2(a^2+b^2)} = \dfrac{ab}{2}\sin^{-1}\dfrac{b}{\sqrt{a^2+b^2}}$$

$$= \dfrac{ab}{2}\tan^{-1}\dfrac{b}{a}. \quad \text{ゆえに } S = 4ab\tan^{-1}\dfrac{b}{a}.$$

練習 83 次の図形の面積を求めよ．

(1) $\sqrt{\dfrac{x}{a}} + \sqrt{\dfrac{y}{b}} = 1$ と x 軸，y 軸とで囲まれる図形

(2) 連立不等式 $x \geqq y^2, \ (x - y - 2)(x + y - 2) \leqq 0$ の表す領域

48　2次元極座標関数のグラフ

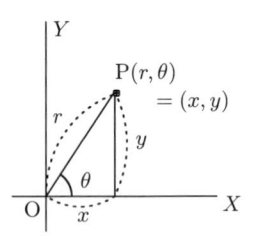

平面上の曲線を表すのに極座標 (r, θ) を使って，$r = f(\theta)$ の形に表現する方が便利な場合がある．この場合 r は原点から曲線上の点 P までの動径の長さ，θ は x 軸の正方向からのなす角 (左回りが正) を表す．また原点 O を**極**，半直線 OX を**始線**という．

点 P の直交座標を (x, y) とすれば，次の関係がある．

$$x = r\cos\theta,\ y = r\sin\theta \iff r = \sqrt{x^2 + y^2},\ \theta = \tan^{-1}\frac{y}{x}$$

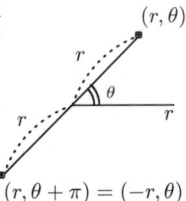

特に $(-r, \theta)$ は $(r, \theta + \pi)$ と同じであることに注意しておくこと．なぜなら $x = r\cos(\theta + \pi) = -r\cos\theta,\ y = r\sin(\theta + \pi) = -r\sin\theta$ が成立するからである．

例題 134 ───────────────────── 極座標 ─

直交座標をもつ点 A, B は極座標で，極座標をもつ点 C, D は直交座標で表せ．

$$A(\sqrt{3}, 1),\quad B(-1, \sqrt{3}),\quad C\left(2, \frac{\pi}{6}\right),\quad D\left(2, -\frac{2}{3}\pi\right)$$

[解答]　(1) $r = \sqrt{(\sqrt{3})^2 + 1^2} = 2,\ \theta = \tan^{-1}\dfrac{1}{\sqrt{3}} = \dfrac{\pi}{6}$ より，$A\left(2, \dfrac{\pi}{6}\right)$.

(2) $r = \sqrt{(-1)^2 + (\sqrt{3})^2} = 2,\ \theta = \tan^{-1}\dfrac{\sqrt{3}}{-1} = \dfrac{2}{3}\pi$ より，$B\left(2, \dfrac{2}{3}\pi\right)$.

(3) $x = 2\cos\dfrac{\pi}{6} = 2 \cdot \dfrac{\sqrt{3}}{2} = \sqrt{3},\ y = 2\sin\dfrac{\pi}{6} = 2 \cdot \dfrac{1}{2} = 1$ より，$C(\sqrt{3}, 1)$.

(4) $x = 2\cos\left(-\dfrac{2}{3}\pi\right) = 2 \cdot \left(-\dfrac{1}{2}\right) = -1,\ y = 2\sin\left(-\dfrac{2}{3}\pi\right) = 2 \cdot \left(-\dfrac{\sqrt{3}}{2}\right) = -\sqrt{3}$

より，$D(-1, -\sqrt{3})$.

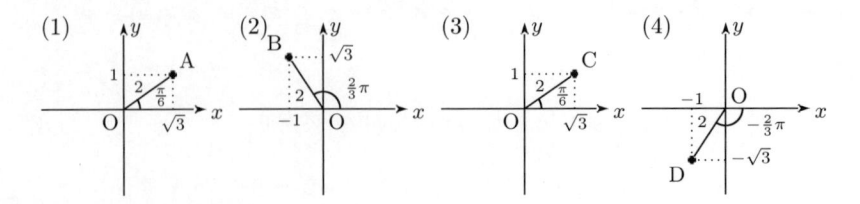

48 2次元極座標関数のグラフ

例題 135 — 極座標で表された関数

極座標で表された $r = 2(1 + \sin\theta)$ のグラフを描け.

方針 $\theta - r$ 座標で $r = 2(1 + \sin\theta)$ の図を描いて参考にすること.

解答

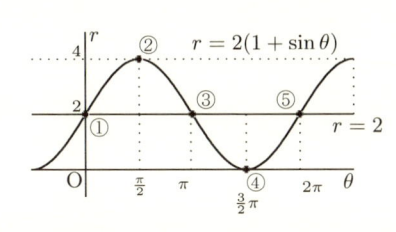

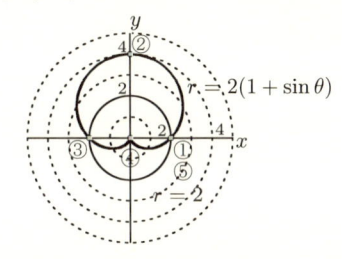

解説 $r = 2\sin\theta$ の両辺に r をかけると $x^2 + y^2 = 2y$. ゆえに $x^2 + (y-1)^2 = 1^2$.
ゆえにグラフは 2 つの円 $r = 2$ と $r = 2\sin\theta$ を合成したものである ($0 \leqq r \leqq 4$).

例題 136 — 極座標で表された関数

極座標で表された $r = 2\cos 3\theta$ (三つ葉のクローバ, バラ曲線) のグラフを描け.

方針 r の最大値は 2, 最小値は -2, 周期は $\dfrac{2}{3}\pi$ である. $\theta - r$ 座標で $r = 2\cos 3\theta$ のグラフを参考にしてもよい. $\theta = \dfrac{\pi}{3}$ のときは $(r, \theta) = \left(-2, \dfrac{\pi}{3}\right) = \left(2, \dfrac{\pi}{3} + \pi\right)$ となることに注意.

解答

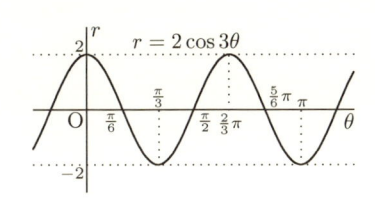

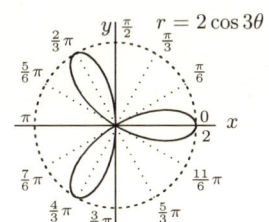

解説 バラ曲線 $r = a\cos n\theta$, $r = a\sin n\theta$ は, n が奇数のとき花びらの数は n 枚, n が偶数のとき花びらの数は $2n$ 枚である.

練習 84 次のら線のグラフを描け.
　(1) $r = 2\theta$ (アルキメデスのら線)　　(2) $r = 1.2^\theta$ (対数ら線)

練習 85 極座標で表された $r = 2 + \sin\theta$ のグラフを描け.

練習 86 (1) 8 葉のバラ曲線 $r = \sin 4\theta$ のグラフを描け.
　(2) $r = 1 + \sin 4\theta$ のグラフを描き, なぜ 4 葉のバラ曲線になるか, その理由を考えよ.

49 パラメータ表示，極座標表示による平面図形の面積

- 媒介変数の面積　$x = f(t),\ y = g(t),\qquad S = \int_a^b y\,dx = \int_{t_1}^{t_2} g(t) f'(t)\,dt$

- 極座標の面積　$r = f(\theta),\ \alpha \leqq \theta \leqq \beta,\qquad S = \dfrac{1}{2}\int_\alpha^\beta r^2\,d\theta$

例題 137 ─────────────── パラメータ表示による図形の面積

次の各曲線をパラメータ表示することにより，内部の面積 S を求めよ．

(1)　だ円　$\dfrac{x^2}{a^2} + \dfrac{y^2}{b^2} = 1\quad (a > 0,\ b > 0)$

(2)　アステロイド (星芒形)　$x^{\frac{2}{3}} + y^{\frac{2}{3}} = a^{\frac{2}{3}}\quad (a > 0)$

解答　(1)　だ円の媒介変数表示は $x = a\cos t,\ y = b\sin t$

$(0 \leqq t \leqq 2\pi)$. だ円内部の面積を S とすると

$\dfrac{S}{4} = \int_0^a y\,dx = \int_{\frac{\pi}{2}}^0 y \cdot \dfrac{dy}{dt}\,dt = \int_{\frac{\pi}{2}}^0 (b\sin t)(-a\sin t)\,dt$

$= ab\int_0^{\frac{\pi}{2}} \sin^2 t\,dt = ab\int_0^{\frac{\pi}{2}} \dfrac{1 - \cos 2t}{2}\,dt$

$= \dfrac{ab}{2}\left[t - \dfrac{1}{2}\sin 2t\right]_0^{\frac{\pi}{2}} = \dfrac{ab\pi}{4}$. ゆえに $S = ab\pi$.

(2)　アステロイド曲線の媒介変数表示は $x = a\cos^3 t,\ y = a\sin^3 t$

$(0 \leqq t \leqq 2\pi)$. 曲線内部の面積を S とすると

$\dfrac{S}{4} = \int_0^a y\,dx = \int_{\frac{\pi}{2}}^0 y \cdot \dfrac{dy}{dt}\,dt$

$= \int_{\frac{\pi}{2}}^0 a\sin^3 t(-3a\cos^2 t \sin t)\,dt = 3a^2 \int_0^{\frac{\pi}{2}} \sin^4 t(1 - \sin^2 t)\,dt$

$= 3a^2 \left\{\int_0^{\frac{\pi}{2}} \sin^4 t\,dt - \int_0^{\frac{\pi}{2}} \sin^6 t\,dt\right\} = 3a^2 \left(\dfrac{3}{4} \cdot \dfrac{1}{2} \cdot \dfrac{\pi}{2} - \dfrac{5}{6} \cdot \dfrac{3}{4} \cdot \dfrac{1}{2} \cdot \dfrac{\pi}{2}\right)$

$= 3a^2 \cdot \dfrac{3}{4} \cdot \dfrac{1}{2} \cdot \dfrac{\pi}{2} \cdot \left(1 - \dfrac{5}{6}\right) = \dfrac{3}{32}a^2\pi$. ゆえに $S = \dfrac{3}{8}a^2\pi$.

解説　(2) では次の公式を利用している．(1) でもこれを利用すると解が簡単に導ける．

$I_n = \int_0^{\frac{\pi}{2}} \sin^n x\,dx = \int_0^{\frac{\pi}{2}} \cos^n x\,dx = \begin{cases} \dfrac{n-1}{n} \cdot \dfrac{n-3}{n-2} \cdots \cdots \dfrac{4}{5} \cdot \dfrac{2}{3} & (n：奇数) \\ \dfrac{n-1}{n} \cdot \dfrac{n-3}{n-2} \cdots \cdots \dfrac{3}{4} \cdot \dfrac{1}{2} \cdot \dfrac{\pi}{2} & (n：偶数) \end{cases}$

例題 138 ――――――――――――――――― 極座標表示による図形の面積

次の極座標表示の関数のグラフを描き，そのグラフの内部の面積を求めよ．
(1) $r = a(1 + \cos\theta)$ $(a > 0)$ （カージオイド，心臓形）
(2) $r = a\sin 2\theta$ $(a > 0)$ （4葉バラ曲線）

方針 $\theta - r$ 座標で $r = a(1 + \cos\theta)$, $r = a\sin 2\theta$ のグラフを描いて考えてもよいが，ここでは増減表を作ってグラフを描いている．

解答 (1) θ に対する r の変化は右表のようになる．θ に $-\theta$ を代入しても r はそのままなので，この曲線は始線に関して対称である．ゆえに上半部の面積を求めて2倍すればよい．

θ	0	$\cdots$	$\frac{\pi}{2}$	$\cdots$	π	$\cdots$	$\frac{3}{2}\pi$	$\cdots$	2π
r	$2a$	↘	a	↘	0	↗	a	↗	$2a$

$$\frac{S}{2} = \frac{1}{2}\int_0^\pi r^2\,d\theta = \frac{a^2}{2}\int_0^\pi (1+\cos\theta)^2\,d\theta$$
$$= \frac{a^2}{2}\int_0^\pi \left(1 + 2\cos\theta + \frac{1+\cos 2\theta}{2}\right)d\theta = \frac{3a^2\pi}{4}.$$

ゆえに $S = \dfrac{3a^2\pi}{2}$．

(2) 求める面積を S とすれば

$$\frac{S}{8} = \frac{1}{2}\int_0^{\frac{\pi}{4}} r^2\,d\theta = \frac{a^2}{2}\int_0^{\frac{\pi}{4}} \sin^2 2\theta\,d\theta$$
$$= \frac{a^2}{2}\int_0^{\frac{\pi}{4}} \frac{1 - \cos 4\theta}{2}\,d\theta$$
$$= \frac{a^2}{4}\left[\theta - \frac{1}{4}\sin 4\theta\right]_0^{\frac{\pi}{4}}$$
$$= \frac{a^2\pi}{16}.\quad \text{ゆえに } S = \frac{a^2\pi}{2}.$$

θ	0	$\cdots$	$\frac{\pi}{4}$	$\cdots$	$\frac{\pi}{2}$	$\cdots$	$\frac{3}{4}\pi$	$\cdots$	π
2θ	0	$\cdots$	$\frac{\pi}{2}$	$\cdots$	π	$\cdots$	$\frac{3}{2}\pi$	$\cdots$	2π
r	0	↗	a	↘	0	↗	$-a$	↗	0

θ	$\cdots$	$\frac{5}{4}\pi$	$\cdots$	$\frac{3}{2}\pi$	$\cdots$	$\frac{7}{4}\pi$	$\cdots$	2π
2θ		$\frac{5}{2}\pi$		3π		$\frac{7}{2}\pi$		4π
r	↗	a	↘	0	↗	$-a$	↘	0

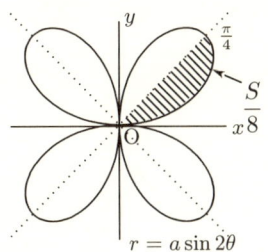

解説
・$(-r, \theta)$ は $(r, \theta+\pi)$ と同じであることに注意すること．

・(2) $\displaystyle\int_0^{\frac{\pi}{4}} \sin^2 2\theta\,d\theta = \frac{1}{2}\int_0^{\frac{\pi}{2}} \sin^2 t\,dt$
$= \dfrac{1}{2} \cdot \dfrac{1}{2} \cdot \dfrac{\pi}{2}$ を用いてもよい．

練習 87 $x = a(t - \sin t)$, $y = a(1 - \cos t)$ $(0 \leqq t \leqq 2\pi,\ a > 0)$ （サイクロイド曲線）
と x 軸とで囲まれる部分の面積を求めよ．

50 曲線の長さ

平面曲線の長さ L は,

- 直交座標： $\quad ds = \sqrt{1+(y')^2}\,dx, \qquad L = \int_a^b ds$

- 媒介変数： $\quad x = f(t),\ y = g(t), \qquad ds = \sqrt{\{f'(t)\}^2 + \{g'(t)\}^2}\,dt, \qquad L = \int_\alpha^\beta ds$

- 極座標： $\quad r = f(\theta), \qquad ds = \sqrt{r^2 + \left(\dfrac{dr}{d\theta}\right)^2}\,d\theta, \qquad L = \int_\alpha^\beta ds$

例題 139 ──────────────────────────────── 曲線の長さ

次の曲線の長さ L を求めよ.

(1) 懸垂線 (カテナリー)　$y = \dfrac{1}{2}(e^x + e^{-x}) \quad (0 \leqq x \leqq 1)$

(2) アステロイド　$x = a\cos^3 t,\ y = a\sin^3 t \quad (a > 0)$

(3) 心臓形 (カージオイド)　$r = a(1 + \cos\theta) \quad (a > 0)$

方針　平面曲線の長さ L は，関数式のタイプによって次のように使い分ける.

平面曲線の長さ L は，曲線上のきわめて近い 2 点間の距離 $\Delta s = \sqrt{(\Delta x)^2 + (\Delta y)^2}$ の和の極限 $L = \lim \sum \Delta s = \lim \sum \sqrt{(\Delta x)^2 + (\Delta y)^2}$ で得られるが，各座標系の公式として，次のように理解しておくと記憶しやすい.

- 直交座標： $\quad L = \lim\limits_{\Delta x \to 0} \sum \sqrt{1 + \left(\dfrac{\Delta y}{\Delta x}\right)^2}\,\Delta x = \int_a^b \sqrt{1+(y')^2}\,dx$

- 媒介変数： $\quad L = \lim\limits_{\Delta t \to 0} \sum \sqrt{\left(\dfrac{\Delta x}{\Delta t}\right)^2 + \left(\dfrac{\Delta y}{\Delta t}\right)^2}\,\Delta t = \int_\alpha^\beta \sqrt{\left(\dfrac{dx}{dt}\right)^2 + \left(\dfrac{dy}{dt}\right)^2}\,dt$

- 極座標： $\quad L = \lim\limits_{\Delta \theta \to 0} \sum \sqrt{(r\Delta\theta)^2 + (\Delta r)^2} = \lim\limits_{\Delta\theta \to 0} \sum \sqrt{r^2 + \left(\dfrac{\Delta r}{\Delta \theta}\right)^2}\,\Delta\theta$

$\qquad\qquad\quad = \int_\alpha^\beta \sqrt{r^2 + \left(\dfrac{dr}{d\theta}\right)^2}\,d\theta$

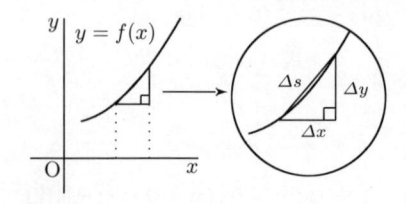

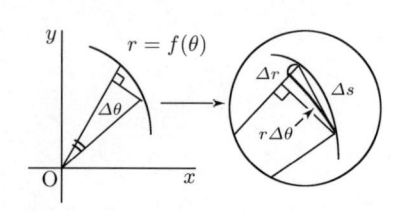

解答 (1) $y = \frac{1}{2}(e^x + e^{-x})$ より $y' = \frac{1}{2}(e^x - e^{-x})$ なので, $1 + (y')^2 = 1 + \frac{1}{4}(e^x - e^{-x})^2$
$= \frac{1}{4}(e^x + e^{-x})^2$. ゆえに $L = \int_0^1 \frac{1}{2}(e^x + e^{-x})\, dx = \frac{1}{2}\left(e - \frac{1}{e}\right)$.

(2) $\dfrac{dx}{dt} = -3a\cos^2 t \sin t$, $\dfrac{dy}{dt} = 3a\sin^2 t \cos t$ より $\left(\dfrac{dx}{dt}\right)^2 + \left(\dfrac{dy}{dt}\right)^2 = 9a^2 \sin^2 t \cos^2 t$
$\times (\cos^2 t + \sin^2 t) = 9a^2 \sin^2 t \cos^2 t$. 第 1 象限の弧の長さを 4 倍すればよいので,
$\dfrac{L}{4} = \int_0^{\frac{\pi}{2}} 3a \sin t \cos t\, dt = \dfrac{3}{2}a \int_0^{\frac{\pi}{2}} \sin 2t\, dt = \dfrac{3}{2}a\left[-\dfrac{1}{2}\cos 2t\right]_0^{\frac{\pi}{2}} = \dfrac{3}{2}a$. $L = 6a$.

(3) 曲線の上半分の長さを 2 倍すればよい. $r^2 + \left(\dfrac{dr}{d\theta}\right)^2 = a^2(1+\cos\theta)^2 + (-a\sin\theta)^2$
$= 2a^2(1+\cos\theta) = 4a^2 \cos^2 \dfrac{\theta}{2}$. $\left(\because \text{ 半角の公式 } \cos^2 \dfrac{\theta}{2} = \dfrac{1+\cos\theta}{2}\right)$
ゆえに $\dfrac{L}{2} = \int_0^\pi 2a\cos\dfrac{\theta}{2}\, d\theta = 2a\left[2\sin\dfrac{\theta}{2}\right]_0^\pi = 4a$. $L = 8a$.

例題 140 ─────────────────── 空間曲線の長さ

空間曲線 $x = a\cos t$, $y = a\sin t$, $z = ct$ (円柱らせん) $(0 \leqq t \leqq \alpha)$ の長さを求めよ. ただし $a > 0$, $c > 0$ とする.

方針 空間曲線の長さ L は, 関数式のタイプによって次のように使い分ける.

(1) $y = f(x)$, $z = g(x)$, $a \leqq x \leqq b$ では $\quad L = \int_a^b \sqrt{1 + \left(\dfrac{dy}{dx}\right)^2 + \left(\dfrac{dz}{dx}\right)^2}\, dx$

(2) $x = \varphi(t)$, $y = \psi(t)$, $z = \chi(t)$, $t_1 \leqq t \leqq t_2$ では
$$L = \int_{t_1}^{t_2} \sqrt{\varphi'(t)^2 + \psi'(t)^2 + \chi'(t)^2}\, dt$$

解答 $L = \int_0^\alpha \sqrt{(-a\sin t)^2 + (a\cos t)^2 + c^2}\, dt$
$= \int_0^\alpha \sqrt{a^2 + c^2}\, dt = \alpha\sqrt{a^2 + c^2}$.

練習 88 サイクロイド曲線 $x = a(t - \sin t)$, $y = a(1 - \cos t)$ $(a > 0, 0 \leqq t \leqq 2\pi)$ について, 曲線の長さを求めよ.

練習 89 半円 $y = \sqrt{a^2 - x^2}$ $(a > 0)$ の長さを求めよ.

51 体積

立体の体積 $(a < x < b)$

・切り口の面積が $S(x)$ のとき，　　$V = \int_a^b S(x)\, dx$

・回転体 (x 軸のまわり)　　$V = \pi \int_a^b y^2\, dx$

・回転体 (2 曲線 $y = f(x)$, $y = g(x)$ の間)　　$V = \pi \int_a^b \left[\{f(x)\}^2 - \{g(x)\}^2 \right] dx$

例題 141 ──────────────── 回転体の体積 ─

円 $x^2 + (y-b)^2 = a^2$ $(0 < a < b)$ が x 軸のまわりに回転してできる立体 (トーラス) の体積 V を求めよ．

方針 右図で x 軸のまわりに 1 回転させると，ドーナツ状の立体 (トーラス) ができる．求める体積は
(上側の半円 ACB を x 軸のまわりに回転したもの)
　－(下側の半円 ADB を x 軸のまわりに回転したもの)．

解答 $x^2 + (y-b)^2 = a^2$ から $y = b \pm \sqrt{a^2 - x^2}$．トーラスの体積 V は

$$V = \int_{-a}^{a} \left\{ \pi(b + \sqrt{a^2 - x^2})^2 - \pi(b - \sqrt{a^2 - x^2})^2 \right\} dx = 4b\pi \int_{-a}^{a} \sqrt{a^2 - x^2}\, dx$$

$$= 4b\pi \left[\frac{1}{2}\left(x\sqrt{a^2 - x^2} + a^2 \sin^{-1} \frac{x}{a} \right) \right]_{-a}^{a} = 2a^2 b\pi \{\sin^{-1} 1 - \sin^{-1}(-1)\} = 2a^2 b\pi^2.$$

解説 $V = 2a^2 b\pi^2 = a^2 \pi \cdot 2b\pi$ とすると，$a^2 \pi$ は回転する円の面積，$2b\pi$ はこの円の中心が x 軸のまわりに回転してできる円の円周の長さで，体積 V はその積となっている．(**パップス・ギュルダンの定理**)

例題 142 ──────────── 切り口の面積を利用しての体積 ─

次の立体の体積を求めよ．$(a, b, c > 0)$

(1) だ円球 $\dfrac{x^2}{a^2} + \dfrac{y^2}{b^2} + \dfrac{z^2}{c^2} = 1$ で囲まれた立体

(2) アステロイド回転体 $x^{\frac{2}{3}} + y^{\frac{2}{3}} + z^{\frac{2}{3}} = a^{\frac{2}{3}}$ で囲まれた立体

解答 (1) 平面 $x = x$ での切り口は，だ円 $\dfrac{y^2}{b^2} + \dfrac{z^2}{c^2} = 1 - \dfrac{x^2}{a^2}$,

すなわち $\dfrac{y^2}{b^2\left(1 - \dfrac{x^2}{a^2}\right)} + \dfrac{z^2}{c^2\left(1 - \dfrac{x^2}{a^2}\right)} = 1$ であるから，

断面積 $S(x)$ は $\quad S(x) = \pi \dfrac{b}{a}\sqrt{a^2-x^2} \cdot \dfrac{c}{a}\sqrt{a^2-x^2} = \pi\dfrac{bc}{a^2}(a^2-x^2).$

ゆえに $V = 2\displaystyle\int_0^a S(x)\,dx = 2\pi\dfrac{bc}{a^2}\left[a^2 x - \dfrac{1}{3}x^3\right]_0^a = \dfrac{4}{3}abc\pi.$

(2) 平面 $x=x$ での切り口は，アステロイド
$$y^{\frac{2}{3}} + z^{\frac{2}{3}} = a^{\frac{2}{3}} - x^{\frac{2}{3}}$$
であるから，$a^{\frac{2}{3}} - x^{\frac{2}{3}} = b^{\frac{2}{3}}$ とおけば，断面積 $S(x)$ は

$S(x) = \dfrac{3}{8}b^2 \pi.$ (例題 137 の (2) を参照)

ゆえに $V = 2\displaystyle\int_0^a S(x)\,dx = 2\int_0^a \dfrac{3}{8}(a^{\frac{2}{3}}-x^{\frac{2}{3}})^3 \pi\,dx$

$= \dfrac{3}{4}\pi \displaystyle\int_0^a (a^2 - 3a^{\frac{4}{3}}x^{\frac{2}{3}} + 3a^{\frac{2}{3}}x^{\frac{4}{3}} - x^2)\,dx$

$= \dfrac{3}{4}\pi \left[a^2 x - 3a^{\frac{4}{3}} \cdot \dfrac{3}{5}x^{\frac{5}{3}} + 3a^{\frac{2}{3}} \cdot \dfrac{3}{7}x^{\frac{7}{3}} - \dfrac{1}{3}x^3\right]_0^a = \dfrac{4a^3 \pi}{35}.$

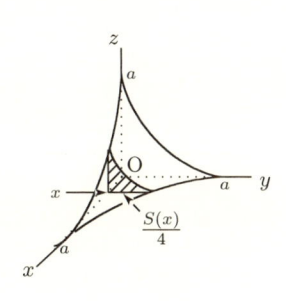

─── 例題 143 ───────────────── 切り口の面積を利用しての体積 ─

2つの直円柱面 $x^2 + y^2 = a^2$, $x^2 + z^2 = a^2$ $(a>0)$ で囲まれた立体の体積を求めよ．

[解答] 右図のように $x=x$ での切り口は正方形となり，その一辺は $2\sqrt{a^2-x^2}$ となるので，切り口の断面積 $S(x)$ は

$S(x) = 4(a^2 - x^2).$

$V = 2\displaystyle\int_0^a 4(a^2 - x^2)\,dx$

$= 8\left[a^2 x - \dfrac{1}{3}x^3\right]_0^a = \dfrac{16}{3}a^3.$

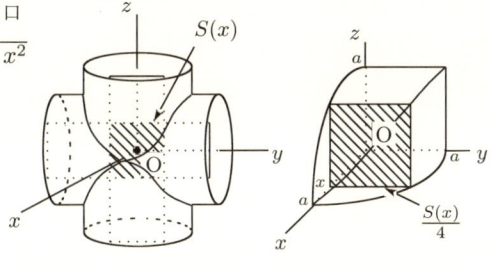

🔺🔺🔺🔺🔺🔺🔺🔺🔺🔺🔺🔺🔺🔺🔺🔺🔺🔺🔺🔺🔺🔺🔺🔺🔺🔺

[練習 90] アステロイド曲線 $x^{\frac{2}{3}} + y^{\frac{2}{3}} = a^{\frac{2}{3}}$ $(a>0)$ で囲まれる図形を，x 軸のまわりに回転してできる立体の体積を求めよ．

[練習 91] サイクロイド曲線 $x = a(t-\sin t)$, $y = a(1-\cos t)$, $(a>0,\ 0\leqq t\leqq 2\pi)$ と x 軸とで囲まれた図形を，x 軸のまわりに回転してできる立体の体積を求めよ．

[練習 92] 平面 $\dfrac{x}{a} + \dfrac{y}{b} + \dfrac{z}{c} = 1$ と3つの座標面とで囲まれる立体の体積を求めよ．

52 回転面の面積，いろいろな物理量

- x 軸まわりの回転面の表面積 S_x　　$S_x = 2\pi \int_a^b y\,ds$

　　直交座標　　$ds = \sqrt{1+(y')^2}\,dx$,　　媒介変数　　$ds = \sqrt{(x')^2+(y')^2}\,dt$,

　　極座標　　$ds = \sqrt{r^2 + \left(\dfrac{dr}{d\theta}\right)^2}\,d\theta$

- 重心 G　　p.121 [5] 重心を参照

例題 144　　　　　　　　　　　　　　　　　　　　　　　　　回転面の面積

アステロイド曲線 $x^{\frac{2}{3}} + y^{\frac{2}{3}} = a^{\frac{2}{3}}$ $(a>0)$ を x 軸のまわりに回転してできる曲面の表面積 S_x を求めよ．

[解答]　$y = (a^{\frac{2}{3}} - x^{\frac{2}{3}})^{\frac{3}{2}}$, $y' = -x^{\frac{1}{3}}(a^{\frac{2}{3}} - x^{\frac{2}{3}})^{\frac{1}{2}}$, $\sqrt{1+y'^2} = \dfrac{a^{\frac{1}{3}}}{x^{\frac{1}{3}}}$．

ゆえに $S_x = 2 \times 2\pi \displaystyle\int_0^a y\sqrt{1+(y')^2}\,dx = 4\pi \int_0^a (a^{\frac{2}{3}} - x^{\frac{2}{3}})^{\frac{3}{2}} \cdot \dfrac{a^{\frac{1}{3}}}{x^{\frac{1}{3}}}\,dx$

$= 4a^{\frac{1}{3}}\pi \left[-\dfrac{3}{5}(a^{\frac{2}{3}} - x^{\frac{2}{3}})^{\frac{5}{2}}\right]_0^a = \dfrac{12a^2}{5}\pi$．　$\left(a^{\frac{2}{3}} - x^{\frac{2}{3}} = t\ \text{とおいて置換積分してもよい}\right)$

[解説]　この曲線の媒介変数表示は $x = a\cos^3 t$, $y = a\sin^3 t$ $(a>0)$ なので，

$$ds = \sqrt{\left(\dfrac{dx}{dt}\right)^2 + \left(\dfrac{dy}{dt}\right)^2}\,dt = 3a\cos t \sin t\,dt.$$

ゆえに $S_x = 2 \times 2\pi \displaystyle\int y\,ds = 4\pi \int_0^{\frac{\pi}{2}} a\sin^3 t \cdot 3a\cos t \sin t\,dt$

$= 12a^2\pi \displaystyle\int_0^{\frac{\pi}{2}} \sin^4 t \cos t\,dt = 12a^2\pi \left[\dfrac{\sin^5 t}{5}\right]_0^{\frac{\pi}{2}} = \dfrac{12a^2}{5}\pi$．

例題 145　　　　　　　　　　　　　　　　　　　　　　　　　　　　重心

次の重心をを求めよ．ただし密度は一定とする．
(1)　半径 a の半円周
(2)　半径 a の半円とその直径とで囲まれた領域
(3)　半径 a の半球体

[解答]　(1)　原点を中心として半径 a の半円周 $y = \sqrt{a^2 - x^2}$ を考える．

$\overline{x} = 0$ は明らか．$y' = \dfrac{-x}{\sqrt{a^2 - x^2}}$, $\sqrt{1+(y')^2} = \dfrac{a}{\sqrt{a^2 - x^2}}$ であるから

$$\int_{-a}^{a} y\sqrt{1+(y')^2}\,dx = \int_{-a}^{a} a\,dx = 2a^2.$$
$$\int_{-a}^{a} \sqrt{1+(y')^2}\,dx = \int_{-a}^{a} \frac{a}{\sqrt{a^2-x^2}}\,dx = \left[a\sin^{-1}\frac{x}{a}\right]_{-a}^{a}$$ 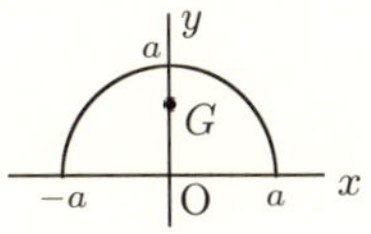
$= a\pi.$ ゆえに $\overline{y} = \dfrac{2a^2}{a\pi} = \dfrac{2a}{\pi}.$ 重心は $G\left(0, \dfrac{2a}{\pi}\right).$

(2) (1) と同じ座標をとると, $\overline{x} = 0$ は明らか. 領域の面積は $S = \dfrac{a^2\pi}{2}.$
$$\overline{y} = \frac{1}{S}\int_{-a}^{a}\frac{1}{2}y^2\,dx = \frac{2}{a^2\pi}\int_{0}^{a}(a^2-x^2)\,dx = \frac{2}{a^2\pi}\left[a^2 x - \frac{1}{3}x^3\right]_0^a = \frac{4a}{3\pi}.$$
重心は $G\left(0, \dfrac{4a}{3\pi}\right).$

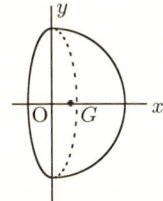

(3) $\overline{x} = \dfrac{1}{V}\displaystyle\int_0^a \pi y^2 \cdot x\,dx = \dfrac{1}{V}\int_0^a \pi x(a^2-x^2)\,dx = \dfrac{a^4\pi}{4V}.$
$V = \dfrac{2}{3}a^3\pi$ なので, $\overline{x} = \dfrac{3}{8}a.$ 重心は $G\left(\dfrac{3}{8}a,\ 0,\ 0\right).$

例題 146 ――――――――――――――― 水面の上昇速度

放物線 $y = x^2$ の軸を鉛直にして, この曲線を軸のまわりに回転して得られる曲面を内面とする容器がある. この容器に毎秒 $a\,\mathrm{cm}^2$ の割合で水を注入する.
(1) 水の深さ $1\,\mathrm{cm}$ のときの水面の上昇速度を求めよ
(2) 注入し始めて深さが $1\,\mathrm{cm}$ になるまでの時間と, $1\,\mathrm{cm}$ から $2\,\mathrm{cm}$ になるまでの時間の比を求めよ

[解答] t 秒後の水面の深さを $h\,\mathrm{cm}$, 水量を V とすると 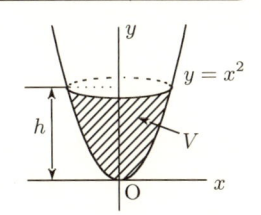
$$V = \int_0^h \pi x^2\,dy = \frac{\pi}{2}h^2.\ at = \frac{\pi}{2}h^2,\ \frac{dt}{dh} = \frac{\pi}{a}h,\ \frac{dh}{dt} = \frac{a}{h\pi}.$$

(1) $h = 1$ のとき, $\left(\dfrac{dh}{dt}\right)_{h=1} = \dfrac{a}{\pi}.$

(2) $\displaystyle\int_0^1 \frac{dt}{dh}\,dh = \int_0^1 \frac{\pi}{a}h\,dh = \frac{\pi}{2a},\ \int_1^2 \frac{dt}{dh}\,dh = \int_1^2 \frac{\pi}{a}h\,dh = \frac{3\pi}{2a}.$ ゆえに $1:3.$

練習 93 サイクロイド曲線 $x = a(t-\sin t),\ y = a(1-\cos t),\ (a > 0,\ 0 \leqq t \leqq 2\pi)$ について, 次の問に答えよ.
(1) x 軸のまわりに回転してできる曲面の表面積 S_x を求めよ.
(2) この曲線の重心を求めよ. ただし密度は一様とする.
(3) この曲線と x 軸との間の領域の重心を求めよ. ただし密度は一様とする.

総合演習 6

6.1 次の各部分の面積 S を求めよ.
(1) 放物線 $y^2 = x$ と直線 $x - y = 1$ とで囲まれた部分
(2) 曲線 $y^2 = 4px$ と $x^2 = 4py$ との間にある部分
(3) $x = 3t^2$, $y = 2t^3$ と x 軸および $x = 1$ で囲まれた部分

6.2 2 つのだ円 $\dfrac{x^2}{a^2} + \dfrac{y^2}{b^2} = 1$ と $\dfrac{x^2}{b^2} + \dfrac{y^2}{a^2} = 1$ $(a > b > 0)$ との内部を合わせた部分の面積 S を, 次の 2 つの方法で求めよ.
(1) 直交座標 $((x, y)$ 座標) (2) 極座標

6.3 デカルトの正葉曲線 $x^3 + y^3 - 3axy = 0$ $(a > 0)$ の自閉線内の面積 S を求めよ. (極座標に直して考えよ)

6.4 レムニスケート曲線 (連珠形) $r^2 = 2a^2 \cos 2\theta$ $(a > 0)$ の内部と円 $r = a$ の外部との共通部分の面積 S を求めよ.

6.5 次の曲線または直線によって囲まれる図形を, x 軸のまわりに回転してできる立体の体積 V を求めよ.
(1) $y = \log x$, $x = 1$, $x = e$, $y = 0$
(2) $y = \sin x$, $y = \cos x$ $\left(\dfrac{\pi}{4} \leq x \leq \dfrac{5}{4}\pi\right)$

6.6 カーディオイド (心臓形) $r = a(1 + \cos\theta)$ $(a > 0)$ を始線 $\theta = 0$ のまわりに回転してできる立体の体積 V を求めよ.

6.7 円柱面 $x^2 + y^2 = a^2$ $(a > 0)$ と平面 $z = my$ $(m > 0)$ と xy 平面とで囲まれた部分の片側の体積 V を求めよ.

6.8 次の曲線の各部分の長さ L を求めよ. $(a > 0)$
(1) $3ay^2 = x(x - a)^2$ の自閉線
(2) $r = a\theta$ $(0 \leq x \leq \pi)$

6.9 半径 a の固定した円に糸を巻きつけておき，その端を円周の 1 点から糸がたるまないようにほぐしていく．いま，円の中心 O を原点として $\angle AOQ = \theta$ とするとき，点 P の座標 (x, y) を θ を媒介変数として表せ．次に点 P の描く曲線の $0 \leqq \theta \leqq 2\pi$ の間の長さを求めよ．

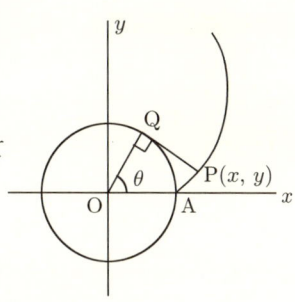

6.10 次の曲線を x 軸のまわりに回転してできる曲面の表面積 S_x を求めよ．
$$x^2 + (y-b)^2 = r^2 \quad (b > r)$$

6.11 密度一様な 4 分の 1 だ円 $\dfrac{x^2}{a^2} + \dfrac{y^2}{b^2} \leqq 1, \ x \geqq 0, \ y \geqq 0, \ (a > 0, b > 0)$ の重心を求めよ．

6.12 x 軸上を動く 2 点 P, Q が同時に原点を出発して，t 秒後の速度がそれぞれ $\sin \pi t$, $2\sin 2\pi t$ (cm/sec) である．
   (1) 2 点が重なるのは何秒後か．
   (2) 出発して初めて 2 点が重なるまでに，P が動いた距離を求めよ．

練習の解答例 (詳解) (答は**太字**で示す)

9p

1 $2b = a + c \cdots ①$. $c^2 = ab \cdots ②$.

(1) $a + b + c = 18 \cdots ③$. ①,③より $b = 6$. ②から $c^2 = 6(12 - c)$.
ゆえに $c = -12, 6$. $c = -12$ のとき $a = 24$. $c = 6$ のとき $a = 6$.
以上から $\boldsymbol{a = 24}$, $\boldsymbol{b = 6}$, $\boldsymbol{c = -12}$. また $\boldsymbol{a = 6}$, $\boldsymbol{b = 6}$, $\boldsymbol{c = 6}$.

(2) $abc = 125 \cdots ④$. ②,④から $c^3 = 125$. c は実数なので $c = 5$.
よって $2b = a + 5$, $ab = 25$ から $(2b - 5)b = 25$.
ゆえに $b = -\dfrac{5}{2}$, 5. $b = -\dfrac{5}{2}$ のとき $a = -10$. $b = 5$ のとき $a = 5$.
以上から $\boldsymbol{a = -10}$, $\boldsymbol{b = -\dfrac{5}{2}}$, $\boldsymbol{c = 5}$. また $\boldsymbol{a = 5}$, $\boldsymbol{b = 5}$, $\boldsymbol{c = 5}$.

2 毎年末に x 万円ずつ 10 回払うものとするとき, 年 6 分, 1 年ごとの複利で積み立てると, 元利合計 $= x \times 1.06^9 + x \times 1.06^8 + \cdots + x \times 1.06 + x = \dfrac{1.06^{10} - 1}{0.06} \times x$.

借金 50 万円の 11 年後の元利合計は 50×1.06^{11}. したがって $\dfrac{1.06^{10} - 1}{0.06} \times x = 50 \times 1.06^{11}$. $x = \dfrac{3 \times 1.06^{11}}{1.06^{10} - 1} \fallingdotseq \dfrac{3 \times 1.898}{1.791 - 1} = 7.19848 \cdots$. ゆえに約 **72000 円**.

11p

3 $a_n = S_n - S_{n-1} = (3n^2 - 6n) - \{3(n-1)^2 - 6(n-1)\} = 6n - 9 \cdots ①$ $(n \geq 2)$.
$a_1 = S_1 = -3 \cdots ②$. ②は①で $n = 1$ とおくと得られる.
よって $\boldsymbol{a_n = 6n - 9}$ $(n \geq 1)$.

4 $a_1 = 1 + 0.1$,
$a_2 = 10 + 1 + 0.1 + (0.1)^2$,
$a_3 = 10^2 + 10 + 1 + 0.1 + (0.1)^2 + (0.1)^3$,
$a_n = (1 + 10 + 10^2 + \cdots + 10^{n-1}) + \{0.1 + (0.1)^2 + \cdots + (0.1)^n\}$

$= \dfrac{10^n - 1}{10 - 1} + \dfrac{\dfrac{1}{10}\left\{1 - \left(\dfrac{1}{10}\right)^n\right\}}{1 - \dfrac{1}{10}} = \dfrac{1}{9}(10^n - 10^{-n})$.

5 $S_n = 1 + 3x + 5x^2 + \cdots + (2n-1)x^{n-1}$, $xS_n = x + 3x^2 + 5x^3 + \cdots + (2n-1)x^n$.
$S_n - xS_n = (1-x)S_n = 1 + 2x + 2x^2 + \cdots + 2x^{n-1} - (2n-1)x^n$

$$= 1 - (2n-1)x^n + \frac{2x(1-x^{n-1})}{1-x}.$$

$$S_n = \frac{1 + x - (2n+1)x^n + (2n-1)x^{n+1}}{(1-x)^2}.$$

6 数列 2, 6, 7, 5, 0, −8, −19,... に対して，その階差数列を $\{b_n\}$ とすると 4, 1, −2, −5, −8, −11,... なので $b_n = -3n+7$. したがって $n \geqq 2$ のとき，

$$a_n = 2 + \sum_{k=1}^{n-1}(-3k+7) = 2 - 3 \cdot \frac{(n-1)n}{2} + 7(n-1) = \frac{1}{2}(-3n^2 + 17n - 10).$$

これは $n=1$ のときも成り立つので $\quad a_n = \dfrac{1}{2}(-3n^2 + 17n - 10)$.

$$S_n = \frac{1}{2}\sum_{k=1}^{n}(-3k^2 + 17k - 10) = -\frac{3}{2}\sum_{k=1}^{n}k^2 + \frac{17}{2}\sum_{k=1}^{n}k - 5\sum_{k=1}^{n}1$$

$$= -\frac{1}{2}n(n^2 - 7n + 2).$$

7 $\displaystyle\sum_{k=1}^{n}(2k-1)^3 = \sum_{k=1}^{n}(8k^3 - 12k^2 + 6k - 1)$

$$= 8\left\{\frac{n(n+1)}{2}\right\}^2 - 12 \cdot \frac{n(n+1)(2n+1)}{6} + 6 \cdot \frac{n(n+1)}{2} - n = n^2(2n^2 - 1).$$

8 $\displaystyle\sum_{m=1}^{n}\left\{\sum_{l=1}^{m}\left(\sum_{k=1}^{l}k\right)\right\} = \sum_{m=1}^{n}\left\{\sum_{l=1}^{m}\frac{l(l+1)}{2}\right\}$

$$= \frac{1}{2}\sum_{m=1}^{n}\left\{\frac{1}{6}m(m+1)(2m+1) + \frac{1}{2}m(m+1)\right\} = \frac{1}{2}\sum_{m=1}^{n}\frac{1}{3}(m^3 + 3m^2 + 2m)$$

$$= \frac{1}{6}\left[\left\{\frac{n(n+1)}{2}\right\}^2 + 3 \cdot \frac{n(n+1)(2n+1)}{6} + 2 \cdot \frac{n(n+1)}{2}\right]$$

$$= \frac{1}{24}n(n+1)(n+2)(n+3).$$

9 第 n 項 a_n は，

$$a_n = \frac{1}{1+2+3+\cdots+n} = \frac{1}{\frac{n(n+1)}{2}} = \frac{2}{n(n+1)} = 2\left(\frac{1}{n} - \frac{1}{n+1}\right).$$

よって $S_n = a_1 + a_2 + \cdots + a_n$

$$= 2\left\{\left(1 - \frac{1}{\not{2}}\right) + \left(\frac{1}{\not{2}} - \frac{1}{\not{3}}\right) + \cdots + \left(\frac{1}{\not{n}} - \frac{1}{n+1}\right)\right\}$$

$$= 2\left(1 - \frac{1}{n+1}\right) = \frac{2n}{n+1}.$$

10 (階差利用) 各群の最初の数を並べると 1, 3, 7, 13, ... 階差数列は 2, 4, 6, ...

であるから,第 n 群の最初の数は $1 + \sum_{k=1}^{n-1} 2k = 1 + 2 \cdot \frac{(n-1)n}{2} = n^2 - n + 1.$

したがって第 n 群は初項 $n^2 - n + 1$, 公差 1, 項数 $2n$ の等差数列である.

したがって第 n 群の和は $\frac{2n}{2}\{2(n^2 - n + 1) + (2n - 1)\} = \boldsymbol{n(2n^2 + 1)}.$

123 が第 n 群の m 番目の数とすると $n^2 - n + 1 \leqq 123$. $n^2 - n \leqq 122$.

これを満たす最大の自然数は $n = 11$. また第 11 群の最初の数は $11^2 - 11 + 1$
$= 111$ なので,その m 番目の数は $111 + m - 1 = 123$. ゆえに $m = 13$.

よって**第 11 群の 13 番目の数**である.

(**別解**) 第 n 群の最初の数までの自然数は $\sum_{k=1}^{n-1} 2k + 1 (個) = n(n-1) + 1 =$
$n^2 - n + 1$ としてもよい.

17p

11 $2\alpha - \alpha + 2 = 0$ より $\alpha = -2$. $a_{n+1} = \frac{1}{2}(a_n - 2)$ の両辺から -2 を引いて

$a_{n+1} + 2 = \frac{1}{2}(a_n + 2)$, $a_1 + 2 = 3$. ゆえに数列 $\{a_n + 2\}$ は初項 3, 公比 $\frac{1}{2}$ の

等比数列なので, $a_n + 2 = 3\left(\frac{1}{2}\right)^{n-1}$. ゆえに $\boldsymbol{a_n = 3\left(\frac{1}{2}\right)^{n-1} - 2}.$

$$S_n = 3\sum_{k=1}^{n}\left(\frac{1}{2}\right)^{k-1} - 2n = 3 \cdot \frac{1 - \left(\frac{1}{2}\right)^n}{1 - \frac{1}{2}} - 2n = \boldsymbol{6\left\{1 - \left(\frac{1}{2}\right)^n\right\} - 2n}.$$

12 $n = 1$ のとき 左辺 $= \frac{1}{1 \cdot 2} = \frac{1}{2}.$ 右辺 $= \frac{1}{2}$ で等しい.

$n = k$ のとき $\frac{1}{1 \cdot 2} + \frac{1}{2 \cdot 3} + \cdots + \frac{1}{k(k+1)} = \frac{k}{k+1}$ …① が成立すると仮定し

て,①の両辺に $\frac{1}{(k+1)(k+2)}$ を加えると,

右辺 $= \frac{k}{k+1} + \frac{1}{(k+1)(k+2)} = \frac{k(k+2)+1}{(k+1)(k+2)} = \frac{(k+1)^2}{(k+1)(k+2)} = \frac{k+1}{k+2}.$

これは①が $n = k + 1$ のときも成立することを示す.

13 (1) $\displaystyle\lim_{n\to\infty}(\sqrt{n^2-4}-n)=\lim_{n\to\infty}\dfrac{n^2-4-n^2}{\sqrt{n^2-4}+n}=\mathbf{0}$.

(2) $\displaystyle\lim_{n\to\infty}(3^n-2^n)=\lim_{n\to\infty}3^n\left\{1-\left(\dfrac{2}{3}\right)^n\right\}=\infty$.

14 $\dfrac{1}{n(n+1)(n+2)}=\dfrac{1}{2}\left\{\dfrac{1}{n(n+1)}-\dfrac{1}{(n+1)(n+2)}\right\}$. 部分和を S_n とすると,

$$S_n=\dfrac{1}{2}\left\{\left(\dfrac{1}{1\cdot 2}-\dfrac{1}{2\cdot 3}\right)+\left(\dfrac{1}{2\cdot 3}-\dfrac{1}{3\cdot 4}\right)+\cdots\right.$$
$$\left.+\left(\dfrac{1}{n(n+1)}-\dfrac{1}{(n+1)(n+2)}\right)\right\}=\dfrac{1}{2}\left(\dfrac{1}{2}-\dfrac{1}{(n+1)(n+2)}\right).$$

ゆえに $\displaystyle\lim_{n\to\infty}S_n=\dfrac{1}{4}$.

15 (1) 初項 4, 公比 $r=-\dfrac{1}{3}$, $|r|<1$ なので収束して, $\dfrac{4}{1-\left(-\dfrac{1}{3}\right)}=\dfrac{4}{\dfrac{4}{3}}=\mathbf{3}$.

(2) $r=-2$ で, $|r|\geqq 1$ なので**発散**.

16 $0.4\dot{3}\dot{2}=\dfrac{428}{990}$, $0.\dot{3}=\dfrac{1}{3}$.

$\dfrac{428}{990}\times\dfrac{1}{3}=\dfrac{428}{2970}=\dfrac{214}{1485}=0.144107744107744\cdots=\mathbf{0.1\dot{4}4107\dot{7}}$.

17 部分和を S_n とすると $\dfrac{1}{\sqrt{1}}+\dfrac{1}{\sqrt{2}}+\dfrac{1}{\sqrt{3}}+\cdots+\dfrac{1}{\sqrt{n}}>\dfrac{1}{\sqrt{n}}+\dfrac{1}{\sqrt{n}}+\dfrac{1}{\sqrt{n}}+\cdots+\dfrac{1}{\sqrt{n}}$.

ゆえに $S_n>\dfrac{n}{\sqrt{n}}=\sqrt{n}$. $\displaystyle\lim_{n\to\infty}S_n>\lim_{n\to\infty}\sqrt{n}=\infty$ で発散する.

(**別解**) $S_n=\dfrac{1}{\sqrt{1}}+\dfrac{1}{\sqrt{2}}+\cdots+\dfrac{1}{\sqrt{n}}$ は右図の斜線部分の面積より,

$S_n>\displaystyle\int_1^{n+1}\dfrac{1}{\sqrt{x}}dx=2\left[x^{\frac{1}{2}}\right]_1^{n+1}$
$=2(\sqrt{n+1}-1)\to\infty$.

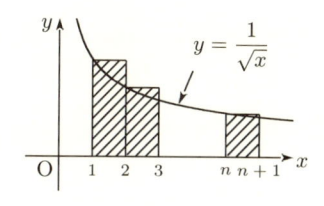

18 α が存在したとすると, $\alpha=\sqrt{2\alpha+3}$. ゆえに $\alpha=3$.

$|a_n-3|=|\sqrt{2a_{n-1}+3}-3|=\dfrac{2|a_{n-1}-3|}{\sqrt{2a_{n-1}+3}+3}<\dfrac{2}{3}|a_{n-1}-3|$

$<\left(\dfrac{2}{3}\right)^2|a_{n-2}-3|<\cdots<\left(\dfrac{2}{3}\right)^{n-1}|a_1-3|\to 0\ (n\to\infty)$.

ゆえに $\lim_{n\to\infty} a_n = 3$ である.

19 (1) $\displaystyle\lim_{x\to\infty} \frac{2 + \dfrac{7}{x} - \dfrac{8}{x^3}}{1 - \dfrac{5}{x}} = \mathbf{2}.$

(2) $\displaystyle\lim_{x\to\infty} \frac{x+1}{\sqrt{4x^2+x+1}+2x} = \lim_{x\to\infty} \frac{1+\dfrac{1}{x}}{\sqrt{4+\dfrac{1}{x}+\dfrac{1}{x^2}}+2} = \dfrac{\mathbf{1}}{\mathbf{4}}.$

(3) $\displaystyle\lim_{x\to +0} \frac{4}{x^5} = +\infty, \quad \lim_{x\to -0} \frac{4}{x^5} = -\infty.$ 極限なし.

(4) 分母・分子に $\sqrt[3]{(1+x)^2} + \sqrt[3]{1+x}\sqrt[3]{1-x} + \sqrt[3]{(1-x)^2}$ をかけて,

$$\lim_{x\to 0} \frac{2}{\sqrt[3]{(1+x)^2} + \sqrt[3]{1+x}\sqrt[3]{1-x} + \sqrt[3]{(1-x)^2}} = \frac{\mathbf{2}}{\mathbf{3}}.$$

20 $\lim_{x\to 1}(x-1) = 0$ であるから, $\lim_{x\to 1}\{a\sqrt{x+3}-4\} = 0$ でなければならない.

これから $2a - 4 = 0$. ゆえに $a = 2$.

このとき $b = \displaystyle\lim_{x\to 1} \frac{2\sqrt{x+3}-4}{x-1} = \lim_{x\to 1} \frac{4(x-1)}{(x-1)(2\sqrt{x+3}+4)} = \frac{1}{2}.$

ゆえに $\boldsymbol{a = 2, \ b = \dfrac{1}{2}}.$

21 (1) $\displaystyle\lim_{x\to 0} \frac{\dfrac{\sin 4x}{4x}\cdot 4x}{\dfrac{\sin 5x}{5x}\cdot 5x} = \dfrac{\mathbf{4}}{\mathbf{5}}.$

(2) $\displaystyle\lim_{\theta\to 0} \frac{\sin^2 3\theta}{\theta^2(1+\cos 3\theta)} = \lim_{\theta\to 0} \frac{9\sin^2 3\theta}{(3\theta)^2} \times \frac{1}{1+\cos 3\theta} = \dfrac{\mathbf{9}}{\mathbf{2}}.$

(3) $\displaystyle\lim_{x\to 0} \frac{\tan\dfrac{\pi}{180}x}{x} = \lim_{x\to 0} \frac{\left(\tan\dfrac{\pi}{180}x\right)\cdot\dfrac{\pi}{180}}{\dfrac{\pi}{180}\cdot x} = \dfrac{\boldsymbol{\pi}}{\mathbf{180}}.$

22 半径 r の円 O に外接および内接する正 n 角形の 1 辺は, 図の PQ, P$'$Q$'$ である.

$A_n = n \cdot \triangle\mathrm{OPQ} = n\left(r\cdot r\tan\dfrac{\pi}{n}\right) = nr^2\tan\dfrac{\pi}{n}.$

$B_n = n \cdot \triangle\mathrm{OP}'\mathrm{Q}' = n\left(\dfrac{1}{2}r^2\sin\dfrac{2\pi}{n}\right) = \dfrac{1}{2}nr^2\sin\dfrac{2\pi}{n}.$

同様にして $A_{2n} = 2nr^2 \tan \dfrac{\pi}{2n}$, $B_{2n} = nr^2 \sin \dfrac{\pi}{n}$.

$\dfrac{\pi}{n} = \theta$ とおくと, $n \to \infty$ のとき $\theta \to 0$ となる.

(1) $\displaystyle\lim_{n\to\infty} A_n = \lim_{\theta\to 0} \pi r^2 \cdot \dfrac{\tan\theta}{\theta} = \boldsymbol{\pi r^2}$.

(2) $\displaystyle\lim_{n\to\infty} B_n = \lim_{\theta\to 0} \dfrac{\pi r^2}{2} \cdot \dfrac{\sin 2\theta}{\theta} = \dfrac{\pi r^2}{2} \cdot 2 = \boldsymbol{\pi r^2}$.

(3) $\dfrac{B_{2n} - B_n}{A_n - A_{2n}} = \dfrac{\sin\dfrac{\pi}{n} - \dfrac{1}{2}\sin\dfrac{2\pi}{n}}{\tan\dfrac{\pi}{n} - 2\tan\dfrac{\pi}{2n}} = \dfrac{\sin\theta - \dfrac{1}{2}\sin 2\theta}{\tan\theta - 2\tan\dfrac{\theta}{2}}$

$= \dfrac{\sin\theta - \sin\theta\cos\theta}{\dfrac{2\tan\dfrac{\theta}{2}}{1-\tan^2\dfrac{\theta}{2}} - 2\tan\dfrac{\theta}{2}} = \dfrac{\sin\theta(1-\cos\theta)\left(1-\tan^2\dfrac{\theta}{2}\right)}{2\tan^3\dfrac{\theta}{2}}$

$= \dfrac{1}{2} \cdot \dfrac{\sin\theta}{\tan\dfrac{\theta}{2}} \cdot \dfrac{(1-\cos\theta)}{\tan^2\dfrac{\theta}{2}} \cdot \left(1-\tan^2\dfrac{\theta}{2}\right)$

$\left(\dfrac{1-\cos\theta}{\tan^2\dfrac{\theta}{2}} = \dfrac{2\sin^2\dfrac{\theta}{2}}{\tan^2\dfrac{\theta}{2}} = 2\cos^2\dfrac{\theta}{2}\ \text{なので}\right)$

$= \dfrac{1}{2} \cdot \dfrac{\sin\theta}{\tan\dfrac{\theta}{2}} \cdot 2\cos^2\dfrac{\theta}{2} \cdot \left(1-\tan^2\dfrac{\theta}{2}\right)$

$= \dfrac{1}{2} \cdot \dfrac{2\sin\dfrac{\theta}{2}\cos\dfrac{\theta}{2}}{\dfrac{\sin\dfrac{\theta}{2}}{\cos\dfrac{\theta}{2}}} \cdot \left(2\cos^2\dfrac{\theta}{2} - 2\sin^2\dfrac{\theta}{2}\right) \longrightarrow \boldsymbol{2}$.

---

23 (1) $\displaystyle\lim_{x\to\infty} \log_{\frac{1}{2}} \dfrac{x}{x^2-1} = \lim_{x\to\infty} \log_{\frac{1}{2}} \dfrac{\dfrac{1}{x}}{1-\dfrac{1}{x^2}} = \boldsymbol{\infty}$.

(2) $\displaystyle\lim_{x\to\infty} \log_{10}\{\sqrt{x}(\sqrt{2x+1}-\sqrt{2x-1})\}$

$\displaystyle =\lim_{x\to\infty}\log_{10}\frac{\sqrt{x}\{(2x+1)-(2x-1)\}}{\sqrt{2x+1}+\sqrt{2x-1}}$

$\displaystyle =\lim_{x\to\infty}\log_{10}\frac{2\sqrt{x}}{\sqrt{2x+1}+\sqrt{2x-1}}$

$\displaystyle =\lim_{x\to\infty}\log_{10}\frac{2}{\sqrt{2+\frac{1}{x}}+\sqrt{2-\frac{1}{x}}}=\log_{10}\frac{1}{\sqrt{2}}=-\frac{1}{2}\log_{10}2.$

24 $\tan^{-1}\dfrac{1}{2}=\alpha$, $\tan^{-1}\dfrac{1}{3}=\beta$ とおくと, $\tan\alpha=\dfrac{1}{2}$, $\tan\beta=\dfrac{1}{3}$, $0<\alpha,\beta<\dfrac{\pi}{2}$.

ここで $\alpha+\beta=\dfrac{\pi}{4}$ を示せばよい. $\tan(\alpha+\beta)=\dfrac{\tan\alpha+\tan\beta}{1-\tan\alpha\tan\beta}=\dfrac{\frac{1}{2}+\frac{1}{3}}{1-\frac{1}{6}}=1.$

$0<\alpha+\beta<\pi$ なので $\alpha+\beta=\dfrac{\pi}{4}$ となり, $\tan^{-1}\dfrac{1}{2}+\tan^{-1}\dfrac{1}{3}=\dfrac{\pi}{4}$ となる.

25 $f(x)=20\log_{10}x-x$ とおくと, $f(x)$ は $x>0$ で連続である.

$f(1)=-1<0$, $f(10)=20-10=10>0$ となり, $f(1)$ と $f(10)$ は異符号なので, 中間値の定理より $f(c)=0$ となる c が $1<c<10$ の範囲に存在する.

26 $f(x)=\displaystyle\lim_{n\to\infty}\dfrac{x^n-1}{x^n+1}.$

(i) $1<x$ のとき, $f(x)=\displaystyle\lim_{n\to\infty}\dfrac{1-\frac{1}{x^n}}{1+\frac{1}{x^n}}=1.$

(ii) $x=1$ のとき, $f(x)=0$.

(iii) $|x|<1$ のとき, $f(x)=-1$.

(iv) $x=-1$ のとき, $f(x)$ は存在しない.

(v) $x<-1$ のとき, $f(x)=\displaystyle\lim_{n\to\infty}\dfrac{1-\frac{1}{x^n}}{1+\frac{1}{x^n}}=1.$

よって $x=1$ で不連続, $x\neq\pm 1$ で連続. グラフは右上図である.

27 $x\neq 0$ では $f(x)$ は連続.

$x=0$ の近くでは $\displaystyle\lim_{x\to 0}\sin x\cdot\sin\dfrac{1}{x}=\lim_{x\to 0}\dfrac{\sin x}{x}\cdot\dfrac{\sin\frac{1}{x}}{\frac{1}{x}}=1\cdot 0=0=f(0).$

よって $x=0$ で連続．したがってすべての x で連続となる．

28 (1) $\displaystyle\lim_{x\to 0}\frac{e^{2x}-e^{-2x}}{x}=\lim_{x\to 0}e^{-2x}\cdot\frac{e^{4x}-1}{x}=\lim_{x\to 0}e^{-2x}\cdot\frac{e^{4x}-1}{4x}\cdot 4=1\cdot 1\cdot 4=\mathbf{4}.$

(2) $x-1=t$ とおくと，与式 $=\displaystyle\lim_{t\to 0}\frac{\log(1+t)}{t}=\lim_{t\to 0}\log(1+t)^{\frac{1}{t}}=\log e=\mathbf{1}.$

(3) $\displaystyle\lim_{x\to\infty}\left(1+\frac{1}{x^2}\right)^x=\lim_{x\to\infty}\left\{\left(1+\frac{1}{x^2}\right)^{x^2}\right\}^{\frac{1}{x}}=e^0=\mathbf{1}.$

(4) $a^x-1=t$ とおくと $a^x=t+1$．$x=\log_a(1+t)=\dfrac{\log(1+t)}{\log a}.$

$x\to 0$ のとき $t\to 0$ であるから，

与式 $=\displaystyle\lim_{t\to 0}(\log a)\cdot\frac{t}{\log(1+t)}=(\log a)\cdot\lim_{t\to 0}\frac{1}{\log(1+t)^{\frac{1}{t}}}=\mathbf{\log a}.$

（別解） $f(x)=a^x$ とおくと，与式 $=\displaystyle\lim_{x\to 0}\frac{a^x-a^0}{x-0}=f'(0).$

$f'(x)=a^x\log a$ であるから $f'(0)=\log a$．よって 与式 $=\log a$．

29 $x\neq 0$ のとき $f'(x)=\sin\dfrac{1}{x}+x\left(-\dfrac{1}{x^2}\right)\cos\dfrac{1}{x}=\sin\dfrac{1}{x}-\dfrac{1}{x}\cos\dfrac{1}{x}.$

$x=0$ のとき $f'(0)=\displaystyle\lim_{h\to 0}\frac{f(0+h)-f(0)}{h}=\lim_{h\to 0}\frac{f(h)}{h}=\lim_{h\to 0}\frac{h\sin\frac{1}{h}}{h}$

$=\displaystyle\lim_{h\to 0}\sin\frac{1}{h}=$ 不定．極限値は存在しない．ゆえに $f'(0)\neq 0.$

したがって微分不可能なので連続かどうか不明であるが，

$\displaystyle\lim_{x\to 0}f(x)=\lim_{x\to 0}x\sin\frac{1}{x}=0=f(0)$ であるから，$x=0$ で連続である．

30 $f'(x)=\displaystyle\lim_{h\to 0}\frac{f(x+h)-f(x)}{h}=\lim_{h\to 0}\frac{1}{h}\cdot\left(\frac{x+h+2}{x+h+1}-\frac{x+2}{x+1}\right)$

$=\displaystyle\lim_{h\to 0}\frac{1}{h}\cdot\frac{-h}{(x+h+1)(x+1)}=-\dfrac{\mathbf{1}}{\mathbf{(x+1)^2}}.$

31 $\displaystyle\lim_{x\to a}\frac{af(x)-xf(a)}{x-a}=\lim_{x\to a}\frac{a\{f(x)-f(a)\}+af(a)-xf(a)}{x-a}$

$=\displaystyle\lim_{x\to a}\frac{a\{f(x)-f(a)\}-f(a)(x-a)}{x-a}=a\lim_{x\to a}\frac{f(x)-f(a)}{x-a}-f(a)$

$= af'(a) - f(a).$

41p

32 (1) $y' = \left(2x - \dfrac{3}{x} + \dfrac{5}{x^2}\right)' = 2 + \dfrac{3}{x^2} - \dfrac{10}{x^3}.$

(2) $y' = 2\left(\dfrac{2x+3}{x^2-1}\right) \cdot \left(\dfrac{2x+3}{x^2-1}\right)' = 2\left(\dfrac{2x+3}{x^2-1}\right) \cdot \dfrac{2(x^2-1) - (2x+3) \cdot 2x}{(x^2-1)^2}$

$= -\dfrac{4(2x+3)(x^2+3x+1)}{(x^2-1)^3}.$

(3) $y' = 10(x + \sqrt{1+x^2})^9 \left(1 + \dfrac{2x}{2\sqrt{1+x^2}}\right)$

$= 10(x + \sqrt{1+x^2})^9 \cdot \dfrac{2\sqrt{1+x^2} + 2x}{2\sqrt{1+x^2}} = \dfrac{10(x + \sqrt{1+x^2})^{10}}{\sqrt{1+x^2}}.$

(4) $y = \dfrac{1}{x + \sqrt{x^2-1}} = \dfrac{x - \sqrt{x^2-1}}{x^2 - (x^2-1)} = x - \sqrt{x^2-1}.$

$y' = 1 - \dfrac{2x}{2\sqrt{x^2-1}} = \dfrac{\sqrt{x^2-1} - x}{\sqrt{x^2-1}}.$

(5) $y = (x^2+2)^{\frac{1}{3}}$ なので, $y' = \dfrac{1}{3}(x^2+2)^{-\frac{2}{3}} \cdot (x^2+2)' = \dfrac{2x}{3\sqrt[3]{(x^2+2)^2}}.$

(6) $y = (x^2+3)^{-\frac{1}{2}}$ なので, $y' = -\dfrac{1}{2}(x^2+3)^{-\frac{3}{2}} \cdot (x^2+3)' = -\dfrac{x}{\sqrt{(x^2+3)^3}}.$

43p

33 (1) 積の微分を使ってもよいが, 三角関数の積→和の公式を用いて

$y = \dfrac{1}{2}(\sin 2x + \sin 2a)$ より $y' = \cos 2x.$

(2) 積の微分から $y' = \cos x \cdot \cos^2 x + \sin x \cdot 2\cos x \cdot (-\sin x)$

$= \cos^3 x - 2\cos x \sin^2 x = 3\cos^3 x - 2\cos x.$

(別解) $y = \sin x(1 - \sin^2 x) = \sin x - \sin^3 x$ から

$y' = \cos x - 3\sin^2 x \cos x = 3\cos^3 x - 2\cos x.$

(3) $\sin x = u$ とおくと, $y = \tan^2 u.$

$y' = 2\tan u \cdot (\tan u)' \cdot (\sin x)' = 2\tan u \cdot \dfrac{1}{\cos^2 u} \cdot \cos x$

$= \dfrac{2\tan(\sin x) \cdot \cos x}{\cos^2(\sin x)}.$

(4) $y' = ae^{ax}(\sin bx + \cos bx) + e^{ax}(b\cos bx - b\sin bx)$

$= e^{ax}\{(a-b)\sin bx + (a+b)\cos bx\}.$

(5) $y' = -e^{-x} + e^{\sin x} \cdot (\sin x)' = -e^{-x} + e^{\sin x} \cos x.$

(6) $y' = \dfrac{(e^x - e^{-x})^2 - (e^x + e^{-x})^2}{(e^x - e^{-x})^2} = -\dfrac{4}{(e^x - e^{-x})^2}.$

45p

34 (1) $y' = \dfrac{1}{\cos x}(\cos x)' = -\dfrac{\sin x}{\cos x} = -\tan x.$

(2) $y' = \dfrac{(\log_e x)'}{\log_e 2} = \dfrac{1}{x \log_e 2}.$

(3) $y' = \dfrac{1}{2}(1 + \log x)^{-\frac{1}{2}} \cdot \dfrac{1}{x} = \dfrac{1}{2x\sqrt{1 + \log x}}.$

(4) （対数微分法を利用） $\log|y| = 3\log|x+1| - 2\log|x-2| - 2\log|x+3|.$

$\dfrac{y'}{y} = \dfrac{3}{x+1} - \dfrac{2}{x-2} - \dfrac{2}{x+3} = \dfrac{-x^2 - 3x - 20}{(x+1)(x-2)(x+3)}.$

$y' = \dfrac{(x+1)^3}{(x-2)^2(x+3)^2}\left\{-\dfrac{x^2 + 3x + 20}{(x+1)(x-2)(x+3)}\right\}$

$= -\dfrac{(x+1)^2(x^2 + 3x + 20)}{(x-2)^3(x+3)^3}.$

(5) （対数微分法を利用） $\log|y| = \dfrac{4}{5}\log(x^2 + 1) + \dfrac{2}{3}\log(x^2 + 2).$

$\dfrac{y'}{y} = \dfrac{4}{5} \cdot \dfrac{2x}{x^2 + 1} + \dfrac{2}{3} \cdot \dfrac{2x}{x^2 + 2} = \dfrac{4}{15} \cdot \dfrac{x(11x^2 + 17)}{(x^2 + 1)(x^2 + 2)}.$

$y' = (x^2 + 1)^{\frac{4}{5}}(x^2 + 2)^{\frac{2}{3}} \cdot \dfrac{4}{15} \cdot \dfrac{x(11x^2 + 17)}{(x^2 + 1)(x^2 + 2)}$

$= \dfrac{4x(11x^2 + 17)}{15(x^2 + 1)^{\frac{1}{5}}(x^2 + 2)^{\frac{1}{3}}} = \dfrac{4x(11x^2 + 17)}{15\sqrt[5]{x^2 + 1}\sqrt[3]{x^2 + 2}}.$

35 $x = y^2 - y + 1$ を y で微分して $\dfrac{dx}{dy} = 2y - 1.$ $\dfrac{dy}{dx} = \dfrac{1}{dx/dy} = \dfrac{1}{2y - 1}.$

47p

36 (1) $\dfrac{dy}{dx} = \dfrac{dy/dt}{dx/dt} = \dfrac{1 + \dfrac{1}{t^2}}{1 - \dfrac{1}{t^2}} = \dfrac{t^2 + 1}{t^2 - 1}.$

(2) $\dfrac{dy}{dx} = \dfrac{dy/dt}{dx/dt} = \dfrac{3a\sin^2 t \cos t}{3a\cos^2 t(-\sin t)} = -\tan t.$

(3) $2ax + 2byy' = 0.$ ゆえに $y' = -\dfrac{ax}{by}.$

(4) $1 = -\sin(x+y)\cdot(1+y')$. ゆえに $\bm{y' = -1 - \dfrac{1}{\sin(x+y)}}$.

(5) $y' = -\dfrac{1}{\sqrt{1-(2\sin x)^2}}\cdot(2\sin x)' = -\dfrac{2\cos x}{\sqrt{1-4\sin^2 x}}$.

(6) $y' = \dfrac{1}{\sqrt{1-(\log x)^2}}\cdot(\log x)' = \dfrac{1}{x\sqrt{1-(\log x)^2}}$.

37 (1) $y' = nx^{n-1}$, $y'' = n(n-1)x^{n-2}$, …,
$y^{(n)} = n(n-1)(n-2)\cdots\{n-(n-1)\}x^{n-n} = \bm{n!}$.

(2) $y' = \dfrac{1}{x} = x^{-1}$, $y'' = (-1)x^{-2}$, $y''' = (-1)(-2)x^{-3} = (-1)^2 2!x^{-3}$, …,
$y^{(n)} = \dfrac{(-1)^{n-1}(n-1)!}{x^n}$.

(3) $y = xe^x$. ライプニッツの定理より
$y^{(n)} = \displaystyle\sum_{k=0}^{n}{}_nC_k x^{(k)}\{e^x\}^{(n-k)} = {}_nC_0 x^{(0)}e^x + {}_nC_1 x^{(1)}e^x = \bm{xe^x + ne^x}$.
($x^{(0)} = x$, $x^{(1)} = 1$, $x^{(2)} = 0$, $x^{(3)} = 0$, … に注意)

(4) $y = \dfrac{1}{x^2-1} = \dfrac{1}{2}\left(\dfrac{1}{x-1} - \dfrac{1}{x+1}\right) = \dfrac{1}{2}\{(x-1)^{-1} - (x+1)^{-1}\}$.

$y' = \dfrac{1}{2}\{(-1)(x-1)^{-2} - (-1)(x+1)^{-2}\}$,

$y'' = \dfrac{1}{2}\{(-1)(-2)(x-1)^{-3} - (-1)(-2)(x+1)^{-3}\}$, …,

$y^{(n)} = \dfrac{1}{2}\{(-1)^n n!(x-1)^{-(n+1)} - (-1)^n n!(x+1)^{-(n+1)}\}$

$= \dfrac{(-1)^n n!}{2}\{(x-1)^{-n-1} - (x+1)^{-n-1}\}$.

(5) $y' = ae^{ax}\sin bx + be^{ax}\cos bx = e^{ax}(a\sin bx + b\cos bx)$

$= e^{ax}\sqrt{a^2+b^2}\sin(bx+\alpha)$. $\left(\text{ただし } \alpha = \tan^{-1}\dfrac{b}{a},\text{ 合成公式利用}\right)$

となるから, $y^{(n)} = \bm{e^{ax}(\sqrt{a^2+b^2})^n \sin(bx+n\alpha)}$ と推定される.
数学的帰納法でこのことを確かめる.

(6) $y = \sin ax \cos bx = \dfrac{1}{2}\{\sin(a+b)x + \sin(a-b)x\}$. (積→和公式を利用)
これより $\sin Ax$ の第 n 次導関数をそれぞれ考えれば,

$$y^{(n)} = \frac{1}{2}\left[(a+b)^n \sin\left\{(a+b)x + \frac{n\pi}{2}\right\}\right.$$
$$\left. + (a-b)^n \sin\left\{(a-b)x + \frac{n\pi}{2}\right\}\right].$$

(注) $y = \sin ax$ のとき, $y' = a\cos ax = a\sin\left(ax + \frac{\pi}{2}\right)$,

$y'' = a^2 \cos\left(ax + \frac{\pi}{2}\right) = a^2 \sin\left(ax + \frac{\pi}{2} + \frac{\pi}{2}\right) = a^2 \sin\left(ax + 2 \times \frac{\pi}{2}\right)$,

$\ldots$, $y^{(n)} = a^n \sin\left(ax + \frac{n\pi}{2}\right)$.

38 (1) x で微分して 2 で割ると $x + y + xy' + 2yy' = 0$ $\cdots$ ①.

さらに x で微分して $1 + y' + y' + xy'' + 2y'^2 + 2yy'' = 0$ $\cdots$ ②.

①より $y' = -\dfrac{x+y}{x+2y}$ なので, ②に代入して整理すると

$$y'' = -\frac{x^2 + 2xy + 2y^2}{(x+2y)^3} = -\frac{1}{(x+2y)^3}.$$

(2) $\dfrac{dy}{dx} = \dfrac{dy/dt}{dx/dt} = \dfrac{a\sin t}{a(1-\cos t)} = \dfrac{\sin t}{1-\cos t}$.

$\dfrac{d^2y}{dx^2} = \dfrac{d}{dx}\left(\dfrac{dy}{dx}\right) = \dfrac{d}{dt}\left(\dfrac{dy}{dx}\right)\dfrac{dt}{dx} = \dfrac{\cos t(1-\cos t) - \sin^2 t}{(1-\cos t)^2} \cdot \dfrac{1}{a(1-\cos t)}$

$= \dfrac{\cos t - 1}{(1-\cos t)^2} \cdot \dfrac{1}{a(1-\cos t)} = -\dfrac{1}{a(1-\cos t)^2}$.

(3) $\dfrac{dx}{dt} = at\cos t$, $\dfrac{dy}{dt} = at\sin t$ より,

$\dfrac{d^2y}{dx^2} = \dfrac{d}{dx}\left(\dfrac{at\sin t}{at\cos t}\right) = \dfrac{d}{dx}\tan t = \dfrac{d}{dt}\tan t \cdot \dfrac{dt}{dx}$

$= \dfrac{1}{\cos^2 t} \cdot \dfrac{1}{at\cos t} = \dfrac{1}{at\cos^3 t}$.

(4) $\dfrac{dx}{dt} = -2t$, $\dfrac{dy}{dt} = 3t^2$ より,

$\dfrac{d^2y}{dx^2} = \dfrac{d}{dx}\left(\dfrac{3t^2}{-2t}\right) = -\dfrac{3}{2}\dfrac{d}{dt}t \cdot \dfrac{dt}{dx} = -\dfrac{3}{2} \cdot 1 \cdot \dfrac{1}{-2t} = \dfrac{3}{4t}$.

39 $\dfrac{dy}{dx} = \dfrac{dy/dt}{dx/dt} = \dfrac{g'(t)}{f'(t)}$.

$$\frac{d^2y}{dx^2} = \frac{d}{dx}\left(\frac{dy}{dx}\right) = \frac{d}{dt}\left(\frac{dy}{dx}\right) \cdot \frac{dt}{dx} = \frac{\dfrac{d}{dt}\left(\dfrac{dy}{dx}\right)}{\dfrac{dx}{dt}} = \frac{\dfrac{d}{dt}\left(\dfrac{g'(t)}{f'(t)}\right)}{f'(t)}$$

$$= \frac{\dfrac{g''(t)f'(t) - g'(t)f''(t)}{\{f'(t)\}^2}}{f'(t)} = \frac{\dfrac{dx}{dt} \cdot \dfrac{d^2y}{dt^2} - \dfrac{d^2x}{dt^2} \cdot \dfrac{dy}{dt}}{\left(\dfrac{dx}{dt}\right)^3}.$$

59p

40 (1) $f'(x) = \dfrac{1}{1+x} = (1+x)^{-1}$, $f''(x) = (-1)(1+x)^{-2}$,

$f'''(x) = (-1)(-2)(1+x)^{-3} = \dfrac{(-1)^2 2!}{(1+x)^3}$, $\cdots$,

$f^{(n)}(x) = \dfrac{(-1)^{n-1}(n-1)!}{(1+x)^n}$. ゆえに $f^{(n)}(0) = (-1)^{n-1}(n-1)!$.

$\log(1+x) = \dfrac{x}{1} - \dfrac{1}{2!}x^2 + \dfrac{(-1)^2 2!}{3!}x^3 + \cdots + \dfrac{(-1)^{n-1}(n-1)!}{n!}x^n + \cdots$

$= x - \dfrac{x^2}{2} + \dfrac{x^3}{3} - \cdots + (-1)^{n-1}\dfrac{x^n}{n} + \cdots.$

(2) $f'(x) = (-1)(1+x)^{-2}$, $f''(x) = (-1)^2 \cdot 2 \cdot 1 \cdot (1+x)^{-3}$, $\cdots$,

$f^{(n)}(x) = (-1)^n \cdot n! \cdot (1+x)^{-(n+1)}$. ゆえに $f^{(n)}(0) = (-1)^n n!$.

よって $\dfrac{1}{1+x} = 1 - \dfrac{x}{1!} + \dfrac{(-1)^2 2!}{2!}x^2 + \dfrac{(-1)^3 3!}{3!}x^3 + \cdots + \dfrac{(-1)^n n!}{n!}x^n + \cdots$

$= 1 - x + x^2 - x^3 + \cdots + (-1)^n x^n + \cdots.$

(**注**) (1) を微分すれば (2) が得られる. また 1 を $1+x$ で割っても得られる.

41 (1) 基本公式①の x に $2x$ を代入すれば,

$e^{2x} = 1 + (2x) + \dfrac{(2x)^2}{2!} + \dfrac{(2x)^3}{3!} + \cdots + \dfrac{(2x)^n}{n!} + \cdots$

$= 1 + 2x + \dfrac{2^2}{2!}x^2 + \dfrac{2^3}{3!}x^3 + \cdots + \dfrac{2^n}{n!}x^n + \cdots.$

(2) 基本公式②の x に $\dfrac{x}{2}$ を代入すれば,

$\sin\dfrac{x}{2} = \dfrac{x}{2} - \dfrac{x^3}{3! \cdot 2^3} + \dfrac{x^5}{5! \cdot 2^5} - \dfrac{x^7}{7! \cdot 2^7} + \cdots$

$\qquad\qquad + (-1)^n \dfrac{x^{2n+1}}{(2n+1)! \cdot 2^{2n+1}} + \cdots.$

(3) 基本公式④の x を t で置き換えれば $\log(1+t) = t - \dfrac{t^2}{2} + \dfrac{t^3}{3} - \dfrac{t^4}{4} + \cdots$.

ここで $t = \sin x$ とおくと基本公式②より $t = \sin x = x - \dfrac{x^3}{3!} + \dfrac{x^5}{5!} - \cdots$.

$$\log(1+\sin x) = \left(x - \frac{x^3}{3!} + \frac{x^5}{5!} - \cdots\right) - \frac{1}{2}\left(x - \frac{x^3}{3!} + \frac{x^5}{5!} - \cdots\right)^2$$

$$+ \frac{1}{3}\left(x - \frac{x^3}{3!} + \frac{x^5}{5!} - \cdots\right)^3 - \frac{1}{4}\left(x - \frac{x^3}{3!} + \frac{x^5}{5!} - \cdots\right)^4 + \cdots$$

$$= \boldsymbol{x - \frac{1}{2}x^2 + \frac{1}{6}x^3 - \frac{1}{12}x^4 + \cdots}.$$

(4) 基本公式①, ②より,

$$e^x = 1 + x + \frac{x^2}{2!} + \frac{x^3}{3!} + \cdots, \ \sin x = x - \frac{x^3}{3!} + \frac{x^5}{5!} - \cdots.$$

$$e^x \sin x = \left(1 + x + \frac{x^2}{2!} + \frac{x^3}{3!} + \cdots\right)\left(x - \frac{x^3}{3!} + \frac{x^5}{5!} - \cdots\right)$$

$$= \boldsymbol{x + x^2 + \frac{1}{3}x^3 - \frac{x^5}{30} - \cdots}.$$

42 $f'(x) = \dfrac{1}{x} = x^{-1},\ f''(x) = (-1)x^{-2},\ f'''(x) = (-1)^2 2! x^{-3},\ \cdots,$
$f^{(n)}(x) = (-1)^{n-1}(n-1)! x^{-n}$. ゆえに $f^{(n)}(1) = (-1)^{n-1}(n-1)!$.

$$f(x) = f(1) + f'(1)(x-1) + \frac{f''(1)}{2!}(x-1)^2 + \cdots$$

$$= \boldsymbol{(x-1) - \frac{1}{2}(x-1)^2 + \frac{1}{3}(x-1)^3 - \cdots}$$

$$\boldsymbol{+ (-1)^{n-1}\frac{1}{n}(x-1)^n + \cdots}.$$

43 (1) $\dfrac{\infty}{\infty}$ の形の不定形なので, ロピタルの定理を使って

$$\lim_{x\to\infty}\frac{x^2}{e^x} = \lim_{x\to\infty}\frac{2x}{e^x} = \lim_{x\to\infty}\frac{2}{e^x} = \boldsymbol{0}.$$

(2) $\dfrac{0}{0}$ の形の不定形なので, ロピタルの定理を使って

$$\lim_{x\to 0}\frac{e^x - e^{-x}}{\sin x} = \lim_{x\to 0}\frac{e^x + e^{-x}}{\cos x} = \boldsymbol{2}.$$

44 $\displaystyle\lim_{x\to 2}\frac{x^2-4}{x+2}$ は $\dfrac{0}{0}$ でも $\dfrac{\infty}{\infty},\ \dfrac{-\infty}{\infty},\ \dfrac{\infty}{-\infty}$ の形でもないので, ロピタルの定理の

条件が満たされない．実際は $\lim_{x \to 2} \dfrac{(x+2)(x-2)}{x+2} = 0$．

45 (1) $y' = 2(x+1)(x-2)^2 + 2(x+1)^2(x-2) = 2(x+1)(x-2)(2x-1)$．

$y' = 0$ とすると $x = -1, \dfrac{1}{2}, 2$．増減表を作り，グラフは右下図になる．

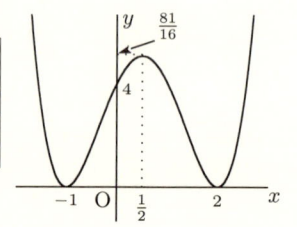

x	$\cdots$	-1	$\cdots$	$\dfrac{1}{2}$	$\cdots$	2	$\cdots$
y'		$-$	0	$+$	0	$-$	0	$+$
y	$\searrow$	0	$\nearrow$	$\dfrac{81}{16}$	$\searrow$	0	$\nearrow$
		(極小)		(極大)		(極小)	

(2) $y' = \dfrac{1-x^2}{(1+x^2)^2} = -\dfrac{(x+1)(x-1)}{(1+x^2)^2}$．$y' = 0$ とすると $x = \pm 1$．

$\lim_{x \to \pm\infty} \dfrac{x}{1+x^2} = \lim_{x \to \pm\infty} \dfrac{\dfrac{1}{x}}{\dfrac{1}{x^2}+1} = 0$ なので，漸近線は $y = 0$ (x 軸)．

増減表を作り，グラフは右下図である．

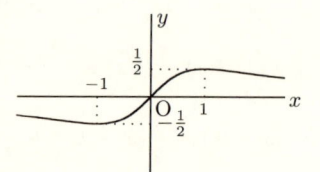

x	$\cdots$	-1	$\cdots$	1	$\cdots$
y'	$-$	0	$+$	0	$-$
y	$\searrow$	$-\dfrac{1}{2}$	$\nearrow$	$\dfrac{1}{2}$	$\searrow$
		(極小)		(極大)	

(3) $y = e^{-x}\sin x$ において $-1 \leqq \sin x \leqq 1$ なので，$-e^{-x} \leqq y \leqq e^{-x}$．

すなわちグラフは $y = -e^{-x}$ と $y = e^{-x}$ との間にある．

$y' = e^{-x}(\cos x - \sin x) = 0$ より $\cos x = \sin x$．$\cos x = 0$ となる x は

$y' = 0$ の解ではないので，$\cos x \neq 0$．ゆえに $\cos x = \sin x$ より $\tan x = 1$．

$-\pi \leqq x \leqq 2\pi$ では $x = -\dfrac{3}{4}\pi, \dfrac{\pi}{4}, \dfrac{5}{4}\pi$．

x	$-\pi$	$\cdots$	$-\dfrac{3}{4}\pi$	$\cdots$	$\dfrac{\pi}{4}$	$\cdots$	$\dfrac{5}{4}\pi$	$\cdots$	2π
y'	$-$	$-$	0	$+$	0	$-$	0	$+$	$+$
y	0	$\searrow$	極小	$\nearrow$	極大	$\searrow$	極小	$\nearrow$	0

$x = -\dfrac{3}{4}\pi$ のとき極小値 $-\dfrac{1}{\sqrt{2}}e^{\frac{3}{4}\pi}$,

$x = \dfrac{\pi}{4}$ のとき極大値 $\dfrac{1}{\sqrt{2}}e^{-\frac{\pi}{4}}$,

$x = \dfrac{5}{4}\pi$ のとき極小値 $-\dfrac{1}{\sqrt{2}}e^{-\frac{5}{4}\pi}$.

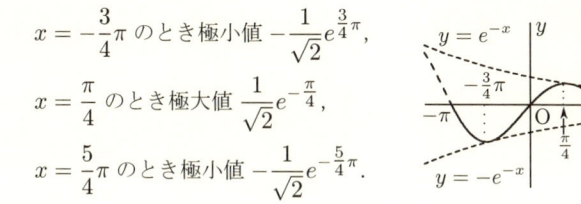

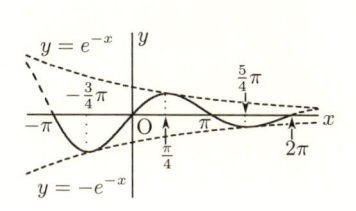

65p

46 $y' = 1 - \dfrac{x}{\sqrt{1-x^2}}$. $-1 < x \leqq 0$ のとき $y' > 0$.

$0 < x < 1$ のとき y' は,$y' = \dfrac{\sqrt{1-x^2} - x}{\sqrt{1-x^2}} = \dfrac{-2\left(x + \dfrac{1}{\sqrt{2}}\right)\left(x - \dfrac{1}{\sqrt{2}}\right)}{\sqrt{1-x^2}(\sqrt{1-x^2} + x)}$.

$y' = 0$ とすると,$x > 0$ なので $x = \dfrac{1}{\sqrt{2}}$.

増減表を作り,グラフは右図である.

$\lim\limits_{x \to -1+0} y' = +\infty$,$\lim\limits_{x \to 1-0} y' = -\infty$ などから,

グラフは直線 $x = \pm 1$ に接していて,だ円の一部である.

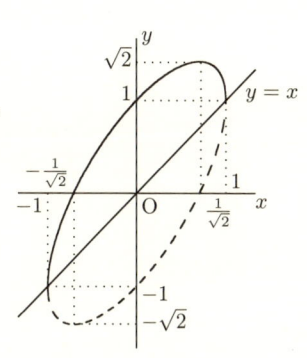

x	-1	$\cdots$	$\dfrac{1}{\sqrt{2}}$	$\cdots$	1
y'	$+\infty$	$+$	0	$-$	$-\infty$
y	-1	↗	$\sqrt{2}$	↘	1
			(極大)		

(注) $y = x$ (直線) と $y = \sqrt{1-x^2}$ (半円) の合成したグラフである.
y' の符号は,$x < 0$ のときはそのままの形で,$x > 0$ のときは分子を有理化した形で判定する.むやみに $y' = 0$ の解だけを求めてはならない.

67p

47 $y' = \dfrac{1}{3} \cdot \dfrac{3x^2 \cdot (x+1)^2 - x^3 \cdot 2(x+1)}{(x+1)^4} = \dfrac{1}{3} \cdot \dfrac{x^2(x+3)}{(x+1)^3}$.

漸近線を $y = mx + n$ とすると,$m = \lim\limits_{x \to \pm\infty} \dfrac{y}{x} = \lim\limits_{x \to \pm\infty} \dfrac{x^2}{3(x+1)^2} = \dfrac{1}{3}$.

$n = \lim\limits_{x \to \pm\infty}\left(\dfrac{x^3}{3(x+1)^2} - \dfrac{1}{3}x\right) = \dfrac{1}{3}\lim\limits_{x \to \pm\infty}\dfrac{-2x^2 - x}{(x+1)^2} = -\dfrac{2}{3}$.

よって漸近線は $y = \dfrac{1}{3}x - \dfrac{2}{3}$.

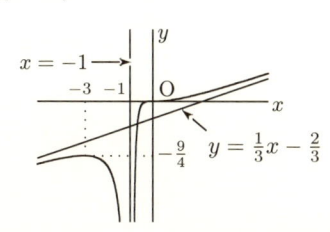

x	$\cdots$	-3	$\cdots$	-1	$\cdots$	0	$\cdots$
y'	$+$	0	$-$	/	$+$	0	$+$
y	↗	$-\dfrac{9}{4}$	↘	/	↗	0	↗
		(極大)					

(注) 仮分数を帯分数に直して $y = \dfrac{1}{3}x - \dfrac{2}{3} + \dfrac{3x+2}{3(x+1)^2}$.

これから漸近線が $y = \dfrac{1}{3}x - \dfrac{2}{3}$, $x = -1$.

48 $x^3 - 3x^2 - 9x + a = 0$ の実数解は $y = -x^3 + 3x^2 + 9x \cdots$ ① のグラフと，直線 $y = a$ との共有点の x 座標である．①について $y' = -3(x+1)(x-3)$ である．

$y' = 0$ とすると $x = -1, 3$.

増減表を作り，グラフは右下図である．

グラフより，条件を満たす範囲は $\boldsymbol{0 < a < 27}$.

x	$\cdots$	-1	$\cdots$	3	$\cdots$
y'	$-$	0	$+$	0	$-$
y	↘	-5	↗	27	↘

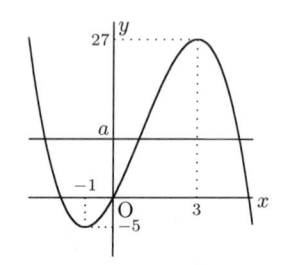

49 $f'(x) = 2\cos x - 2\cos 2x = 2\cos x - 2(2\cos^2 x - 1) = -2(2\cos^2 x - \cos x - 1)$
$= -2(2\cos x + 1)(\cos x - 1)$.

$f''(x) = -2\sin x + 4\sin 2x = -2\sin x + 8\sin x \cos x = 2\sin x(4\cos x - 1)$.

$f'(x) = 0$ より $\cos x = -\dfrac{1}{2}, 1$. $0 < x < 2\pi$ より $x = \dfrac{2}{3}\pi, \dfrac{4}{3}\pi$.

$f''\left(\dfrac{2}{3}\pi\right) = 2 \cdot \dfrac{\sqrt{3}}{2} \cdot \left(-\dfrac{1}{2} \cdot 4 - 1\right) = -3\sqrt{3} < 0$.

$f''\left(\dfrac{4}{3}\pi\right) = 2 \cdot \left(-\dfrac{\sqrt{3}}{2}\right) \cdot \left(-\dfrac{1}{2} \cdot 4 - 1\right) = 3\sqrt{3} > 0$.

よって $\boldsymbol{x = \dfrac{2}{3}\pi}$ で極大値 $\dfrac{3\sqrt{3}}{2}$, $\boldsymbol{x = \dfrac{4}{3}\pi}$ で極小値 $-\dfrac{3\sqrt{3}}{2}$.

50 (1) $y' = -\dfrac{1}{\sqrt{2\pi}}xe^{-\frac{x^2}{2}}$. $y'' = -\dfrac{1}{\sqrt{2\pi}}(1-x^2)e^{-\frac{x^2}{2}} = \dfrac{1}{\sqrt{2\pi}}(x+1)(x-1)e^{-\frac{x^2}{2}}$.

$\displaystyle\lim_{x \to \pm\infty} \dfrac{1}{\sqrt{2\pi}}e^{-\frac{x^2}{2}} = 0$ より $y = 0$ は漸近線．

増減表と凹凸表を作り，グラフは右下図である．

x	$\cdots$	0	$\cdots$
y'	$+$	0	$-$
y	↗	$\dfrac{1}{\sqrt{2\pi}}$	↘
		(極大)	

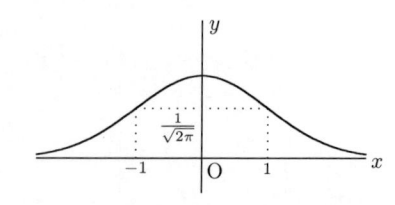

x	$\cdots$	-1	$\cdots$	1	$\cdots$
y''	$+$	0	$-$	0	$+$
y	$\cup$	$\dfrac{1}{\sqrt{2\pi e}}$	$\cap$	$\dfrac{1}{\sqrt{2\pi e}}$	$\cup$
		(変曲点)		(変曲点)	

(2) 定義域は $x > 0$. $y' = \dfrac{\log x - 1}{(\log x)^2}$, $y'' = \dfrac{2 - \log x}{x(\log x)^3}$.

増減表と凹凸表を作り,グラフは下図である.

x	0	$\cdots$	1	$\cdots$	e	$\cdots$
y'	/	$-$	/	$-$	0	$+$
y	/	↘	/	↘	e	↗
					(極小)	

x	0	$\cdots$	1	$\cdots$	e^2	$\cdots$
y''	/	$-$	/	$+$	0	$-$
y	/	$\cap$	/	$\cup$	$\dfrac{e^2}{2}$	$\cap$
					(変曲点)	

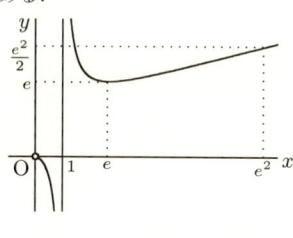

---

51 (1) 内接する長方形の底辺を x,高さを y,面積を S とおくと,

$$S = xy \cdots ①, \qquad a^2 = \left(\dfrac{x}{2}\right)^2 + \left(\dfrac{y}{2}\right)^2 \cdots ②.$$

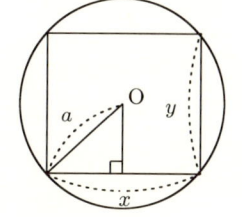

② より $y = \sqrt{4a^2 - x^2}$.

① に代入して $S = x\sqrt{4a^2 - x^2}$.

x で微分して $S' = \sqrt{4a^2 - x^2} + \dfrac{x \cdot (-2x)}{2\sqrt{4a^2 - x^2}} = \dfrac{2(2a^2 - x^2)}{\sqrt{4a^2 - x^2}}$.

$S' = 0$ とすると $x = \sqrt{2}a$.

増減表を作ると右表である.

よって $\boldsymbol{x = y = \sqrt{2}a}$ **(正方形) のとき,面積 S は極大で同時に最大となる**.

x	0	$\cdots$	$\sqrt{2}a$	$\cdots$
S'	$+$	$+$	0	$-$
S	0	↗	$2a^2$	↘
			(極大)	

(2) 直円柱の底面の半径を y,高さを x,体積を V とおくと,

$$V = \pi y^2 x \cdots ①, \qquad r^2 = y^2 + \left(\dfrac{x}{2}\right)^2 \cdots ②.$$

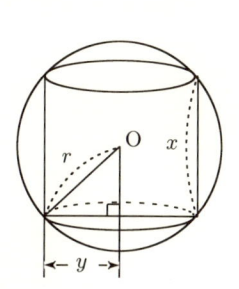

② より $y^2 = r^2 - \dfrac{x^2}{4}$.

① に代入して $V = \pi\left(r^2 - \dfrac{x^2}{4}\right)x.$

x で微分して $V' = \pi\left(r^2 - \dfrac{3}{4}x^2\right)$.

$0 < x < 2r$ の範囲で $V' = 0$ とすると

$x = \dfrac{2}{\sqrt{3}}r$. 増減表を作ると右表である.

よって $\boldsymbol{x = \dfrac{2}{\sqrt{3}}r}$ で極大値 $\dfrac{4}{3\sqrt{3}}\pi r^3$

となり，これが最大体積である.

x	0	$\cdots$	$\dfrac{2}{\sqrt{3}}r$	$\cdots$	$2r$
V'	+	+	0	−	−
V	0	↗	$\dfrac{4}{3\sqrt{3}}\pi r^3$	↘	0
			(極大)		

52 直円柱の底面の半径を x，高さを y，体積を V とすると，

$x : (h-y) = r : h$ より $y = \dfrac{h(r-x)}{r}$.

$V = \pi x^2 y = \pi x^2 \dfrac{h(r-x)}{r} = \dfrac{\pi h}{r}x^2(r-x)$. $V' = \dfrac{\pi h}{r}(2rx - 3x^2)$.

$0 < x < r$ の範囲で $V' = 0$ とすると $x = \dfrac{2}{3}r$. 増減表を作ると左下表である.

よって $\boldsymbol{x = \dfrac{2}{3}r}$ で極大で同時に最大となる.

このとき $y = \dfrac{h}{3}$ となり，体積 V は $\dfrac{4\pi h}{27}r^2$.

x	0	$\cdots$	$\dfrac{2}{3}r$	$\cdots$	$2r$
V'	0	+	0	−	−
V	0	↗	$\dfrac{4\pi h}{27}r^2$	↘	0
			(極大)		

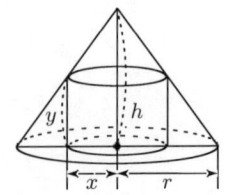

53 $f(x) = \sin x + \cos x - (1 + x - x^2)$ とおくと $f'(x) = \cos x - \sin x - 1 + 2x$.

$f''(x) = -\sin x - \cos x + 2 = (1 - \sin x) + (1 - \cos x) > 0$.

$\left(= 2 - \sqrt{2}\sin\left(x + \dfrac{\pi}{4}\right) > 0 \text{ としてもよい}\right)$

ゆえに $f'(x)$ は単調増加関数で $f'(0) = 0$, したがって $f'(x) > 0$.

ゆえに $f(x)$ も単調増加関数で $f(0) = 0$, したがって $f(x) > 0$ である.

$\sin x + \cos x - (1 + x - x^2) > 0$.

つまり $\sin x + \cos x > 1 + x - x^2$ が成り立つ.

54 $y' = \dfrac{1}{2}(4 - x^2)^{-\frac{1}{2}}(-2x) = \dfrac{-x}{\sqrt{4 - x^2}}$. ゆえに $y'_{x=\sqrt{3}} = -\sqrt{3}$.

よって 接線：$y - 1 = -\sqrt{3}(x - \sqrt{3})$，法線：$y - 1 = \dfrac{1}{\sqrt{3}}(x - \sqrt{3})$.

ゆえに 接線：$\boldsymbol{y = -\sqrt{3}x + 4}$，法線：$\boldsymbol{y = \dfrac{1}{\sqrt{3}}x}$.

55 $y = x^3$ 上の点を (a, a^3) とおくと，接線の方程式は $y - a^3 = 3a^2(x - a)$ $\cdots$ ①.
これが点 $(2, 8)$ を通るので①に代入して $a^3 - 3a^2 + 4 = 0$.
因数定理を用いて因数分解すると $(a + 1)(a - 2)^2 = 0$. ゆえに $a = -1, 2$.
$a = -1$ のとき①より $\boldsymbol{y = 3x + 2}$. $a = 2$ のとき①より $\boldsymbol{y = 12x - 16}$.

56 水を注ぎはじめてから t 秒後の水面の高さを $x\,\text{cm}$ とすると，水面の半径は $\dfrac{2}{5}x\,\text{cm}$ であるから，容器内の容積を $V\,\text{cm}^3$，水面の面積を $S\,\text{cm}^2$ とすれば，

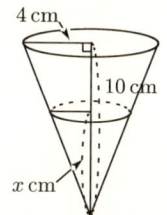

(1) $V = \dfrac{1}{3}\pi \left(\dfrac{2}{5}x\right)^2 x = \dfrac{4\pi}{75}x^3$.

$\dfrac{dV}{dt} = \dfrac{dV}{dx} \cdot \dfrac{dx}{dt} = \dfrac{4\pi}{25}x^2 \cdot \dfrac{dx}{dt}$. 題意より $\dfrac{dV}{dt} = 2$ なので $2 = \dfrac{4\pi}{25}x^2 \cdot \dfrac{dx}{dt}$.

ゆえに $\dfrac{dx}{dt} = \dfrac{25}{2\pi x^2}$. $x = 5$ なので $\dfrac{dx}{dt} = \dfrac{1}{2\pi}\,\textbf{cm/sec}$.

(2) $S = \pi\left(\dfrac{2}{5}x\right)^2 = \dfrac{4\pi}{25}x^2$. $\dfrac{dS}{dt} = \dfrac{dS}{dx} \cdot \dfrac{dx}{dt} = \dfrac{8\pi}{25}x \cdot \dfrac{dx}{dt} = \dfrac{8\pi}{25}x \cdot \dfrac{25}{2\pi x^2} = \dfrac{4}{x}$.

$x = 5$ なので $\dfrac{dS}{dt} = \dfrac{4}{5}\,\textbf{cm}^2\textbf{/sec}$.

---

57 (1) $f(x) = \sqrt{x}$ とおくと $f'(x) = \dfrac{1}{2\sqrt{x}}$.

$f(1) = 1$, $f'(1) = \dfrac{1}{2}$ なので，$\sqrt{1 + x} \fallingdotseq 1 + \dfrac{1}{2}x$.

これから $\sqrt{226} = \sqrt{225 + 1} = 15\sqrt{1 + \dfrac{1}{225}} \fallingdotseq 15\left(1 + \dfrac{1}{450}\right) \fallingdotseq \boldsymbol{15.033}$.

(2) $f(x) = \sin x$ とおくと $f'(x) = \cos x$ なので，$\sin(a + h) \fallingdotseq \sin a + h\cos a$.

これから $\sin 31° = \sin(30° + 1°) = \sin\left(\dfrac{\pi}{6} + \dfrac{\pi}{180}\right) \fallingdotseq \sin\dfrac{\pi}{6} + \dfrac{\pi}{180}\cos\dfrac{\pi}{6}$

$= \dfrac{1}{2} + \dfrac{\sqrt{3}}{360}\pi \fallingdotseq 0.5 + 0.015 = \boldsymbol{0.515}$.

58 $f(x) = \sqrt[5]{1 + x} = (1 + x)^{\frac{1}{5}}$. $f(x) = f(0) + \dfrac{f'(0)}{1!}x + \dfrac{f''(\theta x)}{2!}x^2$ $(0 < \theta < 1)$.

$f'(x) = \dfrac{1}{5}(1+x)^{-\frac{4}{5}}$. $f''(x) = \dfrac{1}{5} \cdot \left(-\dfrac{4}{5}\right)(1+x)^{-\frac{9}{5}} = -\dfrac{4}{25}(1+x)^{-\frac{9}{5}}$.

$f'(0) = \dfrac{1}{5},\ f''(\theta x) = -\dfrac{4}{25}(1+\theta x)^{-\frac{9}{5}}$.

よって $\sqrt[5]{1+x} = 1 + \dfrac{1}{5}x + \dfrac{1}{2} \cdot \left(-\dfrac{4}{25}\right)x^2(1+\theta x)^{-\frac{9}{5}}$ であるから,誤差を E と

すると $|E| = \left| \sqrt[5]{1+x} - \left(1 + \dfrac{1}{5}x\right) \right| \leq \dfrac{2}{25}x^2 \leq \dfrac{2}{25} \cdot (0.01)^2 = 0.000008$.

よって誤差の限界は **0.000008 (8×10^{-6})**.

79p

59 $f(x) = x^3 - x^2 - 2$ とおくと $f(1) = -2 < 0,\ f(2) = 2 > 0,\ f'(x) = 3x^2 - 2x$.
$1 < x < 2$ の範囲では $f'(x) > 0$. よって $f(x)$ は単調増加関数.
よって $f(x) = 0$ は $1 < x < 2$ の範囲内にただ 1 つの実数解をもつ.
ニュートン法により,第 1 次近似値を $a_1 = 2$ とおくと,
$a_2 = 2 - \dfrac{f(2)}{f'(2)} = 2 - \dfrac{2}{8} = 1.75,\ a_3 = 1.75 - \dfrac{f(1.75)}{f'(1.75)} = 1.697$.

ゆえに解の近似値は **1.697** である.

60 (1) $\sqrt{1+x} = 1 + \dfrac{1}{2}x - \dfrac{1}{8}x^2 + \dfrac{1}{16}x^3 - \dfrac{1}{32}x^4 + \cdots$ であるので,

与式 $= \displaystyle\lim_{x \to 0} \dfrac{\dfrac{1}{16}x^3 - \dfrac{1}{32}x^4 + \cdots}{x^3} = \dfrac{1}{16}$.

(2) $\displaystyle\lim_{x \to 0}\left(\dfrac{1}{x^2} - \dfrac{1}{x\sin x}\right) = \lim_{x \to 0}\dfrac{\sin x - x}{x^2 \sin x}$

$= \displaystyle\lim_{x \to 0}\dfrac{\left(x - \dfrac{x^3}{6} + \dfrac{x^5}{120} - \cdots\right) - x}{x^2\left(x - \dfrac{x^3}{6} + \dfrac{x^5}{120} - \cdots\right)} = \lim_{x \to 0}\dfrac{-\dfrac{x^3}{6} + \dfrac{x^5}{120} - \cdots}{x^3 - \dfrac{x^5}{6} + \dfrac{x^7}{120} - \cdots} = -\dfrac{1}{6}$.

(注) (2) はロピタルの定理を用いると 3 回微分を行うことになり,計算がめんどうである.

$\displaystyle\lim_{x \to 0}\dfrac{\sin x - x}{x^2 \sin x} = \lim_{x \to 0}\dfrac{\cos x - 1}{2x\sin x + x^2 \cos x}$

$= \displaystyle\lim_{x \to 0}\dfrac{-\sin x}{2\sin x + 4x\cos x - x^2 \sin x}$

$= \displaystyle\lim_{x \to 0}\dfrac{-\cos x}{6\cos x - 6x\sin x - x^2 \cos x} = -\dfrac{1}{6}$.

61 (1) 与式 $= 3\tan x - \sin x + C$.

(2) $\sqrt{2x-3} = t$ とおくと $2x - 3 = t^2$ より $2\,dx = 2t\,dt$, $x = \dfrac{t^2+3}{2}$.

与式 $= \dfrac{1}{2}\displaystyle\int (t^4 + 5t^2)\,dt = \dfrac{1}{2}\cdot\dfrac{1}{5}t^5 + \dfrac{1}{2}\cdot\dfrac{5}{3}t^3 + C = \dfrac{t^3}{30}(3t^2 + 25) + C$

$= \dfrac{1}{15}(3x+8)(2x-3)\sqrt{2x-3} + C$.

(3) $\dfrac{2}{3}\pi t = u$ とおくと $\dfrac{2}{3}\pi\,dt = du$.

与式 $= \displaystyle\int \sin u \cdot \dfrac{3}{2\pi}\,du = \dfrac{3}{2\pi}(-\cos u) + C = -\dfrac{3}{2\pi}\cos\dfrac{2}{3}\pi t + C$.

(4) $1 + \sin x = t$ とおくと $\cos x\,dx = dt$.

与式 $= \displaystyle\int \dfrac{1}{t}\,dt = \log|1 + \sin x| + C$.

(別解) $\displaystyle\int \dfrac{(1+\sin x)'}{1+\sin x}\,dx = \log|1+\sin x| + C$.

(5) $\log x = t$ とおくと $\dfrac{1}{x}\,dx = dt$.

与式 $= \displaystyle\int t^2\,dt = \dfrac{1}{3}t^3 + C = \dfrac{1}{3}(\log x)^3 + C$.

(6) $\dfrac{1}{\cos^4 x} = \dfrac{1}{\cos^2 x}\cdot\dfrac{1}{\cos^2 x} = \dfrac{1}{\cos^2 x}(1 + \tan^2 x)$.

$\tan x = t$ とおくと $\dfrac{1}{\cos^2 x}\,dx = dt$.

与式 $= \displaystyle\int (1+t^2)\,dt = \tan x + \dfrac{1}{3}\tan^3 x + C$.

62 (1) 真分数式になおして $x + \dfrac{-x^3 + 2x}{(x^2-1)(x^2+2)}$.

$\dfrac{-x^3+2x}{(x^2-1)(x^2+2)} = \dfrac{A}{x-1} + \dfrac{B}{x+1} + \dfrac{Cx+D}{x^2+2}$ とおいて,

$A = \dfrac{1}{6}$, $B = \dfrac{1}{6}$, $C = -\dfrac{4}{3}$, $D = 0$.

よって 与式 $= \displaystyle\int\left\{x + \dfrac{1}{6(x-1)} + \dfrac{1}{6(x+1)} - \dfrac{4x}{3(x^2+2)}\right\}dx$

$= \dfrac{1}{2}x^2 + \dfrac{1}{6}\log|x^2-1| - \dfrac{2}{3}\log(x^2+2) + C$.

(2) $\dfrac{1}{x(x+1)(x+2)} = \dfrac{A}{x} + \dfrac{B}{x+1} + \dfrac{C}{x+2}$ とおいて,

$A = \dfrac{1}{2},\ B = -1,\ C = \dfrac{1}{2}.$

よって 与式 $= \dfrac{1}{2}\displaystyle\int \dfrac{1}{x}\,dx - \int \dfrac{1}{x+1}\,dx + \dfrac{1}{2}\int \dfrac{1}{x+2}\,dx$

$= \dfrac{1}{2}\log|x| - \log|x+1| + \dfrac{1}{2}\log|x+2| + C.$

(3) $e^x = t$ とおくと $e^x\,dx = dt.$

$\dfrac{1}{e^{2x}-1} = \dfrac{1}{t^2-1} = \dfrac{1}{(t-1)(t+1)} = \dfrac{A}{t-1} + \dfrac{B}{t+1}$ とおいて,

$A = \dfrac{1}{2},\ B = -\dfrac{1}{2}.$

よって 与式 $= \displaystyle\int \dfrac{1}{e^{2x}-1}\cdot e^x\,dx = \dfrac{1}{2}\int\left(\dfrac{1}{t-1} - \dfrac{1}{t+1}\right)dt$

$= \dfrac{1}{2}\{\log|t-1| - \log|t+1|\} + C = \dfrac{1}{2}\log\dfrac{|t-1|}{|t+1|} + C$

$= \dfrac{1}{2}\log\dfrac{|e^x-1|}{e^x+1} + C.$

(4) $\dfrac{x^3}{(x-1)^3(x-2)} = \dfrac{A}{x-1} + \dfrac{B}{(x-1)^2} + \dfrac{C}{(x-1)^3} + \dfrac{D}{x-2}$ とおいて

$A = -7,\ B = -4,\ C = -1,\ D = 8.$

よって 与式 $= -7\displaystyle\int \dfrac{dx}{x-1} - 4\int(x-1)^{-2}\,dx - \int(x-1)^{-3}\,dx + 8\int \dfrac{dx}{x-2}$

$= -7\log|x-1| + \dfrac{4}{x-1} + \dfrac{1}{2(x-1)^2} + 8\log|x-2| + C.$

63 (1) 与式 $= \displaystyle\int x\left(\dfrac{1}{3}e^{3x}\right)'dx = \dfrac{1}{3}xe^{3x} - \dfrac{1}{3}\int e^{3x}\,dx = \dfrac{1}{3}xe^{3x} - \dfrac{1}{9}e^{3x} + C.$

(2) 与式 $= \displaystyle\int x'(\log x)^2\,dx = x(\log x)^2 - \int x(2\log x)\cdot\dfrac{1}{x}\,dx$

$= x(\log x)^2 - 2\displaystyle\int x'\log x\,dx = x(\log x)^2 - 2\left(x\log x - \int 1\,dx\right)$

$= x(\log x)^2 - 2x\log x + 2x + C.$

(3) $\displaystyle\int e^x\cos x\,dx = I$ とおくと,

$I = \displaystyle\int (e^x)'\cos x\,dx = e^x\cos x - \int e^x(-\sin x)\,dx$

$$= e^x \cos x + \int e^x \sin x \, dx = e^x \cos x + \left\{ e^x \sin x - \int e^x \cos x \, dx \right\}$$

$$= e^x \cos x + e^x \sin x - I. \quad \text{ゆえに } 2I = e^x (\cos x + \sin x) + C_1.$$

よって $I = \dfrac{1}{2} e^x (\cos x + \sin x) + C.$

64 (1) $\sqrt{x^3+1} = t$ とおくと $x^3 + 1 = t^2$. ゆえに $3x^2 \, dx = 2t \, dt,\ x^2 \, dx = \dfrac{2}{3} t \, dt.$

与式 $= \displaystyle\int \dfrac{1}{t} \cdot \dfrac{2}{3} t \, dt = \dfrac{2}{3} \int dt = \dfrac{2}{3} t + C = \dfrac{2}{3} \sqrt{x^3+1} + C.$

(別解) 公式 $\displaystyle\int \dfrac{f'(x)}{\sqrt{f(x)}} \, dx = 2\sqrt{f(x)} + C$ を利用.

与式 $= \displaystyle\int \dfrac{\frac{1}{3} \cdot 3x^2}{\sqrt{x^3+1}} \, dx = \dfrac{1}{3} \int \dfrac{3x^2}{\sqrt{x^3+1}} \, dx = \dfrac{2}{3} \sqrt{x^3+1} + C.$

(2) $\sqrt{x+3} = t$ とおくと $x + 3 = t^2$. ゆえに $dx = 2t \, dt$. また $x - 1 = t^2 - 4.$

与式 $= \displaystyle\int \dfrac{1}{(t^2-4)t} \cdot 2t \, dt = 2 \int \dfrac{1}{t^2-4} \, dt = 2 \cdot \dfrac{1}{4} \log \left| \dfrac{t-2}{t+2} \right| + C$

$= \dfrac{1}{2} \log \left| \dfrac{\sqrt{x+3}-2}{\sqrt{x+3}+2} \right| + C.$

(3) $\sqrt{1-x^2} = t$ とおくと $1 - x^2 = t^2$. ゆえに $-2x \, dx = 2t \, dt,\ x \, dx = -t \, dt.$
また $x^2 = 1 - t^2.$

与式 $= \displaystyle\int \dfrac{1-t^2}{t} \cdot (-t) \, dt = \int (t^2 - 1) \, dt = \dfrac{1}{3} t^3 - t + C = \dfrac{1}{3} t (t^2 - 3) + C$

$= \dfrac{1}{3} \sqrt{1-x^2} (1 - x^2 - 3) + C = -\dfrac{1}{3} (x^2 + 2) \sqrt{1-x^2} + C.$

65 (1) 与式 $= \displaystyle\int \dfrac{\cos x}{\cos^2 x} \, dx = \int \dfrac{\cos x}{1 - \sin^2 x} \, dx.$

$\sin x = t$ とおくと $\cos x \, dx = dt.$

与式 $= \displaystyle\int \dfrac{1}{1-t^2} \, dt = -\int \dfrac{1}{t^2-1} \, dt = -\dfrac{1}{2} \log \left| \dfrac{t-1}{t+1} \right| + C$

$= -\dfrac{1}{2} \log \left| \dfrac{\sin x - 1}{\sin x + 1} \right| + C = \dfrac{1}{2} \log \left| \dfrac{1 + \sin x}{1 - \sin x} \right| + C.$

(2) (三角関数の積和公式を利用)

与式 $= \displaystyle\int \cos 4x \sin 2x \, dx = \int \dfrac{1}{2} \{ \sin 6x - \sin 2x \} \, dx$

$$= \frac{1}{2}\left\{\int \sin 6x\, dx - \int \sin 2x\, dx\right\} = \frac{1}{2}\left\{-\frac{1}{6}\cos 6x + \frac{1}{2}\cos 2x\right\} + C$$

$$= -\frac{1}{12}\cos 6x + \frac{1}{4}\cos 2x + C.$$

(3) 与式 $= \int (1-\cos^2 x)\sin x\, dx.$

$\cos x = t$ とおくと $-\sin x\, dx = dt,\ \sin x\, dx = -dt$

与式 $= \int (1-t^2)\cdot(-1)\, dt = \int (t^2-1)\, dt = \frac{1}{3}t^3 - t + C$

$$= \frac{1}{3}\cos^3 x - \cos x + C.$$

(別解) 3倍角の公式 $\sin 3x = 3\sin x - 4\sin^3 x$ を用いて解くと，
$\dfrac{1}{12}\cos 3x - \dfrac{3}{4}\cos x + C$ となる．
上の2つの解は見かけは異なるが，定数部分を除いて同じ式になる．

66 (1) $I = \int \sqrt{x^2+a^2}\, dx$ とおくと，

$$I = x\sqrt{x^2+a^2} - \int x\cdot\frac{x}{\sqrt{x^2+a^2}}\, dx = x\sqrt{x^2+a^2} - \int \frac{x^2+a^2-a^2}{\sqrt{x^2+a^2}}\, dx$$

$$= x\sqrt{x^2+a^2} - \int \sqrt{x^2+a^2}\, dx + \int \frac{a^2}{\sqrt{x^2+a^2}}\, dx$$

$$= x\sqrt{x^2+a^2} - I + a^2 \log|x + \sqrt{x^2+a^2}| + 2C.$$

ゆえに $I = \dfrac{1}{2}\{x\sqrt{x^2+a^2} + a^2\log|x+\sqrt{x^2+a^2}|\} + C.$

(2) $\sin^{-1} x = \theta$ とおくと $x = \sin\theta,\ dx = \cos\theta\, d\theta$ なので，

与式 $= \int \theta\cos\theta\, d\theta = \int (\sin\theta)'\theta\, d\theta = \theta\sin\theta - \int \sin\theta\, d\theta$

$$= \theta\sin\theta + \cos\theta + C = x\sin^{-1} x + \sqrt{1-x^2} + C.$$

(3) $\int \tan^{-1} x\, dx = \int x'\tan^{-1} x\, dx = x\tan^{-1} x - \int x\cdot\frac{1}{1+x^2}\, dx$

$$= x\tan^{-1} x - \frac{1}{2}\int \frac{2x}{1+x^2}\, dx = x\tan^{-1} x - \frac{1}{2}\log(1+x^2) + C.$$

(4) $\tan\dfrac{x}{2} = t$ とおくと，$\sin x = \dfrac{2t}{1+t^2},\ dx = \dfrac{2}{1+t^2}\, dt$ なので，

与式 $= \int \dfrac{\dfrac{2t}{(1+t^2)}}{1+\dfrac{2t}{(1+t^2)}}\cdot\dfrac{2}{1+t^2}\, dt = 4\int \dfrac{t}{(1+t^2)(1+t)^2}\, dt$

$$= 2\int\left(\frac{1}{1+t^2} - \frac{1}{(1+t)^2}\right)dt = 2\left(\tan^{-1}t + \frac{1}{1+t}\right) + C.$$

$$= x + \frac{2}{1 + \tan\dfrac{x}{2}} + C.$$

(5) $\tan\dfrac{x}{2} = t$ とおくと $\cos x = \dfrac{1-t^2}{1+t^2},\ dx = \dfrac{2}{1+t^2}dt$ より,

$$\text{与式} = \int\frac{1+t^2}{1-t^2}\cdot\frac{2}{1+t^2}dt = 2\int\frac{1}{1-t^2}dt = -2\cdot\frac{1}{2}\log\left|\frac{t-1}{t+1}\right| + C$$

$$= \log\left|\frac{t+1}{t-1}\right| + C = \log\left|\frac{\tan\dfrac{x}{2}+1}{\tan\dfrac{x}{2}-1}\right| + C.$$

さらに $1 = \tan\dfrac{\pi}{4}$ より,次のようにさらに変形してもよい.

$$= \log\left|\frac{1+\tan\dfrac{x}{2}}{1-\tan\dfrac{x}{2}}\right| + C = \log\left|\frac{\tan\dfrac{x}{2}+\tan\dfrac{\pi}{4}}{1-\tan\dfrac{x}{2}\tan\dfrac{\pi}{4}}\right| + C$$

$$= \log\left|\tan\left(\frac{x}{2}+\frac{\pi}{4}\right)\right| + C.$$

(6) $x = a\tan t$ とおくと,$dx = a\sec^2 t\,dt$.

$$\text{与式} = \int\frac{1}{a\sec t}\cdot a\sec^2 t\,dt = \int\frac{1}{\cos t}dt = \int\frac{\cos t}{\cos^2 t}dt$$

$$= \int\frac{\cos t}{1-\sin^2 t}dt \quad (\sin t = u)$$

$$= \int\frac{1}{1-u^2}du = \frac{1}{2}\log\left|\frac{1+u}{1-u}\right| + C' = \frac{1}{2}\log\frac{1+\sin t}{1-\sin t} + C'$$

$$= \frac{1}{2}\log\left(\frac{1+\sin t}{\cos t}\right)^2 + C' = \frac{1}{2}\log(\sec t + \tan t)^2 + C'$$

$$= \log\left|\frac{x}{a} + \frac{1}{a}\sqrt{x^2+a^2}\right| + C' = \log|x + \sqrt{x^2+a^2}| - \log|a| + C'$$

$$= \log|x + \sqrt{x^2+a^2}| + C.$$

67 (1) $4x - 3 - x^2 = 1 - (x-2)^2$. $x - 2 = t$ とおくと,

$$\text{与式} = \int\frac{1}{\sqrt{1-(x-2)^2}}dx = \int\frac{1}{\sqrt{1-t^2}}dt = \sin^{-1}t + C$$

$$= \sin^{-1}(x-2) + C.$$

(2) $x^2+4x+5=(x+2)^2+1$. $x+2=t$ とおくと,

与式 $= \int \dfrac{1}{\sqrt{(x+2)^2+1}} dx = \int \dfrac{1}{\sqrt{t^2+1}} dt = \log|t+\sqrt{t^2+1}|+C$

$= \log|x+2+\sqrt{(x+2)^2+1}|+C$

$= \boldsymbol{\log|x+2+\sqrt{x^2+4x+5}|+C}.$

(3) $x^2+2x+5=(x+1)^2+4$. $x+1=t$ とおくと $x=t-1$.

与式 $= \int \dfrac{x}{(x+1)^2+4} dx = \int \dfrac{t-1}{t^2+4} dt = \dfrac{1}{2}\int \dfrac{2t}{t^2+4} dt - \int \dfrac{1}{t^2+4} dt$

$= \dfrac{1}{2}\log|t^2+4| - \dfrac{1}{2}\tan^{-1}\dfrac{t}{2} + C$

$= \dfrac{1}{2}\log|(x+1)^2+4| - \dfrac{1}{2}\tan^{-1}\dfrac{x+1}{2} + C$

$= \boldsymbol{\log\sqrt{x^2+2x+5} - \dfrac{1}{2}\tan^{-1}\dfrac{x+1}{2} + C}.$

(4) $\int \dfrac{x^2}{x^4+x^2-2} dx = \dfrac{1}{3}\int \left(\dfrac{1}{x^2-1} + \dfrac{2}{x^2+2}\right) dx$

$= \dfrac{1}{3}\left\{\dfrac{1}{2}\log\left|\dfrac{x-1}{x+1}\right| + \dfrac{2}{\sqrt{2}}\tan^{-1}\dfrac{x}{\sqrt{2}}\right\} + C$

$= \boldsymbol{\dfrac{1}{6}\log\left|\dfrac{x-1}{x+1}\right| + \dfrac{\sqrt{2}}{3}\tan^{-1}\dfrac{x}{\sqrt{2}} + C}.$

(5) $x^2=t$ とおくと $2x\,dx=dt$, $x\,dx=\dfrac{1}{2}dt$.

与式 $= \dfrac{1}{2}\int \dfrac{1}{\sqrt{1-t^2}} dt = \dfrac{1}{2}\sin^{-1}t + C = \boldsymbol{\dfrac{1}{2}\sin^{-1}x^2 + C}.$

68 (1) 与式 $= \sqrt{2}\int \sqrt{x^2+2}\,dx = \sqrt{2}\cdot\dfrac{1}{2}\left\{x\sqrt{x^2+2} + 2\log|x+\sqrt{x^2+2}|\right\} + C$

$= \boldsymbol{\dfrac{1}{\sqrt{2}}\left\{x\sqrt{x^2+2} + 2\log|x+\sqrt{x^2+2}|\right\} + C}.$

(2) 与式 $= \boldsymbol{\dfrac{1}{2}\left(x\sqrt{2-x^2} + 2\sin^{-1}\dfrac{x}{\sqrt{2}}\right) + C}.$

(3) $5+4x-x^2 = 9-(x-2)^2$. $x-2=t$ とおくと,

与式 $= \int \sqrt{9-(x-2)^2}\,dx = \int \sqrt{9-t^2}\,dt$

$= \dfrac{1}{2}\left(t\sqrt{9-t^2} + 9\sin^{-1}\dfrac{t}{3}\right) + C$

$= \dfrac{1}{2}\left\{(x-2)\sqrt{9-(x-2)^2} + 9\sin^{-1}\dfrac{x-2}{3}\right\} + C$

$$= \frac{1}{2}\left\{(x-2)\sqrt{5+4x-x^2} + 9\sin^{-1}\frac{x-2}{3}\right\} + C.$$

(4) 与式 $= \displaystyle\int \sqrt{(2x+1)^2 + 1}\, dx.$

ここで $2x + 1 = t$ とおくと, $2x\, dx = dt$ より

$$\text{与式} = \frac{1}{2}\int \sqrt{t^2 + 1}\, dt = \frac{1}{2} \cdot \frac{1}{2}\left\{t\sqrt{t^2+1} + \log(t + \sqrt{t^2+1})\right\} + C$$

$$= \frac{1}{4}\left\{(2x+1)\sqrt{4x^2+4x+2} + \log(2x+1+\sqrt{4x^2+4x+2})\right\} + C.$$

99p

69

$$J_n = \int \cos^n x\, dx = \int \cos^{n-1} x \cos x\, dx = \int \cos^{n-1} x(\sin x)'\, dx$$

$$= \cos^{n-1} x \sin x + (n-1)\int \cos^{n-2} x \sin^2 x\, dx$$

$$= \cos^{n-1} x \sin x + (n-1)\int \cos^{n-2} x(1 - \cos^2 x)\, dx$$

$$= \cos^{n-1} x \sin x + (n-1)\int \cos^{n-2} x\, dx - (n-1)\int \cos^n x\, dx$$

$$= \cos^{n-1} x \sin x + (n-1)J_{n-2} - (n-1)J_n.$$

$$nJ_n = \cos^{n-1} x \sin x + (n-1)J_{n-2}.$$

ゆえに $J_n = \dfrac{\cos^{n-1} x \sin x}{n} + \dfrac{n-1}{n}J_{n-2} \cdots$ ①.

①で $n = 4$ とおくと, $J_4 = \dfrac{\cos^3 x \sin x}{4} + \dfrac{3}{4}J_2 = \dfrac{\cos^3 x \sin x}{4} + \dfrac{3}{4}\displaystyle\int \cos^2 x\, dx$

$$= \frac{\cos^3 x \sin x}{4} + \frac{3}{8}\int(1 + \cos 2x)\, dx = \frac{\cos^3 x \sin x}{4} + \frac{3}{8}\left(x + \frac{1}{2}\sin 2x\right) + C$$

$$= \frac{\cos^3 x \sin x}{4} + \frac{3}{16}\sin 2x + \frac{3}{8}x + C.$$

また J_{n-2} について解くと, $J_{n-2} = \dfrac{n}{n-1}J_n - \dfrac{\cos^{n-1} x \sin x}{n-1}.$

$n = -1$ とおくと $J_{-3} = \dfrac{-1}{-2}J_{-1} - \dfrac{\cos^{-2} x \sin x}{-2}$

$$= \frac{1}{2}\int \frac{1}{\cos x}\, dx + \frac{\sin x}{2\cos^2 x} = \frac{1}{2} \cdot \frac{1}{2}\log\left|\frac{\sin x + 1}{\sin x - 1}\right| + \frac{\sin x}{2\cos^2 x} + C$$

$$= \frac{1}{4}\log\left|\frac{1 + \sin x}{1 - \sin x}\right| + \frac{\sin x}{2\cos^2 x} + C.$$

70 $I_n = \int (x)'(\log x)^n \, dx = x(\log x)^n - \int x \cdot n(\log x)^{n-1} \cdot \frac{1}{x} \, dx$

$= x(\log x)^n - n\int (\log x)^{n-1} \, dx = x(\log x)^n - nI_{n-1}.$

ゆえに $\boldsymbol{I_n = x(\log x)^n - nI_{n-1}}.$

$I_4 = x(\log x)^4 - 4I_3, \ I_3 = x(\log x)^3 - 3I_2,$

$I_2 = x(\log x)^2 - 2I_1 = x(\log x)^2 - 2\int \log x \, dx = x(\log x)^2 - 2x\log x + 2x.$

ゆえに $\boldsymbol{I_4 = x(\log x)^4 - 4x(\log x)^3 + 12x(\log x)^2 - 24x\log x + 24x}.$

71 $S_n = \frac{1}{n}\left\{\sqrt{1-\left(\frac{1}{n}\right)^2} + \sqrt{1-\left(\frac{2}{n}\right)^2} + \cdots + \sqrt{1-\left(\frac{n-1}{n}\right)^2}\right\}.$

ゆえに $\displaystyle\lim_{n\to\infty} S_n = \int_0^1 \sqrt{1-x^2}\, dx = \frac{1}{2}\left[x\sqrt{1-x^2} + \sin^{-1} x\right]_0^1$

$= \frac{1}{2}(\sin^{-1} 1 - \sin^{-1} 0) = \dfrac{\pi}{4}.$

72 $\angle AOX_k = \dfrac{k\pi}{n}$ なので, $AX_k = 2a\sin\dfrac{k\pi}{2n}.$

求める極限値を S とすれば,

$S = \displaystyle\lim_{n\to\infty} \frac{1}{n} \sum_{k=1}^n 2a\sin\frac{k\pi}{2n}$

$= 2a\displaystyle\lim_{n\to\infty} \frac{1}{n} \sum_{k=1}^n \sin\frac{\pi}{2}\left(\frac{k}{n}\right) = 2a\int_0^1 \sin\frac{\pi}{2}x\, dx = 2a\left[-\frac{2}{\pi}\cos\frac{\pi x}{2}\right]_0^1$

$= 2a\left(\dfrac{2}{\pi}\right) = \dfrac{\boldsymbol{4a}}{\boldsymbol{\pi}}.$

73 (1) $\sin x = t$ とおくと, $\displaystyle\int_0^1 \frac{dt}{1+t^2} = \left[\tan^{-1} t\right]_0^1 = \dfrac{\pi}{4}.$

(2) 与式 $= \displaystyle\int_0^1 \left(\frac{x^2}{2}\right)' \log(1+x)\, dx = \frac{1}{2}\left[x^2\log(1+x)\right]_0^1 - \frac{1}{2}\int_0^1 \frac{x^2}{1+x}\, dx$

$= \dfrac{1}{2}\log 2 - \dfrac{1}{2}\displaystyle\int_0^1 \left(x - 1 + \frac{1}{1+x}\right) dx$

$= \dfrac{1}{2}\log 2 - \dfrac{1}{2}\left[\dfrac{1}{2}x^2 - x + \log(1+x)\right]_0^1 = \dfrac{\boldsymbol{1}}{\boldsymbol{4}}.$

(別解) $\int_0^1 \left\{ \frac{1}{2}(x^2-1)' \log(1+x) \right\} dx = \left[\frac{1}{2}(x^2-1)\log(x+1) \right]_0^1$

$\qquad - \frac{1}{2}\int_0^1 (x-1)\,dx$ とすると計算が少し楽になる.

(3) $\int_0^2 \frac{dx}{\sqrt{16-x^2}} = \left[\sin^{-1} \frac{x}{4} \right]_0^2 = \boldsymbol{\frac{\pi}{6}}$.

(別解) $x = 4\sin\theta$ とおいてもよい.

(4) 与式 $= \int_0^1 (x)' \sin^{-1} x\, dx = \left[x \sin^{-1} x \right]_0^1 - \int_0^1 \frac{x}{\sqrt{1-x^2}}\, dx$

$= \sin^{-1} 1 + \left[\sqrt{1-x^2} \right]_0^1 = \boldsymbol{\frac{\pi}{2} - 1}$.

(注) $\int_0^1 \frac{x}{\sqrt{1-x^2}}\, dx = -\frac{1}{2}\int_0^1 \frac{-2x}{\sqrt{1-x^2}}\, dx = \left[-\frac{1}{2} \cdot 2\sqrt{1-x^2} \right]_0^1$

$= \left[-\sqrt{1-x^2} \right]_0^1 = 1$.

$\left(\int \frac{f'(x)}{\sqrt{f(x)}}\, dx = 2\sqrt{f(x)} + C,\ \sqrt{1-x^2} = t \text{ とおいてもよい} \right)$

74 (1) $\int_{-1}^1 \frac{dx}{\sqrt{1+x^2}} = \left[\log|x + \sqrt{1+x^2}| \right]_{-1}^1 = \log|1+\sqrt{2}| - \log|-1+\sqrt{2}|$

$= \log \left| \frac{\sqrt{2}+1}{\sqrt{2}-1} \right| = \log \frac{(\sqrt{2}+1)^2}{1} = \boldsymbol{2\log(1+\sqrt{2})}$.

(別解1) $x = \tan\theta\ \left(-\frac{\pi}{2} < \theta < \frac{\pi}{2} \right)$ とおくと, $dx = \frac{1}{\cos^2\theta}\, d\theta$,

$\sqrt{1+x^2} = \sqrt{1+\tan^2\theta} = \frac{1}{\sqrt{\cos^2\theta}} = \frac{1}{\cos\theta}$ なので,

与式 $= \int_{-\frac{\pi}{4}}^{\frac{\pi}{4}} \cos\theta \cdot \frac{1}{\cos^2\theta}\, d\theta$

$= \int_{-\frac{\pi}{4}}^{\frac{\pi}{4}} \frac{1}{\cos\theta}\, d\theta = \int_{-\frac{\pi}{4}}^{\frac{\pi}{4}} \frac{\cos\theta}{1-\sin^2\theta}\, d\theta$.

x	$-1 \to 1$	
θ	$-\frac{\pi}{4} \to \frac{\pi}{4}$	

ここで $\sin\theta = t$ とおくと $\cos\theta\, d\theta = dt$.

与式 $= \int_{-\frac{1}{\sqrt{2}}}^{\frac{1}{\sqrt{2}}} \frac{1}{1-t^2}\, dt = -2\int_0^{\frac{1}{\sqrt{2}}} \frac{dt}{t^2-1}$

θ	$-\frac{\pi}{4} \to \frac{\pi}{4}$
t	$-\frac{1}{\sqrt{2}} \to \frac{1}{\sqrt{2}}$

$$= -\frac{2}{2}\left[\log\left|\frac{t-1}{t+1}\right|\right]_0^{\frac{1}{\sqrt{2}}} = -\log\left|\frac{\frac{1}{\sqrt{2}}-1}{\frac{1}{\sqrt{2}}+1}\right| = -\log\left|\frac{\sqrt{2}-1}{\sqrt{2}+1}\right|$$

$$= \log\left|\frac{\sqrt{2}+1}{\sqrt{2}-1}\right| = 2\log(1+\sqrt{2}).$$

(別解 2) $\sqrt{1+x^2} = x+t$ とおく ($x-t$, $t-x$ とおいてもよい).

$$1+x^2 = x^2+2xt+t^2,\ x = \frac{1-t^2}{2t},\ dx = -\frac{t^2+1}{2t^2}dt.$$

また $\sqrt{1+x^2} = \frac{1-t^2}{2t} + t = \frac{1+t^2}{2t}$.

x	-1	$\to$	1
t	$\sqrt{2}+1$	$\to$	$\sqrt{2}-1$

$$\text{与式} = \int_{\sqrt{2}+1}^{\sqrt{2}-1} \frac{2t}{t^2+1}\cdot\left(-\frac{t^2+1}{2t^2}\right)dt$$

$$= \int_{\sqrt{2}+1}^{\sqrt{2}-1}\left(-\frac{1}{t}\right)dt = \int_{\sqrt{2}-1}^{\sqrt{2}+1}\frac{1}{t}dt = \Big[\log|t|\Big]_{\sqrt{2}-1}^{\sqrt{2}+1}$$

$$= \log\left|\frac{\sqrt{2}+1}{\sqrt{2}-1}\right| = 2\log(1+\sqrt{2}).$$

(2) $x(1-x) = -x^2+x = \frac{1}{4}-\left(x-\frac{1}{2}\right)^2$.

x	0	$\to$	$\frac{1}{2}$
t	$-\frac{1}{2}$	$\to$	0

$x-\frac{1}{2} = t$ とおくと $dx = dt$ なので,

$$\text{与式} = \int_{-\frac{1}{2}}^{0} \frac{1}{\sqrt{\frac{1}{4}-t^2}}dt = \left[\sin^{-1}\frac{t}{\frac{1}{2}}\right]_{-\frac{1}{2}}^{0} = 0 - \sin^{-1}(-1)$$

$$= 0 - \left(-\frac{\pi}{2}\right) = \frac{\pi}{2}.$$

(注) $\displaystyle\int \frac{1}{\sqrt{a^2-x^2}}dx = \sin^{-1}\frac{x}{a} + C\ (a>0)$ である.

(3) 与式 $= \displaystyle\int_0^1 \frac{\frac{1}{2}(2x+1)+\frac{3}{2}}{x^2+x+1}dx = \frac{1}{2}\left\{\int_0^1 \frac{2x+1}{x^2+x+1}dx + \int_0^1 \frac{3}{x^2+x+1}dx\right\}$

$$= \frac{1}{2}\Big[\log|x^2+x+1|\Big]_0^1 + \frac{3}{2}\int_0^1 \frac{1}{\left(x+\frac{1}{2}\right)^2+\frac{3}{4}}dx$$

$$= \frac{1}{2}\log 3 + \frac{3}{2} \cdot \frac{1}{\frac{\sqrt{3}}{2}}\left[\tan^{-1}\frac{x+\frac{1}{2}}{\frac{\sqrt{3}}{2}}\right]_0^1$$

$$= \frac{1}{2}\log 3 + \sqrt{3}\left(\tan^{-1}\sqrt{3} - \tan^{-1}\frac{1}{\sqrt{3}}\right) = \frac{1}{2}\log 3 + \frac{\sqrt{3}}{6}\pi.$$

(注) $\displaystyle\int \frac{1}{x^2+a^2}\,dx = \frac{1}{a}\tan^{-1}\frac{x}{a} + C \;(a \neq 0)$ である.

75 (1) 与式 $= \dfrac{6}{7} \cdot \dfrac{4}{5} \cdot \dfrac{2}{3} = \dfrac{\mathbf{16}}{\mathbf{35}}$.

(2) 与式 $= \displaystyle\int_0^{\frac{\pi}{2}} \cos^8 x (1-\cos^2 x)\,dx = \int_0^{\frac{\pi}{2}} \cos^8 x\,dx - \int_0^{\frac{\pi}{2}} \cos^{10} x\,dx$

$= \dfrac{7}{8}\cdot\dfrac{5}{6}\cdot\dfrac{3}{4}\cdot\dfrac{1}{2}\cdot\dfrac{\pi}{2} - \dfrac{9}{10}\cdot\dfrac{7}{8}\cdot\dfrac{5}{6}\cdot\dfrac{3}{4}\cdot\dfrac{1}{2}\cdot\dfrac{\pi}{2} = \dfrac{7}{8}\cdot\dfrac{5}{6}\cdot\dfrac{3}{4}\cdot\dfrac{1}{2}\cdot\dfrac{\pi}{2}\left(1-\dfrac{9}{10}\right) = \dfrac{\mathbf{7}}{\mathbf{512}}\boldsymbol{\pi}.$

(3) $2x = t$ とおくと $2\,dx = dt$ なので,

与式 $= \dfrac{1}{2}\displaystyle\int_0^{\frac{\pi}{2}} \sin^3 t\,dt = \dfrac{1}{2}\cdot\dfrac{2}{3} = \dfrac{\mathbf{1}}{\mathbf{3}}.$

x	$0 \to \dfrac{\pi}{4}$
t	$0 \to \dfrac{\pi}{2}$

(4) $\dfrac{x}{2} = t$ とおくと $\dfrac{1}{2}dx = dt$ なので,

与式 $= 2\displaystyle\int_0^{\frac{\pi}{2}} \sin^4 t\,dt = 2 \cdot \dfrac{3}{4}\cdot\dfrac{1}{2}\cdot\dfrac{\pi}{2} = \dfrac{\mathbf{3}}{\mathbf{8}}\boldsymbol{\pi}.$

x	$0 \to \pi$
t	$0 \to \dfrac{\pi}{2}$

111p

76 $y = f(x)$ のグラフと $y = f(a-x)$ のグラフは $x = \dfrac{a}{2}$ に関して対称である.

また定積分は面積を表すので, 次図から (1), (2) 式は明らかに成り立つ.

式で証明する場合は,

(1) 左辺を $\displaystyle\int_0^{\frac{a}{2}} f(x)\,dx + \int_{\frac{a}{2}}^0 f(x)\,dx$ とし,

第2積分で $x = a-t$ という置換を行う.

(2) $x = a-t$ という置換を行う.

77 $0 < x < 1,\; n > 2$ のとき $0 < x^n < x^2$ なので, $1 < 1 + x^n < 1 + x^2.$

したがって $\dfrac{1}{\sqrt{1+x^2}} < \dfrac{1}{\sqrt{1+x^n}} < 1$.

$$\int_0^1 \dfrac{1}{\sqrt{1+x^2}}\,dx < \int_0^1 \dfrac{1}{\sqrt{1+x^n}}\,dx < \int_0^1 1\,dx.$$

左辺 $= \left[\log(x+\sqrt{1+x^2})\right]_0^1 = \log(1+\sqrt{2})$.

したがって $\boldsymbol{\log(1+\sqrt{2}) < \displaystyle\int_0^1 \dfrac{dx}{\sqrt{1+x^n}} < 1}$.

113p

78 (1) $\dfrac{d}{dx}\displaystyle\int_x^{2x} \cos^2 t\,dt = \boldsymbol{2\cos^2 2x - \cos^2 x}$.

(2) $\dfrac{d}{dx}\displaystyle\int_1^x (t-x)\log t\,dt = \dfrac{d}{dx}\int_1^x t\log t\,dt - \dfrac{d}{dx}\left(x\int_1^x \log t\,dt\right)$

$= x\log x - \displaystyle\int_1^x \log t\,dt - x\log x = -\left[t\log t - t\right]_1^x = \boldsymbol{-x\log x + x - 1}$.

(3) $\dfrac{d}{dx}\displaystyle\int_x^{2x^2} (x+t)\sin t\,dt = \dfrac{d}{dx}\left(x\int_x^{2x^2} \sin t\,dt + \int_x^{2x^2} t\sin t\,dt\right)$

$= \displaystyle\int_x^{2x^2} \sin t\,dt + x(4x\sin 2x^2 - \sin x) + (2x^2)'\cdot 2x^2 \sin 2x^2 - (x)'\cdot x\sin x$

$= \boldsymbol{\cos x - \cos 2x^2 + 4x^2\sin 2x^2 - 2x\sin x + 8x^3\sin 2x^2}$.

79 三角関数の加法定理 $\sin(x-t) = \sin x\cos t - \cos x\sin t$ より,

$f(x) = \sin x + \displaystyle\int_0^\pi f(t)(\sin x\cos t - \cos x\sin t)\,dt$

$= \sin x\left(1 + \displaystyle\int_0^\pi f(t)\cos t\,dt\right) - \cos x\int_0^\pi f(t)\sin t\,dt$.

ここで $1 + \displaystyle\int_0^\pi f(t)\cos t\,dt = A$ (定数), $-\int_0^\pi f(t)\sin t\,dt = B$ (定数) とおいて,

$f(x) = A\sin x + B\cos x$. これを上の2つの式に代入して,

$\begin{cases} 1 + \displaystyle\int_0^\pi (A\sin t + B\cos t)\cos t\,dt = A & \cdots ① \\ -\displaystyle\int_0^\pi (A\sin t + B\cos t)\sin t\,dt = B & \cdots ② \end{cases}$

①より $1 + \dfrac{B\pi}{2} = A$. ②より $-\dfrac{A\pi}{2} = B$. これから $A = \dfrac{4}{\pi^2+4}$, $B = -\dfrac{2\pi}{\pi^2+4}$.

したがって $f(x) = \dfrac{4}{\pi^2+4}\sin x - \dfrac{2\pi}{\pi^2+4}\cos x$.

80 $f'(x) = \dfrac{d}{dx}\left\{\displaystyle\int_1^x 2\log t\,dt - \int_1^x t\log t\,dt\right\} = 2\log x - x\log x = (2-x)\log x.$

$1 \leqq x \leqq e$ において, $f'(x) = 0$ となるのは $x = 1,\ 2.$

また $f(x) = \displaystyle\int_1^x (2-t)\log t\,dt$

$= 2\displaystyle\int_1^x \log t\,dt - \int_1^x \left(\dfrac{1}{2}t^2\right)'\log t\,dt$

x	1	$\cdots$	2	$\cdots$	e
$f'(x)$	0	+	0	−	−
$f(x)$	0	↗	極大	↘	最小

$= 2x\log x - 2x + 2 - \left\{\left[\dfrac{1}{2}t^2\log t\right]_1^x - \left[\dfrac{1}{4}t^2\right]_1^x\right\}$

$= \left(2x - \dfrac{1}{2}x^2\right)\log x + \dfrac{1}{4}x^2 - 2x + \dfrac{7}{4}.$

$f(1) = 0,\ f(e) = \dfrac{1}{4}(7-e^2) < 0$ なので, $\boldsymbol{x = 2}$ で最大値 $\boldsymbol{f(2) = 2\log 2 - \dfrac{5}{4}}.$

$\boldsymbol{x = e}$ で最小値 $\boldsymbol{f(e) = \dfrac{1}{4}(7-e^2)}.$

---

81 (1) 部分分数分解して, 不定積分は

$\displaystyle\int \dfrac{dx}{x(1+x^2)} = \int\left(\dfrac{1}{x} - \dfrac{x}{1+x^2}\right)dx = \log x - \dfrac{1}{2}\log(1+x^2)$

$= \log \dfrac{x}{\sqrt{1+x^2}}.$

ゆえに $\displaystyle\lim_{N\to\infty}\int_1^N \dfrac{dx}{x(1+x^2)} = \lim_{N\to\infty}\log\dfrac{N}{\sqrt{1+N^2}} - \log\dfrac{1}{\sqrt{2}}$

$= \displaystyle\lim_{N\to\infty}\log\dfrac{1}{\sqrt{\dfrac{1}{N^2}+1}} - \log\dfrac{1}{\sqrt{2}} = \boldsymbol{\dfrac{1}{2}\log 2}.$

(2) 部分積分を 2 回使って, 不定積分は

$\displaystyle\int e^{-ax}\cos bx\,dx = \dfrac{e^{-ax}}{a^2+b^2}(-a\cos bx + b\sin bx)$

$= \dfrac{1}{a^2+b^2}\left(-a\cdot\dfrac{\cos bx}{e^{ax}} + b\cdot\dfrac{\sin bx}{e^{ax}}\right).$

$\displaystyle\lim_{x\to\infty}\dfrac{\cos bx}{e^{ax}} = 0,\ \lim_{x\to\infty}\dfrac{\sin bx}{e^{ax}} = 0.$ ゆえに $\displaystyle\int_0^\infty e^{-ax}\cos bx\,dx = \boldsymbol{\dfrac{a}{a^2+b^2}}.$

(3) 与式を I として, $I = \displaystyle\int_0^1 \dfrac{dx}{(x-1)^2} + \int_1^3 \dfrac{dx}{(x-1)^2}.$

$$\int_0^1 \frac{dx}{(x-1)^2} = \lim_{\varepsilon \to +0} \left[\frac{1}{1-x}\right]_0^{1-\varepsilon} = \lim_{\varepsilon \to +0} \left(\frac{1}{\varepsilon} - 1\right) = +\infty,$$

$$\int_1^3 \frac{dx}{(x-1)^2} = \lim_{\varepsilon \to +0} \left[\frac{1}{1-x}\right]_{1+\varepsilon}^3 = \lim_{\varepsilon \to +0} \left(-\frac{1}{2} + \frac{1}{\varepsilon}\right) = +\infty.$$

よって I は**発散する**.

(注) $\int_0^3 \frac{dx}{(x-1)^2} = \left[\frac{1}{1-x}\right]_0^3 = -\frac{1}{2} - 1$
$= -\frac{3}{2}$ は誤り．なぜならば $\frac{1}{1-x}$ は $x=1$ で不連続なので．

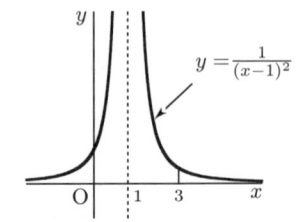

82 $I_0 = \int_0^\infty e^{-x}\,dx = -\left[e^{-x}\right]_0^\infty = 1.$

$I_n = \int_0^\infty x^n e^{-x}\,dx = \int_0^\infty x^n(-e^{-x})'\,dx = -\left[x^n e^{-x}\right]_0^\infty + n\int_0^\infty x^{n-1}e^{-x}\,dx$

$= -\left[\frac{x^n}{e^x}\right]_0^\infty + n\int_0^\infty x^{n-1}e^{-x}\,dx = nI_{n-1}.$ ゆえに $I_n = nI_{n-1}.$

したがって $I_n = nI_{n-1} = n(n-1)I_{n-2} = \cdots = n(n-1)\cdots 2\cdot 1\cdot I_0 = \boldsymbol{n!}.$

83 (1) $y = b\left(1 - \sqrt{\frac{x}{a}}\right)^2 = b\left(1 - 2\sqrt{\frac{x}{a}} + \frac{x}{a}\right).$ (図①)

面積 $S = \int_0^a y\,dx = b\left[x - \frac{2}{\sqrt{a}}\cdot\frac{2}{3}x^{\frac{3}{2}} + \frac{x^2}{2a}\right]_0^a = \boldsymbol{\dfrac{ab}{6}}.$

(2) 求める面積を S とすると，(図②)

$\dfrac{S}{2} = \int_1^2 \{\sqrt{x} - (2-x)\}\,dx + \int_2^4 \{\sqrt{x} - (x-2)\}\,dx$

$= \int_1^4 \sqrt{x}\,dx + \int_1^2 (x-2)\,dx - \int_2^4 (x-2)\,dx = \dfrac{13}{6}.$ ゆえに $S = \boldsymbol{\dfrac{13}{3}}.$

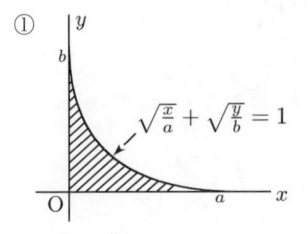

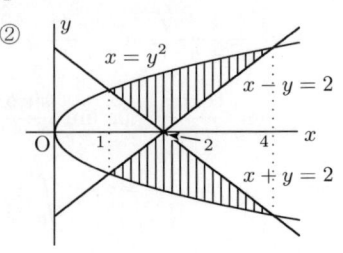

125p

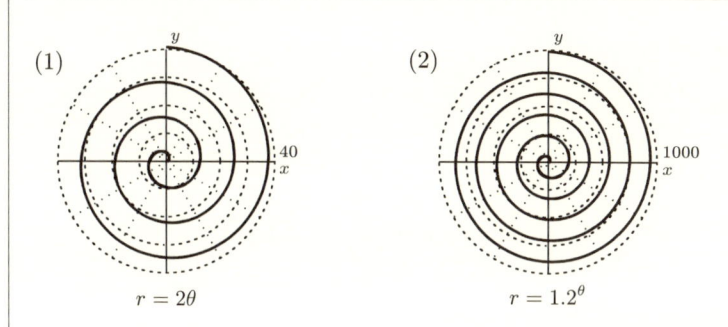

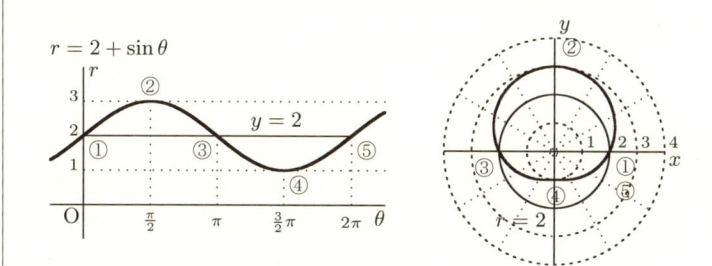

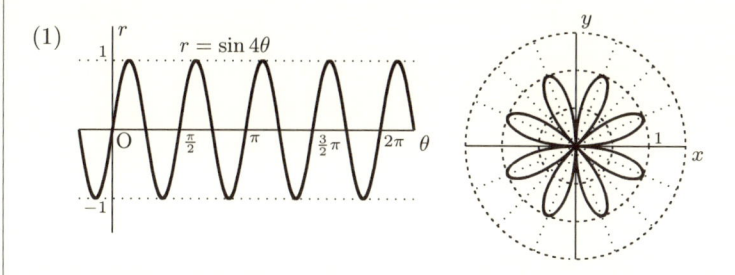

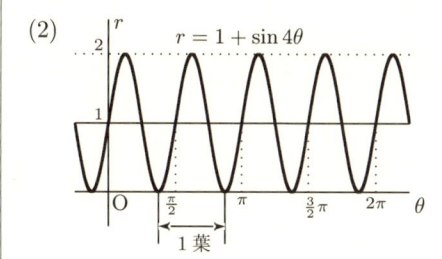

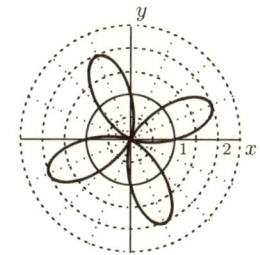

84 (1) $r = 2\theta$ (2) $r = 1.2^\theta$

85 $r = 2 + \sin\theta$

86 (1) $r = \sin 4\theta$

(2) $r = 1 + \sin 4\theta$

$r = 0$ から次の $r = 0$ までが1葉を表すので，左上グラフより葉の周期は $\dfrac{\pi}{2}$ となる．原点のまわりを 2π で1周するので，グラフは4葉となる．

87 面積を S とすると、
$$S = 2\int_0^{\pi a} y\,dx = 2\int_0^\pi y \cdot \frac{dx}{dt}\,dt$$
$$= 2a^2 \int_0^\pi (1-\cos t)^2\,dt$$
$$= 2a^2 \int_0^\pi \left(1 - 2\cos t + \frac{1+\cos 2t}{2}\right) dt = 2a^2 \left[\frac{3}{2}t - 2\sin t + \frac{1}{4}\sin 2t\right]_0^\pi$$
$$= \boldsymbol{3\pi a^2}.$$

88 $\sqrt{\left(\dfrac{dx}{dt}\right)^2 + \left(\dfrac{dy}{dt}\right)^2} = \sqrt{a^2(1-\cos t)^2 + a^2 \sin^2 t} = a\sqrt{2(1-\cos t)}$
$= 2a \sin \dfrac{t}{2}$. ゆえに $L = \displaystyle\int_0^{2\pi} 2a \sin \dfrac{t}{2}\,dt = \left[-4a \cos \dfrac{t}{2}\right]_0^{2\pi} = \boldsymbol{8a}.$

89 $y' = \dfrac{-x}{\sqrt{a^2 - x^2}}, \quad \sqrt{1 + y'^2} = \dfrac{a}{\sqrt{a^2 - x^2}}.$
ゆえに $L = 2\displaystyle\int_0^a \dfrac{a}{\sqrt{a^2-x^2}}\,dx = 2a\left[\sin^{-1}\dfrac{x}{a}\right]_0^a = \boldsymbol{\pi a}.$

90 $y^{\frac{2}{3}} = a^{\frac{2}{3}} - x^{\frac{2}{3}}$ を 3 乗すると $y^2 = a^2 - 3a^{\frac{4}{3}}x^{\frac{2}{3}} + 3a^{\frac{2}{3}}x^{\frac{4}{3}} - x^2$ なので、
$$V = 2\pi \int_0^a y^2\,dx = 2\pi \int_0^a (a^2 - 3a^{\frac{4}{3}}x^{\frac{2}{3}} + 3a^{\frac{2}{3}}x^{\frac{4}{3}} - x^2)\,dx$$
$$= 2\pi\left[a^2 x - 3a^{\frac{4}{3}} \cdot \frac{3}{5}x^{\frac{5}{3}} + 3a^{\frac{2}{3}} \cdot \frac{3}{7}x^{\frac{7}{3}} - \frac{1}{3}x^3\right]_0^a = \boldsymbol{\frac{32a^3 \pi}{105}}.$$

(注) この曲線の媒介変数表示は $x = a\cos^3 t, \ y = a\sin^3 t \quad (a > 0)$ である。
ゆえに次のように解いてもよい。
$$V = 2\pi \int_0^a y^2\,dx = 2\pi \int_{\frac{\pi}{2}}^0 a^2 \sin^6 t \cdot \frac{dx}{dt}\,dt = 6a^3 \pi \int_0^{\frac{\pi}{2}} \sin^7 t \cos^2 t\,dt$$
$$= 6a^3\pi \int_0^{\frac{\pi}{2}} (\sin^7 t - \sin^9 t)\,dt = 6a^3\pi \left(\frac{6}{7}\cdot\frac{4}{5}\cdot\frac{2}{3} - \frac{8}{9}\cdot\frac{6}{7}\cdot\frac{4}{5}\cdot\frac{2}{3}\right) = \frac{32a^3\pi}{105}.$$

91 $V = \pi \displaystyle\int_0^{2\pi a} y^2\,dx = 2\pi \int_0^\pi a^2(1-\cos t)^2 \cdot a(1-\cos t)\,dt$
$$= 2\pi a^3 \int_0^\pi \left(2\sin^2 \frac{t}{2}\right)^3 dt = 32\pi a^3 \int_0^{\frac{\pi}{2}} \sin^6 \theta\,d\theta, \quad (t = 2\theta)$$

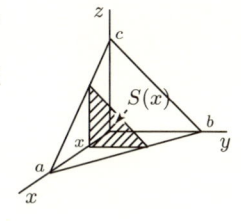

$$= 32\pi a^3 \times \frac{5}{6} \cdot \frac{3}{4} \cdot \frac{1}{2} \cdot \frac{\pi}{2} = 5\pi^2 a^3.$$

92 平面 $x = x$ での切り口は斜辺が $\dfrac{y}{b} + \dfrac{z}{c} = 1 - \dfrac{x}{a}$,

すなわち $\dfrac{y}{b\left(1 - \dfrac{x}{a}\right)} + \dfrac{z}{c\left(1 - \dfrac{x}{a}\right)} = 1$ の直角三

角形なので,面積は $S(x) = \dfrac{1}{2}bc\left(1 - \dfrac{x}{a}\right)^2$.

ゆえに $V = \displaystyle\int_0^a \dfrac{1}{2}bc\left(1 - \dfrac{x}{a}\right)^2 dx = \dfrac{abc}{6}$.

93 (1) $ds = \sqrt{\left(\dfrac{dx}{dt}\right)^2 + \left(\dfrac{dy}{dt}\right)^2}\, dt = a\sqrt{(1-\cos t)^2 + \sin^2 t}\, dt$

$= \sqrt{2}a\sqrt{1 - \cos t}\, dt = 2a\sin\dfrac{t}{2}\, dt.$

$S_x = 2\pi \displaystyle\int y\, ds = 2\pi \int_0^{2\pi} a(1 - \cos t) \cdot 2a\sin\dfrac{t}{2}\, dt$

$= 16\pi a^2 \displaystyle\int_0^{\pi} \sin^3\dfrac{t}{2}\, dt = 32\pi a^2 \int_0^{\frac{\pi}{2}} \sin^3\theta\, d\theta = \dfrac{64}{3}\pi a^2.$ $(t = 2\theta)$

(2) サイクロイドの弧の長さは $8a$ (練習 **88**).

$x = \pi a$ に関して対称であるから

$\overline{x} = \pi a,$

$\overline{y} = \dfrac{\displaystyle\int y\, ds}{8a} = \dfrac{\displaystyle\int_0^{2\pi} y\sqrt{\left(\dfrac{dx}{dt}\right)^2 + \left(\dfrac{dy}{dt}\right)^2}\, dt}{8a} = \dfrac{4a^2}{8a}\displaystyle\int_0^{2\pi} \sin^3\dfrac{t}{2}\, dt$

$= \dfrac{a}{2} \cdot 2\displaystyle\int_0^{\pi} \sin^3\theta\, d\theta = 2a\int_0^{\frac{\pi}{2}} \sin^3\theta\, d\theta = 2a \times \dfrac{2}{3} = \dfrac{4}{3}a.$

よって重心は $\left(\boldsymbol{\pi a}, \dfrac{\boldsymbol{4}}{\boldsymbol{3}}\boldsymbol{a}\right).$

(3) 明らかに $\overline{x} = \pi a$. サイクロイドの面積 $S = 3\pi a^2$ (練習 **87**).

$\overline{y} = \dfrac{1}{S}\displaystyle\int_0^{2\pi a} \dfrac{1}{2}y^2\, dx = \dfrac{1}{3\pi a^2}\int_0^{2\pi} \dfrac{1}{2}a^3(1-\cos t)^3\, dt = \dfrac{a}{6\pi}\int_0^{2\pi} 8\sin^6\dfrac{t}{2}\, dt$

$= \dfrac{4a}{3\pi}\displaystyle\int_0^{\pi} \sin^6\theta \cdot 2\, d\theta = \dfrac{16a}{3\pi}\int_0^{\frac{\pi}{2}} \sin^6\theta\, d\theta = \dfrac{16a}{3\pi} \cdot \dfrac{5}{6} \cdot \dfrac{3}{4} \cdot \dfrac{1}{2} \cdot \dfrac{\pi}{2} = \dfrac{5}{6}a.$

よって重心は $\left(\boldsymbol{\pi a}, \dfrac{\boldsymbol{5}}{\boldsymbol{6}}\boldsymbol{a}\right).$

総合演習の解答例（詳解）　（答は**太字**で示す）

総合演習 1

1.1 (1) 3 の倍数の集合を A_3, 5 の倍数の集合を A_5, A という集合の要素の個数を $n(A)$ で表すとすると, $A_3 = \{102, 105, \ldots, 999\}$, $A_5 = \{100, 105, \ldots, 995\}$ で, $n(A_3) = 300$, $n(A_5) = 180$, また $A_3 \cap A_5 = A_{15} = \{105, 120, \ldots, 990\}$ で, $n(A_{15}) = 60$. ゆえに $S = S(A_3) + S(A_5) - S(A_{15})$

$$= \frac{300(102+999)}{2} + \frac{180(100+995)}{2} - \frac{60(105+990)}{2}$$

$$= 165150 + 98550 - 32850 = \mathbf{230850}.$$

(2) 3 桁の整数の和は $\dfrac{900(100+999)}{2} = 494550$.

ゆえに $494550 - 230850 = \mathbf{263700}$.

1.2 $1\dfrac{1}{2} + 2\dfrac{1}{4} + 3\dfrac{1}{8} + 4\dfrac{1}{16} + \cdots + n\dfrac{1}{2^n}$

$$= (1+2+3+4+\cdots+n) + \left(\frac{1}{2} + \frac{1}{2^2} + \frac{1}{2^3} + \frac{1}{2^4} + \cdots + \frac{1}{2^n}\right)$$

$$= \frac{n(n+1)}{2} + \frac{\frac{1}{2}\left\{1 - \left(\frac{1}{2}\right)^n\right\}}{1 - \frac{1}{2}} = \frac{n(n+1)}{2} + 1 - \frac{1}{2^n} = \boldsymbol{\frac{n^2+n+2}{2} - \frac{1}{2^n}}.$$

1.3 第 n 項を a_n, 第 n 項までの和を $S_n = 3n^2 + 2n$ とすると, $n \geq 2$ のとき $a_n = S_n - S_{n-1} = (3n^2 + 2n) - \{3(n-1)^2 + 2(n-1)\} = 6n - 1 \cdots$ ①.
$n = 1$ のとき $a_1 = S_1 = 5 \cdots$ ②.
②は①で $n = 1$ の場合に等しい. したがって $n \geq 1$ で $\boldsymbol{a_n = 6n - 1}$.

1.4 $\dfrac{1}{n}\left\{\left(\dfrac{1}{n}\right)^2 + \left(\dfrac{2}{n}\right)^2 + \cdots + \left(\dfrac{n}{n}\right)^2\right\} = \dfrac{1}{n^3}(1^2 + 2^2 + \cdots + n^2)$

$$= \frac{n(n+1)(2n+1)}{6n^3}.$$

ゆえに $\displaystyle\lim_{n \to \infty} \frac{n(n+1)(2n+1)}{6n^3} = \lim_{n \to \infty} \frac{1}{6}\left(\frac{n}{n}\right)\left(1 + \frac{1}{n}\right)\left(2 + \frac{1}{n}\right) = \frac{2}{6} = \boldsymbol{\dfrac{1}{3}}$.

あるいは $\displaystyle\lim_{n \to \infty} \frac{1}{n}\left\{\left(\frac{1}{n}\right)^2 + \left(\frac{2}{n}\right)^2 + \cdots + \left(\frac{n}{n}\right)^2\right\} = \int_0^1 x^2\, dx$

$$= \left[\frac{1}{3}x^3\right]_0^1 = \boldsymbol{\frac{1}{3}}.$$

1.5 (1) $r>1$ のとき $r^n \to \infty$ であるから $\dfrac{r^n}{1+r^n} = \dfrac{1}{\dfrac{1}{r^n}+1} \to \mathbf{1}$.

$r=1$ のとき $r^n = 1$ であるから $\dfrac{r^n}{1+r^n} \to \dfrac{\mathbf{1}}{\mathbf{2}}$.

$-1 < r < 1$ のとき $r^n \to 0$ であるから $\dfrac{r^n}{1+r^n} \to \mathbf{0}$.

(2) $\dfrac{\cos^n\theta - \sin^n\theta}{\cos^n\theta + \sin^n\theta} = \dfrac{1-\tan^n\theta}{1+\tan^n\theta} = \dfrac{\cot^n\theta - 1}{\cot^n\theta + 1}$.

$0 < \theta < \dfrac{\pi}{4}$ のとき $0 < \tan\theta < 1$. ゆえに $\tan^n\theta \to 0$. 極限値 $\mathbf{1}$.

$\theta = \dfrac{\pi}{4}$ のとき $\tan\theta = 1$. ゆえに $\tan^n\theta \to 1$. 極限値 $\mathbf{0}$.

$\dfrac{\pi}{4} < \theta < \dfrac{\pi}{2}$ のとき $0 < \cot\theta < 1$. ゆえに $\cot^n\theta \to 1$. 極限値 $\mathbf{-1}$.

1.6 $S_n = \dfrac{n(n+1)}{2}$. ゆえに $S_{n+1} = \dfrac{(n+1)(n+2)}{2}$.

したがって $n \to \infty$ のとき,

$$\sqrt{S_{n+1}} - \sqrt{S_n} = \dfrac{S_{n+1} - S_n}{\sqrt{S_{n+1}} + \sqrt{S_n}} = \dfrac{n+1}{\sqrt{\dfrac{n+1}{2}}(\sqrt{n+2}+\sqrt{n})}$$

$$= \dfrac{\sqrt{2}\sqrt{n+1}}{\sqrt{n+2}+\sqrt{n}} = \dfrac{\sqrt{2}\sqrt{1+\dfrac{1}{n}}}{\sqrt{1+\dfrac{2}{n}}+1} \to \dfrac{\sqrt{2}}{2}.$$

1.7 (1) $\lim\limits_{n\to\infty} \log_{10}\dfrac{n+1}{n} = \lim\limits_{n\to\infty} \log_{10}\left(1+\dfrac{1}{n}\right) = \log_{10} 1 = \mathbf{0}$. (収束)

(2) $\lim\limits_{n\to\infty} \dfrac{(5n-3)-(5n+1)}{\sqrt{5n-3}+\sqrt{5n+1}} = \lim\limits_{n\to\infty} \dfrac{-4}{\sqrt{5n-3}+\sqrt{5n+1}} = \mathbf{0}$. (収束)

(3) $\lim\limits_{n\to\infty} \dfrac{7^2 + \left(\dfrac{4}{7}\right)^n}{\left(\dfrac{5}{7}\right)^n - \dfrac{1}{3}\left(\dfrac{3}{7}\right)^n} = \boldsymbol{\infty}$. (発散)

(4) $\dfrac{2^n}{n^2} = \dfrac{(1+1)^n}{n^2} = \dfrac{1+n+\dfrac{n(n-1)}{2}+\dfrac{n(n-1)(n-2)}{6}+\cdots+1}{n^2}$

$> \dfrac{n(n-1)(n-2)}{6n^2} = \dfrac{n}{6}\left(1-\dfrac{1}{n}\right)\left(1-\dfrac{2}{n}\right) \to \infty$.

よって $\lim\limits_{n\to\infty} \dfrac{2^n}{n^2} = \boldsymbol{\infty}$. (発散)

1.8

```
4    18   48   100  180  294  ···   aₙ
  14   30   52   80   114            bₙ
    16   22   28   34   ···
```

第 1 階差, 第 2 階差をそれぞれ $\{b_n\}$, $\{c_n\}$ とすると,
$$b_n = 14 + \sum_{k=1}^{n-1}(6k+10) = 3n^2 + 7n + 4.$$
ゆえに $a_n = 4 + \sum_{k=1}^{n-1}(3k^2 + 7k + 4)$
$$= 4 + 3 \cdot \frac{(n-1)n(2n-1)}{6} + 7 \cdot \frac{(n-1)n}{2} + 4(n-1) = n(n+1)^2.$$
$$S_n = \sum_{k=1}^{n} k(k+1)^2 = \sum_{k=1}^{n} k^3 + 2\sum_{k=1}^{n} k^2 + \sum_{k=1}^{n} k$$
$$= \frac{n^2(n+1)^2}{4} + \frac{n(n+1)(2n+1)}{3} + \frac{n(n+1)}{2} = \boldsymbol{\frac{1}{12}n(n+1)(n+2)(3n+5)}.$$

1.9

(1) $k!\,k = k!\{(k+1)-1\} = (k+1)! - k!$.
ゆえに $S_n = (2! - 1!) + (3! - 2!) + (4! - 3!) + \cdots + \{(n+1)! - n!\}$
$= \boldsymbol{(n+1)! - 1}$.

(2) $k!\,(k+1)^2 = \{k!\,(k+1)\}(k+1) = (k+1)!\{(k+2)-1\} = (k+2)! - (k+1)!$.
$S_n = (3! - 2!) + (4! - 3!) + (5! - 4!) + \cdots + \{(n+2)! - (n+1)!\}$
$= \boldsymbol{(n+2)! - 2}$.

1.10

(1) $n=1$ のとき 左辺 $=1$, 右辺 $=1$ で成り立つ.
$n=k$ のとき成立すると仮定すると, $1+3+\cdots+(2k-1) = k^2 \cdots$ ①.
$n=k+1$ の場合について考えると, ①に $2k+1$ を加えて
$1+3+\cdots+(2k-1)+(2k+1) = k^2 + (2k+1) = (k+1)^2$.
すなわち $n=k+1$ のときも成り立つ.
ゆえに数学的帰納法よりすべての自然数 n について成り立つ.

(2) $n=2$ のとき $(1+h)^2 = 1 + 2h + h^2 > 1 + 2h$ で成り立つ.
$n=k \ (k \geqq 2)$ のとき成り立つと仮定すると, $(1+h)^k > 1 + kh$.
ゆえに $(1+h)^{k+1} = (1+h)^k(1+h) > (1+kh)(1+h)$
$= 1 + (k+1)h + kh^2 > 1 + (k+1)h$. (なぜならば $kh^2 > 0$).
すなわち $n=k+1$ のときも成り立つ.
ゆえに数学的帰納法より 2 以上のすべての自然数 n について成り立つ.

1.11 $\alpha = \dfrac{1}{3}\alpha + 2$ より $\alpha = 3$.

両辺から 3 を引いて $a_{n+1} - 3 = \dfrac{1}{3}(a_n - 3)$, $a_1 - 3 = 2 - 3 = -1$.

よって $\{a_n - 3\}$ は初項 -1, 公比 $\dfrac{1}{3}$ の等比数列.

ゆえに $a_n - 3 = -\left(\dfrac{1}{3}\right)^{n-1}$. したがって $\boldsymbol{a_n = 3 - \left(\dfrac{1}{3}\right)^{n-1}}$.

1.12 (1) 逆数をとって $\dfrac{1}{a_{n+1}} = \dfrac{4a_n + 5}{a_n} = \dfrac{5}{a_n} + 4$. したがって $\boldsymbol{b_{n+1} = 5b_n + 4}$.

(2) $\alpha = 5\alpha + 4$ より $\alpha = -1$.

$b_{n+1} = 5b_n + 4$ の両辺から -1 を引いて $b_{n+1} + 1 = 5(b_n + 1)$.

また $b_1 + 1 = \dfrac{1}{a_1} + 1 = 5$. よって $\{b_n + 1\}$ は初項 5, 公比 5 の等比数列.

ゆえに $b_n + 1 = 5 \cdot 5^{n-1}$, $b_n = 5^n - 1$. ゆえに $a_n = \dfrac{1}{b_n} = \boldsymbol{\dfrac{1}{5^n - 1}}$.

1.13 (1) $2a_{n+2} - 3a_{n+1} + a_n = 0$ より $2(a_{n+2} - a_{n+1}) = a_{n+1} - a_n$.

ゆえに $\boldsymbol{b_{n+1} = \dfrac{1}{2} b_n}$. $b_1 = a_2 - a_1 = 2 - 1 = \boldsymbol{1}$.

(2) (1) より $b_n = 1 \cdot \left(\dfrac{1}{2}\right)^{n-1} = \boldsymbol{\dfrac{1}{2^{n-1}}}$.

(3) $a_n = a_1 + \displaystyle\sum_{k=1}^{n-1} b_k = 1 + \sum_{k=1}^{n-1} \dfrac{1}{2^{k-1}} = 1 + \dfrac{1 - \left(\dfrac{1}{2}\right)^{n-1}}{1 - \dfrac{1}{2}} = \boldsymbol{3 - \dfrac{1}{2^{n-2}}}$.

$\displaystyle\lim_{n\to\infty} a_n = 3 - 0 = \boldsymbol{3}$.

1.14 第 n 群の項数は $2n$. 第 1 群から第 n 群の初項までのもとの数列の項数は,

$2 + 4 + 6 + \cdots + 2(n-1) + 1 = 2\displaystyle\sum_{k=1}^{n-1} k + 1 = (n-1)n + 1 = n^2 - n + 1$.

したがって第 n 群の初項は $2(n^2 - n + 1)$, 項数 $2n$, 公差 2 の等差数列.

それらの和 S は, $S = \dfrac{2n\{4(n^2 - n + 1) + (2n - 1) \cdot 2\}}{2} = \boldsymbol{2n(2n^2 + 1)}$.

1.15 $\log a_{n+2} = \dfrac{1}{2}(\log a_n + \log a_{n+1})$. $\log a_n = b_n$ とおくと $b_{n+2} = \dfrac{1}{2}(b_{n+1} + b_n)$.

両辺から b_{n+1} を引くと,

$b_{n+2} - b_{n+1} = -\dfrac{1}{2}(b_{n+1} - b_n)$, $b_2 - b_1 = \log a_2 - \log a_1 = \log 2$.

$\{b_{n+1} - b_n\}$ は初項 $\log 2$, 公比 $-\dfrac{1}{2}$ の等比数列なので,

$b_{n+1} - b_n = (\log 2)\left(-\dfrac{1}{2}\right)^{n-1}$.

$\{b_{n+1} - b_n\}$ は $\{b_n\}$ の階差数列なので,

$b_n = b_1 + \displaystyle\sum_{k=1}^{n-1}(\log 2)\left(-\dfrac{1}{2}\right)^{k-1} = \log 2 \times \dfrac{1 - \left(-\dfrac{1}{2}\right)^{n-1}}{1 + \dfrac{1}{2}}$

$= \dfrac{2}{3}\left\{1 - \left(-\dfrac{1}{2}\right)^{n-1}\right\}\log 2$.

$b_n = \log a_n = \log 2^{\frac{2}{3}\left\{1-\left(-\frac{1}{2}\right)^{n-1}\right\}}$. ゆえに $a_n = 2^{\frac{2}{3}\left\{1-\left(-\frac{1}{2}\right)^{n-1}\right\}}$.

1.16 $a_n > 0$ であるから $\log a_n = \log 2 + \dfrac{1}{2}\log a_{n-1}\cdots$①.

$\alpha = \log 2 + \dfrac{1}{2}\alpha$ より $\alpha = 2\log 2$.

①の両辺から $2\log 2$ を引いて, $\log a_n - 2\log 2 = \dfrac{1}{2}(\log a_{n-1} - 2\log 2)$.

ゆえに $\{\log a_n - 2\log 2\}$ は初項 $\log 10 - 2\log 2 = \log \dfrac{5}{2}$, 公比 $\dfrac{1}{2}$ の等比数列.

よって $\log a_n - 2\log 2 = \left(\log \dfrac{5}{2}\right)\left(\dfrac{1}{2}\right)^{n-1}$.

$\log a_n = 2\log 2 + \log\left(\dfrac{5}{2}\right)^{\left(\frac{1}{2}\right)^{n-1}} = \log 4\left(\dfrac{5}{2}\right)^{\left(\frac{1}{2}\right)^{n-1}}$. ゆえに $a_n = 4\left(\dfrac{5}{2}\right)^{2^{1-n}}$.

1.17 (1) $a_n - 5 = \sqrt{3a_{n-1} + 10} - 5 = \dfrac{3(a_{n-1} - 5)}{\sqrt{3a_{n-1} + 10} + 5}$.

$|a_n - 5| = \left|\dfrac{3(a_{n-1} - 5)}{\sqrt{3a_{n-1} + 10} + 5}\right| \leqq \dfrac{3}{5}|a_{n-1} - 5|$.

(2) $|a_n - 5| \leqq \dfrac{3}{5}|a_{n-1} - 5| \leqq \left(\dfrac{3}{5}\right)^2|a_{n-2} - 5| \leqq \cdots \leqq \left(\dfrac{3}{5}\right)^{n-1}|a_1 - 5|$.

したがって $\displaystyle\lim_{n\to\infty}|a_n - 5| = 0$. ゆえに $\displaystyle\lim_{n\to\infty}a_n = 5$.

1.18 $a_n + b_n = \dfrac{5}{6}(a_{n-1} + b_{n-1})$.

$\{a_n + b_n\}$ は初項 $a_1 + b_1 = 7$, 公比 $\dfrac{5}{6}$ の等比数列.

ゆえに $a_n + b_n = 7 \cdot \left(\dfrac{5}{6}\right)^{n-1}$ $\cdots$ ①. 同様に $a_n - b_n = 5 \cdot \left(\dfrac{1}{6}\right)^{n-1}$ $\cdots$ ②.

(①+②)÷2 より　$a_n = \dfrac{1}{2}\left\{7 \cdot \left(\dfrac{5}{6}\right)^{n-1} + 5 \cdot \left(\dfrac{1}{6}\right)^{n-1}\right\}$.

(①−②)÷2 より　$b_n = \dfrac{1}{2}\left\{7 \cdot \left(\dfrac{5}{6}\right)^{n-1} - 5 \cdot \left(\dfrac{1}{6}\right)^{n-1}\right\}$.

1.19　S_n の1辺の長さを x_n, S_{n+1} の1辺の長さを x_{n+1} とすると，$\tan 60° = \dfrac{x_{n+1}}{x_n - x_{n+1}} = \sqrt{3}$.

ゆえに $x_{n+1} = \dfrac{\sqrt{3}}{1+\sqrt{3}} x_n$.

ところで $\tan 60° = \dfrac{a - x_1}{x_1} = \sqrt{3}$ であるから，$x_1 = \dfrac{a}{1+\sqrt{3}}$.

したがって $S_1 = \left(\dfrac{a}{1+\sqrt{3}}\right)^2$.

$S_1, S_2, \cdots$ の面積比は辺の比の2乗に比例し，$0 < \left(\dfrac{\sqrt{3}}{1+\sqrt{3}}\right)^2 < 1$ なので，

$S_1 + S_2 + \cdots + S_n + \cdots$ は収束する．したがって

$$S = S_1 + S_2 + \cdots + S_n + \cdots = \dfrac{\left(\dfrac{a}{1+\sqrt{3}}\right)^2}{1 - \left(\dfrac{\sqrt{3}}{1+\sqrt{3}}\right)^2}$$

$$= \dfrac{a^2}{(1+\sqrt{3})^2} \times \dfrac{(1+\sqrt{3})^2}{1+2\sqrt{3}} = \dfrac{a^2}{1+2\sqrt{3}} = \left(\dfrac{2\sqrt{3}-1}{11}\right)a^2.$$

1.20　図形 A_n の辺の数を a_n とする.
(1) 条件から $a_0 = 3$, $a_n = 4 \cdot a_{n-1}$ $(n \geq 1)$. ゆえに $a_n = 4^n a_0 = \mathbf{3 \cdot 4^n}$.
(2) 図形 A_{n-1} の外側につけ加える三角形の1つの面積は，三角形の1辺の長さが A_{n-1} の1辺の長さの $\dfrac{1}{3}$ であることから

$$\left\{\left(\dfrac{1}{3}\right)^2\right\}^n S_0 = \left(\dfrac{1}{9}\right)^n \cdot 1 = \left(\dfrac{1}{9}\right)^n.$$

ゆえに $S_n = S_{n-1} + \left(\dfrac{1}{9}\right)^n \cdot a_{n-1}$ で，(1) から $a_{n-1} = 3 \cdot 4^{n-1}$ $(n \geq 1)$.

ゆえに $S_n = S_{n-1} + \left(\dfrac{1}{9}\right)^n \cdot 3 \cdot 4^{n-1} = S_{n-1} + \dfrac{1}{3}\left(\dfrac{4}{9}\right)^{n-1}$ $(n \geqq 1)$.

したがって $S_n = S_0 + \displaystyle\sum_{k=1}^{n} \dfrac{1}{3}\left(\dfrac{4}{9}\right)^{k-1} = 1 + \dfrac{1}{3} \cdot \dfrac{1 - \left(\dfrac{4}{9}\right)^n}{1 - \dfrac{4}{9}} = \dfrac{8}{5} - \dfrac{3}{5}\left(\dfrac{4}{9}\right)^n$.

ゆえに $\displaystyle\lim_{n \to \infty} S_n = \lim_{n \to \infty}\left\{\dfrac{8}{5} - \dfrac{3}{5}\left(\dfrac{4}{9}\right)^n\right\} = \dfrac{8}{5}$.

48p

∽➡∽➡∽➡∽➡∽➡∽➡ 総合演習 2 ∽➡∽➡∽➡∽➡∽➡∽➡

2.1 (1) $\displaystyle\lim_{x \to \infty}(\sqrt{x^2 + 3x + 1} - x) = \lim_{x \to \infty}\dfrac{x^2 + 3x + 1 - x^2}{\sqrt{x^2 + 3x + 1} + x}$

$= \displaystyle\lim_{x \to \infty}\dfrac{3 + \dfrac{1}{x}}{\sqrt{1 + \dfrac{3}{x} + \dfrac{1}{x^2}} + 1} = \dfrac{\mathbf{3}}{\mathbf{2}}$.

(2) $x - \dfrac{\pi}{4} = t$ とおくと, 分子 $= \sin x - \cos x = \sqrt{2}\sin\left(x - \dfrac{\pi}{4}\right)$ なので,

与式 $= \displaystyle\lim_{t \to 0}\dfrac{\sqrt{2}\sin t}{t} = \boldsymbol{\sqrt{2}}$. $\left(\text{なぜならば } \displaystyle\lim_{t \to 0}\dfrac{\sin t}{t} = 1\right)$.

(3) $\displaystyle\lim_{x \to \infty}\dfrac{\sin kx}{x} = \mathbf{0}$. $\left(\text{なぜならば } \left|\dfrac{\sin kx}{x}\right| \leqq \dfrac{1}{|x|} \to 0 \ (x \to \infty)\right)$.

(4) $x - \dfrac{\pi}{2} = t$ とおくと,

$\cos 3x = \cos 3\left(t + \dfrac{\pi}{2}\right) = \cos\left(3t + \dfrac{3}{2}\pi\right)$

$= \cos 3t \cos\dfrac{3}{2}\pi - \sin 3t \sin\dfrac{3}{2}\pi = \sin 3t$.

$\cos x = \cos\left(\dfrac{\pi}{2} + t\right) = \cos\dfrac{\pi}{2}\cos t - \sin\dfrac{\pi}{2}\sin t = -\sin t$.

ゆえに $\displaystyle\lim_{x \to \frac{\pi}{2}}\dfrac{\cos 3x}{\cos x} = \lim_{t \to 0}\dfrac{\sin 3t}{-\sin t} = -\lim_{t \to 0}\dfrac{\dfrac{\sin 3t}{3t} \cdot 3t}{\dfrac{\sin t}{t} \cdot t} = \mathbf{-3}$.

(5) $\pi - x = t$ とおくと, $x \to \pi$ のとき $t \to 0$ なので

$\displaystyle\lim_{x \to \pi}\dfrac{1 + \cos x}{\sin^2 x} = \lim_{t \to 0}\dfrac{1 + \cos(\pi - t)}{\sin^2(\pi - t)} = \lim_{t \to 0}\dfrac{1 - \cos t}{\sin^2 t}$

$= \displaystyle\lim_{t \to 0}\dfrac{\sin^2 t}{\sin^2 t(1 + \cos t)} = \dfrac{\mathbf{1}}{\mathbf{2}}$.

(6) $\displaystyle\lim_{x\to\infty}\frac{2^x}{3^x-1}=\lim_{x\to\infty}\frac{\left(\frac{2}{3}\right)^x}{1-\left(\frac{1}{3}\right)^x}=\mathbf{0}.$

(7) $\displaystyle\lim_{x\to 0}\frac{\log_a(1+x)}{x}=\lim_{x\to 0}\log_a(1+x)^{\frac{1}{x}}=\log_a e=\frac{1}{\log a}.$

(8) $\displaystyle\lim_{x\to 0}(1+x+x^2)^{\frac{1}{x}}=\lim_{x\to 0}\left\{(1+x+x^2)^{\frac{1}{x+x^2}}\right\}^{1+x}=e^1=\boldsymbol{e}.$

2.2 $x\neq 0$ で $f(x)$ は連続である．また $f'(x)=3x^2\sin\frac{1}{x}-x\cos\frac{1}{x}$ となり微分可能である．$x=0$ のときは

$$0\leqq\lim_{h\to 0}\left|\frac{f(0+h)-f(0)}{h}\right|=\lim_{h\to 0}\left|\frac{h^3\sin\frac{1}{h}-0}{h}\right|=\lim_{h\to 0}\left|h^2\sin\frac{1}{h}\right|$$
$$\leqq\lim_{h\to 0}\left|h^2\right|=0.$$

よって $f'(0)=0$ となり，$x=0$ で微分可能であり連続．
ゆえにすべての点で連続である．

2.3 $\displaystyle\lim_{x\to a}\frac{e^x f(a)-e^a f(x)}{x-a}=\lim_{x\to a}\frac{(e^x-e^a)f(a)-e^a(f(x)-f(a))}{x-a}$

$\displaystyle =\lim_{x\to a}\frac{e^x-e^a}{x-a}\cdot f(a)-e^a\lim_{x\to a}\frac{f(x)-f(a)}{x-a}=(e^x)'_{x=a}\cdot f(a)-e^a f'(a)$

$=\boldsymbol{e^a f(a)-e^a f'(a)}.$

(**別解**) $g(x)=e^x f(a)-e^a f(x)$ とおくと，$g(a)=0$ だから

与式 $\displaystyle =\lim_{x\to a}\frac{g(x)-g(a)}{x-a}=g'(a)=e^a f(a)-e^a f'(a).$

(実質的にロピタルの定理を使用したのと同じである)

2.4 $\tan^{-1}x=\alpha$ とおくと $x=\tan\alpha$.
ところで $\tan\left(\frac{\pi}{2}-\alpha\right)=\cot\alpha=\frac{1}{x}$ なので，$\tan^{-1}\frac{1}{x}=\frac{\pi}{2}-\alpha.$
$\alpha=\tan^{-1}x$ なので $\tan^{-1}\frac{1}{x}=\frac{\pi}{2}-\tan^{-1}x.$ ゆえに $\boldsymbol{\tan^{-1}x+\tan^{-1}\frac{1}{x}=\frac{\pi}{2}}.$

2.5 $\displaystyle\lim_{x\to 3}(a\sqrt{x+6}+b)=\lim_{x\to 3}\left\{\frac{a\sqrt{x+6}+b}{x-3}\cdot(x-3)\right\}=\frac{1}{6}\cdot 0=0.$
ゆえに $3a+b=0.$ つまり $b=-3a.$
$\displaystyle\lim_{x\to 3}\frac{a\sqrt{x+6}-3a}{x-3}=a\lim_{x\to 3}\frac{x+6-9}{(x-3)(\sqrt{x+6}+3)}=\frac{a}{6}.$

ゆえに $\dfrac{a}{6} = \dfrac{1}{6}$. ゆえに $a = 1$. このとき $b = -3a = -3$.

2.6 (1) $y' = 3\left(x + \dfrac{1}{x}\right)^2 \left(1 - \dfrac{1}{x^2}\right)$.

(2) $y' = \left\{(\log x)^{\frac{1}{2}}\right\}' = \dfrac{(\log x)'}{2\sqrt{\log x}} = \dfrac{1}{2x\sqrt{\log x}}$.

(3) $y = e^{x^x}$. $\log y = x^x$. $\log(\log y) = x \log x$. $\dfrac{1}{\log y} \times \dfrac{1}{y} \times y' = \log x + 1$.

ゆえに $y' = y(\log y)(\log x + 1) = e^{x^x} \cdot x^x \cdot (\log x + 1)$.

(4) $\log y = \sin^{-1} x \cdot \log x$. ゆえに $\dfrac{y'}{y} = \dfrac{1}{\sqrt{1-x^2}} \log x + \dfrac{\sin^{-1} x}{x}$.

ゆえに $y' = x^{\sin^{-1} x} \left(\dfrac{\log x}{\sqrt{1-x^2}} + \dfrac{\sin^{-1} x}{x}\right)$.

(5) $y' = -\dfrac{1}{\sqrt{1 - \dfrac{1}{x^2}}} \left(\dfrac{1}{x}\right)' = -\dfrac{1}{\sqrt{1 - \dfrac{1}{x^2}}} \left(-\dfrac{1}{x^2}\right) = \dfrac{1}{x^2\sqrt{1 - \dfrac{1}{x^2}}}$

$= \dfrac{1}{x^2 \cdot \dfrac{\sqrt{x^2-1}}{|x|}} = \dfrac{1}{|x|^2 \cdot \dfrac{\sqrt{x^2-1}}{|x|}} = \dfrac{1}{|x|\sqrt{x^2-1}}$.

(6) $y = \dfrac{1}{2}(\log|1+\cos x| - \log|1-\cos x|)$.

$y' = \dfrac{1}{2}\left(\dfrac{-\sin x}{1+\cos x} - \dfrac{\sin x}{1-\cos x}\right) = -\dfrac{1}{2} \cdot \dfrac{2\sin x}{\sin^2 x} = -\dfrac{1}{\sin x}$.

(7) $y = \cos^{-1}(\log x)$. $y' = -\dfrac{1}{\sqrt{1-(\log x)^2}} \times \left(\dfrac{1}{x}\right) = -\dfrac{1}{x\sqrt{1-(\log x)^2}}$.

(8) $\log y = \sin x \cdot \log(\tan x)$. $\dfrac{y'}{y} = \cos x \cdot \log(\tan x) + \sin x \cdot \dfrac{1}{\tan x} \cdot \dfrac{1}{\cos^2 x}$.

ゆえに $y' = (\tan x)^{\sin x}\left\{\cos x \cdot \log(\tan x) + \dfrac{1}{\cos x}\right\}$.

2.7 (1) 左辺 $= \left(\dfrac{e^x + e^{-x}}{2}\right)^2 - \left(\dfrac{e^x - e^{-x}}{2}\right)^2 = \dfrac{2-(-2)}{4} = 1 =$ 右辺.

(2) 左辺 $= 1 - \left(\dfrac{e^x - e^{-x}}{e^x + e^{-x}}\right)^2 = \dfrac{4}{(e^x + e^{-x})^2} = \dfrac{1}{\left(\dfrac{e^x + e^{-x}}{2}\right)^2} =$ 右辺.

(3) 右辺 $= \dfrac{e^x - e^{-x}}{2} \cdot \dfrac{e^y + e^{-y}}{2} + \dfrac{e^x + e^{-x}}{2} \cdot \dfrac{e^y - e^{-y}}{2}$

$$= \frac{1}{4}(2e^{x+y} - 2e^{-x-y}) = \frac{1}{2}(e^{x+y} - e^{-(x+y)}) = 左辺.$$

(4) (3) と同様の方法で行う.

2.8 (1) $y = \dfrac{e^x - e^{-x}}{2} = \dfrac{1}{2}\left(e^x - \dfrac{1}{e^x}\right)$ から $(e^x)^2 - 2e^x \cdot y - 1 = 0.$

ゆえに $e^x = y \pm \sqrt{y^2 + 1}.$ $e^x > 0$ なので, $e^x = y + \sqrt{y^2 + 1}.$

ゆえに $x = \log\left(y + \sqrt{y^2 + 1}\right).$

x と y を入れかえて $y = \boldsymbol{\log\left(x + \sqrt{x^2 + 1}\right)}$ $(-\infty < x < \infty).$

(2) $y = \dfrac{e^x + e^{-x}}{2}$ から $(e^x)^2 - 2e^x \cdot y + 1 = 0 \cdots ①.$

相加・相乗平均の関係から $y \geqq 1.$ ①より $e^x = y \pm \sqrt{y^2 - 1}.$

$x \geqq 0$ のとき $e^x \geqq 1.$ ところで $e^x = y - \sqrt{y^2 - 1} = \dfrac{1}{y + \sqrt{y^2 - 1}} < 1$ で

あるから $e^x = y + \sqrt{y^2 - 1}.$ ゆえに $x = \log\left(y + \sqrt{y^2 - 1}\right).$

$x < 0$ のとき $e^x < 1.$ ところで $e^x = y + \sqrt{y^2 - 1} \geqq 1$ であるから

$e^x = y - \sqrt{y^2 - 1}.$ ゆえに $x = \log\left(y - \sqrt{y^2 - 1}\right).$

以上から $x = \log\left(y \pm \sqrt{y^2 - 1}\right).$

x と y を入れかえて $y = \boldsymbol{\log\left(x \pm \sqrt{x^2 - 1}\right)}.$ $(x \geqq 1)$

(3) $y = \dfrac{e^x - e^{-x}}{e^x + e^{-x}} = \dfrac{e^{2x} - 1}{e^{2x} + 1}.$ ゆえに $e^{2x} = \dfrac{1+y}{1-y}.$ ゆえに $x = \dfrac{1}{2}\log\dfrac{1+y}{1-y}.$

x と y を入れかえて $y = \dfrac{1}{2}\log\dfrac{1+x}{1-x} = \boldsymbol{\log\sqrt{\dfrac{1+x}{1-x}}}$ $(|x| < 1).$

(注) $\cosh^{-1} x$ は本来は2価である.

2.9 (1) $y = \sinh x = \dfrac{e^x - e^{-x}}{2}$ より, $y' = \dfrac{e^x + e^{-x}}{2} = \boldsymbol{\cosh x}.$

(2) $y = \cosh x = \dfrac{e^x + e^{-x}}{2}$ より, $y' = \dfrac{e^x - e^{-x}}{2} = \boldsymbol{\sinh x}.$

(3) $y = \tanh x = \dfrac{e^x - e^{-x}}{e^x + e^{-x}}$ より,

$y' = \dfrac{(e^x + e^{-x})^2 - (e^x - e^{-x})^2}{(e^x + e^{-x})^2} = \dfrac{4}{(e^x + e^{-x})^2} = \boldsymbol{\dfrac{1}{\cosh^2 x}}.$

(4) $y = \sinh^{-1} x = \log(x + \sqrt{x^2 + 1})$ より

$y' = \dfrac{1}{x + \sqrt{x^2 + 1}}\left(1 + \dfrac{2x}{2\sqrt{x^2 + 1}}\right) = \dfrac{1}{x + \sqrt{x^2 + 1}} \cdot \dfrac{\sqrt{x^2 + 1} + x}{\sqrt{x^2 + 1}}$

$= \boldsymbol{\dfrac{1}{\sqrt{x^2 + 1}}}.$

(5) $y = \cosh^{-1} x = \pm \log\left(x + \sqrt{x^2-1}\right)$ より

$$y' = \pm \frac{1}{x+\sqrt{x^2-1}}\left(1 + \frac{2x}{2\sqrt{x^2-1}}\right) = \pm \frac{1}{x+\sqrt{x^2-1}} \cdot \frac{\sqrt{x^2-1}+x}{\sqrt{x^2-1}}$$

$$= \pm \frac{1}{\sqrt{x^2-1}}. \quad \text{(複号同順)}$$

(6) $y = \tanh^{-1} x = \frac{1}{2}\log\frac{1+x}{1-x} \quad (|x|<1)$ より

$$y' = \frac{1}{2}\left(\log|1+x| - \log|1-x|\right)' = \frac{1}{2}\left(\frac{1}{1+x} + \frac{1}{1-x}\right) = \frac{1}{1-x^2}.$$

∞•∞•∞•∞•∞•∞•∞•∞•∞ **総合演習3** ∞•∞•∞•∞•∞•∞•∞•∞•∞

3.1 (1) $f(x) = \frac{1}{x}\ (x>0)$ は区間 $[a, a+h]$ で連続で，微分可能である．

$f'(x) = -\frac{1}{x^2}$ なので，平均値の定理から $\frac{1}{a+h} - \frac{1}{a} = -\frac{h}{(a+\theta h)^2}$.

これから $a(a+h) = (a+\theta h)^2$. 展開して $h\theta^2 + 2a\theta - a = 0$.

$\theta = \frac{-a \pm \sqrt{a^2+ah}}{h}$. $0<\theta<1$ より $\theta = \frac{-a+\sqrt{a^2+ah}}{h}$.

$$\lim_{h\to+0}\frac{-a+\sqrt{a^2+ah}}{h} = \lim_{h\to+0}\frac{a^2+ah-a^2}{h(\sqrt{a^2+ah}+a)}$$

$$= \lim_{h\to+0}\frac{a}{\sqrt{a^2+ah}+a} = \frac{a}{2a} = \frac{1}{2}.$$

(2) (1)と同様の方法で $f'(x) = \frac{1}{2\sqrt{x}}$. $\sqrt{a+h} - \sqrt{a} = \frac{h}{2\sqrt{a+\theta h}}$.

これから $\sqrt{a+\theta h} = \frac{h}{2(\sqrt{a+h}-\sqrt{a})} = \frac{\sqrt{a+h}+\sqrt{a}}{2}$.

平方して $\theta = \frac{2\sqrt{a(a+h)} - (2a-h)}{4h}$.

$$\lim_{h\to+0}\frac{2\sqrt{a(a+h)}-(2a-h)}{4h} = \lim_{h\to+0}\frac{4a(a+h)-(2a-h)^2}{4h(2\sqrt{a(a+h)}+2a-h)}$$

$$= \lim_{h\to+0}\frac{8a-h}{4(2\sqrt{a(a+h)}+2a-h)} = \frac{8a}{4(2a+2a)} = \frac{1}{2}.$$

3.2 (1) $f(x) = e^x$ はすべての実数 x について微分可能であるから，区間 $[\sin x, x]$ で平均値の定理を用いると，$f'(x) = e^x$ から $\frac{e^x - e^{\sin x}}{x - \sin x} = e^c$ を満たす c ($\sin x < c < x$) が存在する．

$\lim_{x\to+0} x = 0,\ \lim_{x\to+0}\sin x = 0$ であるから $c \to 0$. $\lim_{c\to+0} e^c = e^0 = 1$.

したがって $\lim_{x\to+0}\dfrac{e^x - e^{\sin x}}{x - \sin x} = \mathbf{1}$.

(2) $f(x) = \log x$ は $x > 0$ で微分可能であるから，区間 $[x, x+1]$ で平均値の定理を用いると，$f'(x) = \dfrac{1}{x}$ から $\dfrac{\log(x+1) - \log x}{(x+1) - x} = \dfrac{1}{c}$ を満たす c $(x < c < x+1)$ が存在する．

$x < c < x+1$ より $\dfrac{1}{x+1} < \dfrac{1}{c} < \dfrac{1}{x}$ なので，

したがって $\dfrac{1}{x+1} < \log(x+1) - \log x < \dfrac{1}{x}$.

3.3 (1) $e^x \fallingdotseq 1 + x + \dfrac{x^2}{2!} + \dfrac{x^3}{3!} + \dfrac{x^4}{4!} + \dfrac{x^5}{5!} + \dfrac{x^6}{6!}$ であるから

$e^{-x} \fallingdotseq 1 - x + \dfrac{x^2}{2!} - \dfrac{x^3}{3!} + \dfrac{x^4}{4!} - \dfrac{x^5}{5!} + \dfrac{x^6}{6!}$.

ゆえに $\cosh x = \dfrac{1}{2}(e^x + e^{-x}) \fallingdotseq \boldsymbol{1 + \dfrac{x^2}{2!} + \dfrac{x^4}{4!} + \dfrac{x^6}{6!}}$.

(2) $e^x \cos x = \left(1 + x + \dfrac{x^2}{2} + \dfrac{x^3}{6} + \dfrac{x^4}{24} + \cdots\right)\left(1 - \dfrac{x^2}{2} + \dfrac{x^4}{24} + \cdots\right)$

$\fallingdotseq \boldsymbol{1 + x - \dfrac{x^3}{3} - \dfrac{x^4}{6}}$.

(3) $f(x) = a^x$ とおけば，$f'(x) = a^x \log a$, $f''(x) = a^x (\log a)^2$, $f'''(x) = a^x (\log a)^3$.

ゆえに $f(0) = 1$, $f'(0) = \log a$, $f''(0) = (\log a)^2$, $f'''(0) = (\log a)^3$.

ゆえに $a^x \fallingdotseq \boldsymbol{1 + (\log a)x + \dfrac{1}{2!}(\log a)^2 x^2 + \dfrac{1}{3!}(\log a)^3 x^3}$.

(4) $\sin x = x - \dfrac{x^3}{3!} + \dfrac{x^5}{5!} - \dfrac{x^7}{7!} + \cdots$ を利用する．

$\sin x \cos x = \dfrac{1}{2}\sin 2x \fallingdotseq \dfrac{1}{2}\left\{(2x) - \dfrac{(2x)^3}{3!} + \dfrac{(2x)^5}{5!} - \dfrac{(2x)^7}{7!}\right\}$

$\fallingdotseq \boldsymbol{x - \dfrac{2}{3}x^3 + \dfrac{2}{15}x^5 - \dfrac{4}{315}x^7}$.

3.4 (1) $e^x = 1 + x + \dfrac{x^2}{2!} + \dfrac{x^3}{3!} + \cdots$ より，

$e^{\frac{1}{x}} = 1 + \dfrac{1}{x} + \dfrac{1}{2!}\left(\dfrac{1}{x}\right)^2 + \cdots$, $e^{\frac{2}{x}} = 1 + \dfrac{2}{x} + \dfrac{1}{2!}\left(\dfrac{2}{x}\right)^2 + \cdots$.

ゆえに $\displaystyle\lim_{x\to\infty} x\left(e^{\frac{1}{x}} - e^{\frac{2}{x}}\right)$

$= \displaystyle\lim_{x\to\infty} x\left\{\left(1 + \dfrac{1}{x} + \dfrac{1}{2!}\cdot\dfrac{1}{x^2} + \cdots\right) - \left(1 + \dfrac{2}{x} + \dfrac{1}{2!}\cdot\dfrac{4}{x^2} + \cdots\right)\right\}$

$= \displaystyle\lim_{x\to\infty} x\left\{-\dfrac{1}{x} + \left(\dfrac{1}{2!} - \dfrac{4}{2!}\right)\dfrac{1}{x^2} + \cdots\right\}$

$$= \lim_{x\to\infty}\left\{-1 + \left(\frac{1}{2!} - \frac{4}{2!}\right)\frac{1}{x} + \cdots\right\} = -\mathbf{1}.$$

(別解) $\displaystyle\lim_{x\to\infty} x\left(e^{\frac{1}{x}} - e^{\frac{2}{x}}\right) = \lim_{y\to+0}\frac{1}{y}\left(e^y - e^{2y}\right) = \lim_{y\to+0}\frac{e^y - 2e^{2y}}{1}$

$= 1 - 2 = -1.$ $\left(x = \dfrac{1}{y} \text{ とおいて，ロピタルの定理を用いた．}\right)$

(2) $\sin x = x - \dfrac{x^3}{6} + \cdots,\ e^x = 1 + x + \dfrac{x^2}{2} + \dfrac{x^3}{6} + \cdots.$

$e^{\sin x} = 1 + \sin x + \dfrac{(\sin x)^2}{2} + \dfrac{(\sin x)^3}{6} + \cdots$

$= 1 + \left(x - \dfrac{x^3}{6} + \cdots\right) + \dfrac{1}{2}\left(x - \dfrac{x^3}{6} + \cdots\right)^2 + \dfrac{1}{6}\left(x - \dfrac{x^3}{6} + \cdots\right)^3 + \cdots$

$= 1 + x + \dfrac{x^2}{2} + \left(-\dfrac{1}{6} + \dfrac{1}{6}\right)x^3 + \cdots \fallingdotseq 1 + x + \dfrac{x^2}{2}$

ゆえに $\dfrac{e^x - e^{\sin x}}{x - \sin x} = \dfrac{\frac{1}{6}x^3 + \cdots}{\frac{1}{6}x^3 + \cdots} \longrightarrow \mathbf{1}.$

3.5 (1) $\dfrac{1}{1-x} = t$ とおくと $x = 1 - \dfrac{1}{t}.$ $x \to 1$ のとき $t \to \pm\infty.$

$$P = \lim_{t\to\pm\infty}\left(1 - \dfrac{1}{t}\right)^t = \lim_{t\to\pm\infty}\left\{\left(1 + \left(-\dfrac{1}{t}\right)\right)^{-t}\right\}^{-1} = e^{-1} = \dfrac{\mathbf{1}}{\mathbf{e}}.$$

(2) $f(x) = x^{\frac{1}{1-x}}$ より $\log f(x) = \dfrac{1}{1-x}\log x.$

$\displaystyle\lim_{x\to 1}\log f(x) = \lim_{x\to 1}\dfrac{\log x}{1-x}.$ これは $\dfrac{0}{0}$ 型なのでロピタルの定理を利用して

$\displaystyle\lim_{x\to 1}\dfrac{\log x}{1-x} = \lim_{x\to 1}\dfrac{\frac{1}{x}}{-1} = -1.$ ゆえに $\displaystyle\lim_{x\to 1}f(x) = e^{-1} = \dfrac{\mathbf{1}}{\mathbf{e}}.$

3.6 (1) $\left(\dfrac{0}{0}\right)$ 型．与式 $= \displaystyle\lim_{x\to 0}\dfrac{1 - \dfrac{1}{x+1}}{2x} = \lim_{x\to 0}\dfrac{1}{2(1+x)} = \dfrac{\mathbf{1}}{\mathbf{2}}.$

(2) $\left(\dfrac{0}{0}\right)$ 型．与式 $= \displaystyle\lim_{x\to 0}\dfrac{3^x \log 3}{1} = \mathbf{\log 3}.$

3.7 (1) $y = \dfrac{1}{x^2 - 3x + 2} = \dfrac{1}{(x-1)(x-2)} = \dfrac{1}{x-2} - \dfrac{1}{x-1}$

$= (x-2)^{-1} - (x-1)^{-1}.$

$$y' = (-1)(x-2)^{-2} - (-1)(x-1)^{-2}.$$
$$y'' = (-1)^2 \cdot 2 \cdot 1 \cdot (x-2)^{-3} - (-1)^2 \cdot 2 \cdot 1 \cdot (x-1)^{-3}.$$
よって（正式には数学的帰納法による）
$$y^{(n)} = (-1)^n \cdot n! \cdot (x-2)^{-(n+1)} - (-1)^n \cdot n! \cdot (x-1)^{-(n+1)}$$
$$= (-1)^n n! \left\{ \frac{1}{(x-2)^{n+1}} - \frac{1}{(x-1)^{n+1}} \right\}.$$

(2) $y = e^x x^3$. $f = e^x$, $g = x^3$ とおくと $f^{(r)} = e^x$ $(r = 1, 2, \ldots, n)$.
$g' = 3x^2$, $g'' = 6x$, $g''' = 6$, $g^{(4)} = g^{(5)} = \cdots = g^{(n)} = 0$.
以上より，ライプニッツの公式を利用して
$$(fg)^{(n)} = f^{(n)}g + {}_nC_1 f^{(n-1)}g' + {}_nC_2 f^{(n-2)}g'' + {}_nC_3 f^{(n-3)}g'''$$
$$= e^x x^3 + {}_nC_1 e^x \cdot 3x^2 + {}_nC_2 e^x \cdot 6x + {}_nC_3 e^x \cdot 6$$
$$= e^x \{ x^3 + 3nx^2 + 3n(n-1)x + n(n-1)(n-2) \}.$$

3.8 (1) $y' = \dfrac{1}{\sqrt{1-x^2}}$. ゆえに $y'\sqrt{1-x^2} = 1$.
両辺を微分して $y''\sqrt{1-x^2} - \dfrac{y'x}{\sqrt{1-x^2}} = 0$.
ゆえに $(1-x^2)y'' = xy' \cdots$ ①.

(2) ①をライプニッツの定理によって n 回微分すると，
$$(1-x^2)y^{(n+2)} + {}_nC_1(1-x^2)'y^{(n+1)} + {}_nC_2(1-x^2)''y^{(n)}$$
$$= xy^{(n+1)} + {}_nC_1 x'y^{(n)}.$$
ゆえに $(1-x^2)y^{(n+2)} - 2nxy^{(n+1)} - n(n-1)y^{(n)} - xy^{(n+1)} - ny^{(n)} = 0$.
ゆえに $(1-x^2)y^{(n+2)} - (2n+1)xy^{(n+1)} - n^2 y^{(n)} = 0$.

(3) (2)の結果において $y = y(x)$ で $x = 0$ を代入すると，
$y^{(n+2)}(0) = n^2 y^{(n)}(0)$. これをくり返して
$$y^{(n+2)}(0) = n^2 y^{(n)}(0) = n^2 \{(n-2)^2 y^{(n-2)}(0)\} = \cdots$$
$$= \begin{cases} n^2(n-2)^2(n-4)^2 \cdots 3^2 \cdot f^{(1)}(0) & (n：奇数) \\ n^2(n-2)^2(n-4)^2 \cdots 2^2 \cdot f^{(0)}(0) & (n：偶数) \end{cases}.$$
ところで $f^{(1)}(0) = f'(0) = 1$, $f^{(0)}(0) = \sin^{-1} 0 = 0$ なので，
$$y^{(n+2)}(0) = \begin{cases} 1^2 \cdot 3^2 \cdot 5^2 \cdots n^2 & (n：奇数) \\ 0 & (n：偶数) \end{cases}.$$

3.9 [解1] $x^{\frac{2}{3}} + y^{\frac{2}{3}} = a^{\frac{2}{3}}$ … ① の両辺を x で微分すると，

$$\frac{2}{3}x^{-\frac{1}{3}} + \frac{2}{3}y^{-\frac{1}{3}}y' = 0. \text{ ゆえに } y' = -\left(\frac{y}{x}\right)^{\frac{1}{3}}.$$

曲線①上の点 $P(x_1, y_1)$ における接線の方程式は，

$$y - y_1 = -\left(\frac{y_1}{x_1}\right)^{\frac{1}{3}}(x - x_1).$$

ゆえに $\dfrac{x}{x_1^{\frac{1}{3}}} + \dfrac{y}{y_1^{\frac{1}{3}}} = x_1^{\frac{2}{3}} + y_1^{\frac{2}{3}}$.

P は①上の点であるから $\dfrac{x}{x_1^{\frac{1}{3}}} + \dfrac{y}{y_1^{\frac{1}{3}}} = a^{\frac{2}{3}}$ … ②.

②と x 軸，y 軸との交点をそれぞれ Q, R とすると $Q\left(a^{\frac{2}{3}}x_1^{\frac{1}{3}}, 0\right), R\left(0, a^{\frac{2}{3}}y_1^{\frac{1}{3}}\right)$.

$QR^2 = a^{\frac{4}{3}}(x_1^{\frac{2}{3}} + y_1^{\frac{2}{3}}) = a^{\frac{4}{3}} \cdot a^{\frac{2}{3}} = a^2.$ ゆえに $QR = \boldsymbol{a}$ （一定）.

[解2] この曲線は $x = a\cos^3 t,\ y = a\sin^3 t$.

$$\frac{dy}{dx} = \frac{\dfrac{dy}{dt}}{\dfrac{dx}{dt}} = \frac{3a\sin^2 t \cos t}{-3a\cos^2 t \sin t} = -\frac{\sin t}{\cos t}.$$

よって曲線上の点 $P(a\cos^3 \alpha,\ a\sin^3 \alpha)$ における接線の方程式は，

$$y - a\sin^3 \alpha = -\frac{\sin \alpha}{\cos \alpha}(x - a\cos^3 \alpha). \text{ ゆえに } \frac{x}{\cos \alpha} + \frac{y}{\sin \alpha} = a.$$

これと両軸との交点は $Q(a\cos\alpha, 0)$, $R(0, a\sin\alpha)$ なので，

$$QR = \sqrt{a^2\cos^2\alpha + a^2\sin^2\alpha} = \sqrt{a^2} = \boldsymbol{a} \quad (\text{一定}).$$

3.10 [解1] グラフの対称性から第1象限で考える．題意より $a > b$ と考えてよい．
1点 $P(x_0, y_0)$ における接線は $\dfrac{x_0 x}{a^2} + \dfrac{y_0 y}{b^2} = 1.$

x 軸との交点は $Q\left(\dfrac{a^2}{x_0}, 0\right)$, y 軸との交点は $R\left(0, \dfrac{b^2}{y_0}\right)$ なので，

$$QR^2 = \frac{a^4}{x_0^2} + \frac{b^4}{y_0^2} = \frac{a^4}{x_0^2} + \frac{a^2 b^2}{a^2 - x_0^2} = a^2\left(\frac{a^2}{x_0^2} + \frac{b^2}{a^2 - x_0^2}\right)$$ の最小を求める．

今 $f(x_0) = \dfrac{a^2}{x_0^2} + \dfrac{b^2}{a^2 - x_0^2}$ とおいて，

$$f'(x_0) = \frac{-2a^2}{x_0^3} + \frac{2b^2 x_0}{(a^2 - x_0^2)^2}$$

$$= 2\frac{b^2 x_0^4 - a^2(a^2 - x_0^2)^2}{x_0^3(a^2 - x_0^2)^2} = 0$$

x_0	$\cdots$	$\sqrt{\dfrac{a^3}{a+b}}$	$\cdots$
$f'(x_0)$	$-$	0	$+$
$f(x_0)$	↘	極小	↗

分子 $= 2\{(b+a){x_0}^2 - a^3\}\{(b-a){x_0}^2 + a^3\} = 0$ より，

$0 \leqq x_0 \leqq a$ では $x_0 = \sqrt{\dfrac{a^3}{a+b}}$ で最小となり，そのときの最小値は

$$\mathrm{QR}^2 = a^2\left(\dfrac{a+b}{a} + \dfrac{b^2}{a^2 - \dfrac{a^3}{a+b}}\right) = a^2\left\{\dfrac{a+b}{a} + \dfrac{(a+b)b}{a^2}\right\} = (a+b)^2.$$

したがって**最小値は $a+b$** である．

[**解 2**] だ円上の点を $\mathrm{P}(a\cos\theta, b\sin\theta)$ とおいて，

点 P における接線は $\dfrac{x\cos\theta}{a} + \dfrac{y\sin\theta}{b} = 1.$

このとき Q，R の座標は $\mathrm{Q}\left(\dfrac{a}{\cos\theta}, 0\right)$，$\mathrm{R}\left(0, \dfrac{b}{\sin\theta}\right)$ となる．

$f(\theta) = \mathrm{QR}^2 = \left(\dfrac{a}{\cos\theta}\right)^2 + \left(\dfrac{b}{\sin\theta}\right)^2.$

$f'(\theta) = \dfrac{2a^2\sin\theta}{\cos^3\theta} - \dfrac{2b^2\cos\theta}{\sin^3\theta} = \dfrac{2a^2\cos\theta}{\sin^3\theta}\left(\tan^4\theta - \dfrac{b^2}{a^2}\right).$

$\tan^4\theta = \dfrac{b^2}{a^2}$ より $\tan\theta = \sqrt{\dfrac{b}{a}}.$ ゆえに $\theta = \tan^{-1}\sqrt{\dfrac{b}{a}}.$ 下の増減表から

$\mathrm{QR}^2 = \left(\dfrac{a}{\sqrt{\dfrac{a}{a+b}}}\right)^2 + \left(\dfrac{b}{\sqrt{\dfrac{b}{a+b}}}\right)^2 = (a+b)^2.$ ゆえに**最小値は $a+b$**．

θ	0	$\cdots$	θ	$\cdots$	$\dfrac{\pi}{2}$
$f'(\theta)$		$-$	0	$+$	
$f(\theta)$		$\searrow$	極小	$\nearrow$	

[**解 3**] グラフの対称性から第 1 象限で考えて，だ円の接線の方程式は，傾きを

m とすれば $y = mx + \sqrt{a^2m^2 + b^2}.$ 接線と x 切片，y 切片の座標から，

$\mathrm{OQ} = -\dfrac{\sqrt{a^2m^2 + b^2}}{m},$ $\mathrm{OR} = \sqrt{a^2m^2 + b^2}.$ ゆえに

$\mathrm{QR}^2 = \mathrm{OQ}^2 + \mathrm{OR}^2 = (a^2m^2 + b^2)\left(1 + \dfrac{1}{m^2}\right) = a^2 + b^2 + a^2m^2 + \dfrac{b^2}{m^2} \cdots ①.$

$\dfrac{d}{dm}\mathrm{QR}^2 = 2a^2m - \dfrac{2b^2}{m^3} = 0$ より $m^2 = \dfrac{b}{a}.$ ゆえに $m = -\sqrt{\dfrac{b}{a}}.$

このとき $\mathrm{QR}^2 = a^2 + b^2 + a^2 \times \dfrac{b}{a} + b^2 \times \dfrac{a}{b} = (a+b)^2.$

ゆえに**最小値は** $a+b$.

(**注**) ①で相加・相乗平均の関係を使うと，

$$QR^2 = a^2 + b^2 + a^2m^2 + \frac{b^2}{m^2}$$

$$\geqq a^2 + b^2 + 2\sqrt{a^2m^2 \times \frac{b^2}{m^2}} = (a+b)^2 \text{ を得る.}$$

m	$\cdots$	$-\sqrt{\dfrac{b}{a}}$	$\cdots$
$(QR^2)'$	$-$	0	$+$
(QR^2)	↘	極小	↗

3.11 円すいの底面の円周の長さは $a\theta$ であるから，底面の半径 r は $r = \dfrac{a\theta}{2\pi}$ となる．

したがって体積 V は，$V = \dfrac{1}{3}\pi \left(\dfrac{a\theta}{2\pi}\right)^2 \sqrt{a^2 - \left(\dfrac{a\theta}{2\pi}\right)^2} = \dfrac{a^3}{24\pi^2}\theta^2\sqrt{4\pi^2 - \theta^2}$.

$\dfrac{dV}{d\theta} = \dfrac{a^3}{24\pi^2}\left(2\theta\sqrt{4\pi^2 - \theta^2} - \dfrac{\theta^3}{\sqrt{4\pi^2 - \theta^2}}\right) = \dfrac{a^3}{24\pi^2} \cdot \dfrac{\theta(8\pi^2 - 3\theta^2)}{\sqrt{4\pi^2 - \theta^2}}$.

$\dfrac{dV}{d\theta} = 0$ より $\theta = \sqrt{\dfrac{8}{3}}\pi$.

右の増減表より $\theta = \sqrt{\dfrac{8}{3}}\pi$ のとき最大となる．このとき $V = \dfrac{2\pi a^3}{9\sqrt{3}}$ である．

θ	0	$\cdots$	$\sqrt{\dfrac{8}{3}}\pi$	$\cdots$	2π
V'	$+$	$+$	0	$-$	$-$
V	0	↗	極大	↘	0

3.12 (1) $f'(x) = 3(\cos x + \cos 3x) = 3(\cos x + 4\cos^3 x - 3\cos x)$

$= 12\cos x \left(\cos^2 x - \dfrac{1}{2}\right)$, $f''(x) = -3(\sin x + 3\sin 3x)$.

$-\pi \leqq x \leqq \pi$ より $x = -\dfrac{3}{4}\pi, -\dfrac{\pi}{2}, -\dfrac{\pi}{4}, \dfrac{\pi}{4}, \dfrac{\pi}{2}, \dfrac{3}{4}\pi$ で $f'(x) = 0$.

$f''\left(-\dfrac{3}{4}\pi\right) = \dfrac{12}{\sqrt{2}} > 0$, $f''\left(-\dfrac{\pi}{2}\right) = -6 < 0$, $f''\left(-\dfrac{\pi}{4}\right) = \dfrac{12}{\sqrt{2}} > 0$,

$f''\left(\dfrac{\pi}{4}\right) = -\dfrac{12}{\sqrt{2}} < 0$, $f''\left(\dfrac{\pi}{2}\right) = 6 > 0$, $f''\left(\dfrac{3}{4}\pi\right) = -\dfrac{12}{\sqrt{2}} < 0$ より，

$x = -\dfrac{3}{4}\pi, -\dfrac{\pi}{4}$ で極小値 $-2\sqrt{2}$. $x = -\dfrac{\pi}{2}$ で極大値 -2.

$x = \dfrac{\pi}{4}, \dfrac{3}{4}\pi$ で極大値 $2\sqrt{2}$. $x = \dfrac{\pi}{2}$ で極小値 2. (図ア参照)

(2) $f'(x) = -e^{-x}(\cos x + \sin x) = 0$ とおくと，$e^{-x} > 0$, $\tan x = -1$.

また $f''(x) = 2e^{-x}\sin x$ より (図イ参照)

$x = \dfrac{3}{4}\pi + 2k\pi$ のとき $f''(x) > 0$ で，極小値 $-\dfrac{1}{\sqrt{2}}e^{-\left(\frac{3}{4}\pi + 2k\pi\right)}$.

$x = \dfrac{3}{4}\pi + (2k+1)\pi$ のとき $f''(x) < 0$ で，極大値 $\dfrac{1}{\sqrt{2}}e^{-\left\{\frac{3}{4}\pi + (2k+1)\pi\right\}}$.

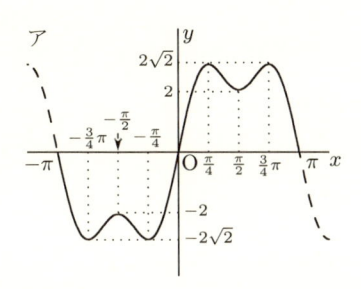

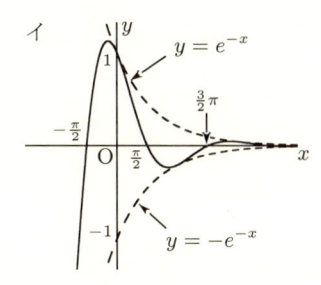

ア のグラフ: $-\pi$ から π まで、$\pm\frac{3}{4}\pi, \pm\frac{\pi}{2}, \pm\frac{\pi}{4}$ の目盛、y 軸上に $2\sqrt{2}, 2, -2, -2\sqrt{2}$。

イ のグラフ: $y=e^{-x}$ と $y=-e^{-x}$ に挟まれた減衰振動曲線。

(注)(図イ) $|y|=|e^{-x}\cos x|\leqq |e^{-x}|$ なので，$-e^{-x}\leqq y\leqq e^{-x}$.

3.13 曲線の追跡では定義域，値域，xy 軸との交点，対称性，増減，変曲点，漸近線などを調べる．

(1) $t^4=1-y\geqq 0$ より $y\leqq 1$. t の代わりに $-t$ を代入すると y 変わらず，x が $-x$ になるから y 軸対称．

$$\frac{dy}{dx}=\frac{\dfrac{dy}{dt}}{\dfrac{dx}{dt}}=\frac{-4t^3}{1-3t^2}=\frac{4t^3}{3t^2-1}=0 \text{ から } t=0. \text{ ゆえに } x=0,\ y=1.$$

分母 $=0$，つまり $t=\pm\dfrac{1}{\sqrt{3}}$ のとき $\dfrac{dy}{dx}=\mp\infty$.

このとき $x=\pm\dfrac{2}{3\sqrt{3}},\ y=\dfrac{8}{9}$.

t	0	$\cdots$	$\dfrac{1}{\sqrt{3}}$	$\cdots$	1	$\cdots$	∞
x	0	+	$\dfrac{2}{3\sqrt{3}}$	+	0	−	$-\infty$
y	1	+	$\dfrac{8}{9}$	+	0	−	$-\infty$
y'	0	$\searrow$	$/$	$\nearrow$	2	$\nearrow$	∞

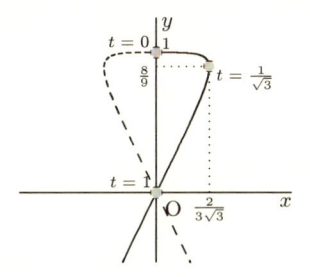

(右図: $t=0$ で $(0,1)$，$t=\dfrac{1}{\sqrt{3}}$ で $\left(\dfrac{2}{3\sqrt{3}},\dfrac{8}{9}\right)$，$t=1$ で原点を通る曲線)

(2) 値域は $0\leqq y\leqq 2a$，x 軸との交点 $(0,0),\ (2\pi a,0)$.

$$\frac{dy}{dx}=\frac{\dfrac{dy}{dt}}{\dfrac{dx}{dt}}=\frac{a\sin t}{a(1-\cos t)}=0 \text{ から } \sin t=0 \text{ かつ } \cos t\neq 1 \text{ なので } t=\pi.$$

このとき $x=\pi a,\ y=2a$.

また $\cos t=1$，つまり $x=0,\ 2\pi$ のとき $\dfrac{dy}{dx}=\infty,\ -\infty$.

t	0	$\cdots$	π	$\cdots$	1
x	0	$+$	πa	$+$	0
y	0	$+$	$2a$	$+$	0
y'	∞	$+$ ↗	0	$-$ ↘	$-\infty$

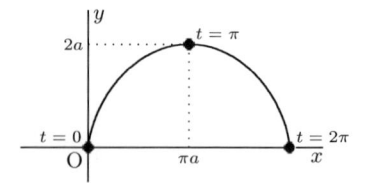

3.14 (1) $f(x) = x - \log(1+x)$ とおくと, $x > 0$ より $f'(x) = 1 - \dfrac{1}{1+x} = \dfrac{x}{1+x} > 0$.

したがって $f(x)$ は単調増加関数で, $f(0) = 0$ より $f(x) > 0$.

$g(x) = \log(1+x) - x + \dfrac{1}{2}x^2$ とおくと,

$x > 0$ より $g'(x) = \dfrac{1}{1+x} - 1 + x = \dfrac{x^2}{1+x} > 0$.

したがって $g(x)$ は単調増加関数で, $g(0) = 0$ より $g(x) > 0$.

ゆえに $\boldsymbol{x - \dfrac{1}{2}x^2 < \log(1+x) < x} \quad (x > 0)$.

(2) $f(x) = \tan^{-1} x - \dfrac{x}{1+x^2}$ とおくと,

$x > 0$ より $f'(x) = \dfrac{1}{1+x^2} - \dfrac{1-x^2}{(1+x^2)^2} = \dfrac{2x^2}{(1+x^2)^2} > 0$.

したがって $f(x)$ は単調増加関数で, $f(0) = 0$ より $f(x) > 0$.

$g(x) = x - \tan^{-1} x$ とおくと, $x > 0$ より $g'(x) = 1 - \dfrac{1}{1+x^2} = \dfrac{x^2}{1+x^2} > 0$.

したがって $g(x)$ は単調増加関数で, $g(0) = 0$ より $g(x) > 0$.

ゆえに $\boldsymbol{\dfrac{x}{1+x^2} < \tan^{-1} x < x} \quad (x > 0)$.

3.15 (1) $f(x) = \sqrt{x}$ とおいて $f'(x) = \dfrac{1}{2\sqrt{x}}$ なので, $\sqrt{1+h} \fallingdotseq \sqrt{1} + \dfrac{h}{2\sqrt{1}}$.

$\sqrt{290} = \sqrt{289+1} = 17\sqrt{1 + \dfrac{1}{289}}$. $h = \dfrac{1}{289}$ とおいて

$\sqrt{290} \fallingdotseq 17\left(1 + \dfrac{1}{2} \times \dfrac{1}{289}\right) = 17 + \dfrac{1}{2 \times 17} \fallingdotseq \boldsymbol{17.0294}$.

(2) $f(x) = \sin x$ とおいて $f'(x) = \cos x$ なので, $\sin(x+h) \fallingdotseq \sin x + h \cdot \cos x$.

$\sin 29°58' = \sin(30° - 2') \fallingdotseq \sin 30° - \cos 30° \times \dfrac{\pi}{180} \times \dfrac{2}{60}$

$= \dfrac{1}{2} - \dfrac{\sqrt{3}}{2} \times \dfrac{2\pi}{180 \times 60} \fallingdotseq 0.5 - 0.0005 = \boldsymbol{0.4995}$.

(3) $f(x) = \cos x$ とおいて $f'(x) = -\sin x$ なので, $\cos(x+h) \fallingdotseq \cos x - h \cdot \sin x$.

$$\cos 30°1' = \cos(30° + 1') ≒ \cos 30° - \sin 30° \times \frac{\pi}{180} \times \frac{1}{60}$$
$$= \frac{\sqrt{3}}{2} - \frac{1}{2} \times \frac{\pi}{180 \times 60} ≒ 0.86603 - 0.00015 ≒ \mathbf{0.8659}.$$

(注) h に値を代入するときは，ラジアンに直さなければならない．

第1次近似式 $f(x+h) ≒ f(x) + hf'(x)$ における $f(x)$ の値は，簡単に求まる数とすること．

3.16 (1) $e^x = 1 + x + \frac{1}{2}x^2 + \frac{1}{3!}x^3 + R_4$ とすると，

$0 < \theta < 1$, $0 < x < 0.1$ として，$R_4 = \frac{e^{\theta x}}{4!}x^4$ であるから，

$$|R_4| = \left|\frac{e^{\theta x}}{24}x^4\right| < \frac{e^1}{24}(0.1)^4 < \frac{3}{24}(0.1)^4 < \mathbf{2 \times 10^{-5}}.$$

(2) $\cos x = 1 - \frac{x^2}{2!} + \frac{x^4}{4!} + R_6$ とすると，

$0 < \theta < 1$, $0 < x < 0.1$ として，$R_6 = (-1)^3 \frac{\cos(\theta x)}{6!}x^6$ であるから，

$$|R_6| = \left|\frac{\cos(\theta x)}{720}x^6\right| < \frac{1}{720}(0.1)^6 < \mathbf{2 \times 10^{-9}}.$$

3.17 (1) $f(x) = x^2 - 2$ とすれば，$f(1) < 0$, $f(2) > 0$ から $(0, 2)$ に解 α がある．$1 < x < 2$ で $f'(x) = 2x > 0$ より，$f(x)$ は単調増加関数なので $1 < x < 2$ にただ1つの解をもつ．$a_1 = 2$ として，

$$a_2 = a_1 - \frac{f(a_1)}{f'(a_1)} = 2 - \frac{2^2 - 2}{2 \times 2} = 1.5, \quad a_3 = 1.5 - \frac{(1.5)^2 - 2}{2 \times 1.5} ≒ 1.41667.$$

$-\alpha$ も解であるので，第3近似解は $\mathbf{1.41667}$, $\mathbf{-1.41667}$.

(2) $f(x) = x - \cos x$. $f'(x) = 1 + \sin x$. $f''(x) = \cos x$.

$f'(x) \geqq 0$ であるから $f(x)$ は単調増加関数であり，かつ $f(0) = -1$,

$f\left(\frac{\pi}{4}\right) = \frac{\pi}{4} - \frac{\sqrt{2}}{2} > 0$ から，区間 $\left(0, \frac{\pi}{4}\right)$ にただ1つの解をもつ．

$a_1 = \frac{\pi}{4}$ として，また $1° = \frac{\pi}{180} ≒ 0.017453111$ に注意して，

$$a_2 = \frac{\pi}{4} - \frac{\frac{\pi}{4} - \cos\frac{\pi}{4}}{1 + \sin\frac{\pi}{4}} = 073953 ≒ 42°22'.$$

$$a_3 = 0.73953 - \frac{0.73953 - \cos 42°22'}{1 + \sin 42°22'} = \mathbf{0.73912} ≒ \mathbf{42°21'}.$$

3.18 $AB = h$ とすれば $h = BC \tan C = 50 \tan C$.

$$\Delta h \fallingdotseq 50 \times \frac{1}{\cos^2 C} \times \Delta C = 50 \times \frac{1}{\cos^2 30°} \times \frac{\pi}{180} \times \frac{1}{2}$$

$$= 50 \times \left(\frac{2}{\sqrt{3}}\right)^2 \times \frac{\pi}{360} = \frac{5}{27}\pi \fallingdotseq 0.58.$$

ゆえに約 **58 cm** の誤差を生じる.

∞ ⇒ ∞ ⇒ ∞ ⇒ ∞ ⇒ ∞ ⇒ ∞ ⇒ 総合演習4 ∞ ⇒ ∞ ⇒ ∞ ⇒ ∞ ⇒ ∞ ⇒ ∞ ⇒ ∞

4.1

(1) $\log x = t$ とおくと $\frac{1}{x}dx = dt$.

与式 $= \int \frac{1}{t}dt = \log|t| + C = \boldsymbol{\log|\log x| + C}$.

(2) $\log x = t$ とおくと $\frac{1}{x}dx = dt$.

与式 $= \int \frac{1}{t^2}dt = -\frac{1}{t} + C = \boldsymbol{-\frac{1}{\log x} + C}$.

(3) 展開して 与式 $= \int xe^x \log x \, dx + \int e^x \log x \, dx$

$$= \int (e^x)'(x \log x) \, dx + \int e^x \log x \, dx$$

$$= \left\{e^x x \log x - \int e^x(\log x + 1) \, dx\right\} + \int e^x \log x \, dx$$

$$= e^x x \log x - \cancel{\int e^x \log x \, dx} - \int e^x \, dx + \cancel{\int e^x \log x \, dx}$$

$$= e^x x \log x - e^x + C = \boldsymbol{e^x(x \log x - 1) + C}.$$

(4) $\int x^2 e^{3x} \, dx = \int x^2 \left(\frac{1}{3}e^{3x}\right)' dx = \frac{1}{3}x^2 e^{3x} - \frac{2}{3}\int x e^{3x} \, dx$

$$= \frac{1}{3}x^2 e^{3x} - \frac{2}{3}\int \left(\frac{1}{3}e^{3x}\right)' x \, dx = \frac{1}{3}x^2 e^{3x} - \frac{2}{3}\left(\frac{1}{3}xe^{3x} - \int 1 \cdot \frac{1}{3}e^{3x} \, dx\right)$$

$$= \frac{1}{3}x^2 e^{3x} - \frac{2}{3}\left(\frac{1}{3}xe^{3x} - \frac{1}{9}e^{3x}\right) + C = \boldsymbol{\frac{1}{27}e^{3x}(9x^2 - 6x + 2) + C}.$$

(5) $x^2 - 1 = t$ とおくと $2x \, dx = dt$.

与式 $= \frac{1}{2}\int \frac{1}{t^2} dx = -\frac{1}{2} \cdot \frac{1}{t} + C = \boldsymbol{-\frac{1}{2(x^2-1)} + C}$.

(6) $2x + 1 = t$ とおくと $2 \, dx = dt$, $x = \frac{t-1}{2}$.

与式 $= \int \frac{\frac{1}{2}(t-1)}{t^3} \cdot \frac{1}{2} dt = \frac{1}{4}\int \frac{t-1}{t^3} dt = \frac{1}{4}\int \left(\frac{1}{t^2} - \frac{1}{t^3}\right) dt$

$$= \frac{1}{4}\left(-\frac{1}{t}+\frac{1}{2t^2}\right)+C = -\frac{1}{4(2x+1)}+\frac{1}{8(2x+1)^2}+C.$$

(7) $\dfrac{1}{x^3-x} = \dfrac{a}{x}+\dfrac{b}{x-1}+\dfrac{c}{x+1}$ とおくと,

$$1 = a(x-1)(x+1)+bx(x+1)+cx(x-1).$$

$x=-1,\ 0,\ 1$ を代入して, $a=-1,\ b=c=\dfrac{1}{2}$.

$$\text{与式} = \int\left(-\frac{1}{x}+\frac{\frac{1}{2}}{x-1}+\frac{\frac{1}{2}}{x+1}\right)dx$$

$$= -\log|x|+\frac{1}{2}\log|x-1|+\frac{1}{2}\log|x+1|+C = \frac{1}{2}\log\left|\frac{x^2-1}{x^2}\right|+C.$$

(8) $\sqrt{2x-1}=t$ とおくと $2x-1=t^2$ より, $2\,dx = 2t\,dt$, $x=\dfrac{t^2+1}{2}$.

$$\text{与式} = \int\frac{\frac{1}{2}(t^2+1)}{t}\cdot t\,dt = \frac{1}{2}\cdot\frac{1}{3}t^3+\frac{1}{2}t+C$$

$$= \frac{1}{6}(2x-1)\sqrt{2x-1}+\frac{1}{2}\sqrt{2x-1}+C = \frac{1}{6}(2x-1+3)\sqrt{2x-1}+C$$

$$= \frac{1}{3}(x+1)\sqrt{2x-1}+C.$$

(9) 部分分数分解を用いて $\dfrac{1}{x^4-1} = \dfrac{1}{2}\left(\dfrac{1}{x^2-1}-\dfrac{1}{x^2+1}\right)$.

$$\text{与式} = \frac{1}{2}\int\left(\frac{1}{x^2-1}-\frac{1}{x^2+1}\right)dx = \frac{1}{2}\left\{\frac{1}{2}\log\left|\frac{x-1}{x+1}\right|-\tan^{-1}x\right\}+C$$

$$= \frac{1}{4}\log\left|\frac{x-1}{x+1}\right|-\frac{1}{2}\tan^{-1}x+C.$$

(10) $x=a\tan t\ \left(-\dfrac{\pi}{2}<t<\dfrac{\pi}{2}\right)$ とおくと $dx = \dfrac{a}{\cos^2 t}dt$.

$1+\tan^2 t = \dfrac{1}{\cos^2 t}$ に注意して

$$(a^2+x^2)^{\frac{3}{2}} = \{a^2(1+\tan^2 t)\}^{\frac{3}{2}} = a^3\cdot\frac{1}{\cos^3 t}.$$

$$\text{与式} = \frac{1}{a^3}\int\cos^3 t\cdot\frac{a}{\cos^2 t}dt = \frac{1}{a^2}\int\cos t\,dt = \frac{1}{a^2}\sin t+C.$$

ところで $\tan t = \dfrac{x}{a}$ なので $\sin^2 t = \cos^2 t\tan^2 t = \dfrac{\tan^2 t}{1+\tan^2 t} = \dfrac{x^2}{x^2+a^2}$.

$x=a\tan t\ (a>0)$ なので $0\leqq t<\dfrac{\pi}{2}$ の場合と $-\dfrac{\pi}{2}<t<0$ の場合を考えると, $\sin t$ と x は同符号をもつから $\sin t = \dfrac{x}{\sqrt{x^2+a^2}}$.

したがって 与式 $= \dfrac{x}{a^2\sqrt{x^2+a^2}} + C$.

4.2 (1) 積を和になおす公式から

$$\text{与式} = -\frac{1}{2}\int(\cos 6x - \cos 2x)\,dx = -\frac{1}{2}\left(\frac{1}{6}\sin 6x - \frac{1}{2}\sin 2x\right) + C$$

$$= \frac{1}{4}\sin 2x - \frac{1}{12}\sin 6x + C.$$

(2) 与式 $= \displaystyle\int \dfrac{1+\cos\frac{2}{3}x}{2}\,dx = \dfrac{1}{2}x + \dfrac{1}{2}\cdot\dfrac{3}{2}\sin\dfrac{2}{3}x + C = \dfrac{1}{2}x + \dfrac{3}{4}\sin\dfrac{2}{3}x + C.$

(3) $\tan\dfrac{x}{2} = t$ とおくと $\cos x = \dfrac{1-t^2}{1+t^2}$, $dx = \dfrac{2}{1+t^2}\,dt$.

$$\text{与式} = \int \dfrac{1}{1-\dfrac{1-t^2}{1+t^2}}\cdot\dfrac{2}{1+t^2}\,dt = \int \dfrac{1}{t^2}\,dt = -\dfrac{1}{t} + C = -\dfrac{1}{\tan\dfrac{x}{2}} + C.$$

(別解) 与式 $= \displaystyle\int \dfrac{1+\cos x}{1-\cos^2 x}\,dx = \int \dfrac{1+\cos x}{\sin^2 x}\,dx = \int\left(\dfrac{1}{\sin^2 x} + \dfrac{\cos x}{\sin^2 x}\right)dx.$

$\displaystyle\int \dfrac{1}{\sin^2 x}\,dx = -\cot x + C_1.$

また $\sin x = t$ とおくと, $\displaystyle\int \dfrac{\cos x}{\sin^2 x}\,dx = \int \dfrac{1}{t^2}\,dt = -\dfrac{1}{t} + C_2 = -\dfrac{1}{\sin x} + C_2.$

よって 与式 $= -\dfrac{\cos x}{\sin x} - \dfrac{1}{\sin x} + C = -\dfrac{1+\cos x}{\sin x} + C.$

これら 2 つの結果は実際同じである.

なぜなら $\tan\dfrac{x}{2} = t$ とおくと $\sin x = \dfrac{2t}{1+t^2}$, $\cos x = \dfrac{1-t^2}{1+t^2}$ より,

$1+\cos x = \dfrac{2}{1+t^2}$. ゆえに $\dfrac{1+\cos x}{\sin x} = \dfrac{\dfrac{2}{1+t^2}}{\dfrac{2t}{1+t^2}} = \dfrac{1}{t} = \dfrac{1}{\tan\dfrac{x}{2}}.$

(4) 与式 $= \displaystyle\int \dfrac{1}{4}(3\cos x + \cos 3x)\,dx = \dfrac{3}{4}\sin x + \dfrac{1}{12}\sin 3x + C.$

(注) 3 倍角の公式 $\cos 3x = 4\cos^3 x - 3\cos x$ を用いたが,

与式 $= \displaystyle\int \cos x(1-\sin^2 x)\,dx$ で, $\sin x = t$ とおいて置換積分を行って

もよい.

(5) 与式 $= \int x^2(-\cos x)' \, dx = -x^2 \cos x + \int 2x \cos x \, dx$

$= -x^2 \cos x + 2\int x(\sin x)' \, dx = -x^2 \cos x + 2\left(x \sin x - \int \sin x \, dx\right)$

$= -x^2 \cos x + 2x \sin x + 2 \cos x + C.$

(6) $\tan \dfrac{x}{2} = t$ とおくと $\sin x = \dfrac{2t}{1+t^2}$, $\cos x = \dfrac{1-t^2}{1+t^2}$, $dx = \dfrac{2}{1+t^2} \, dt$.

与式 $= \displaystyle\int \dfrac{1}{\dfrac{2t}{1+t^2} + \dfrac{1-t^2}{1+t^2}} \cdot \dfrac{2}{1+t^2} \, dt = -\int \dfrac{2}{t^2 - 2t - 1} \, dt$

$= -\displaystyle\int \dfrac{2}{(t-1)^2 - 2} \, dt.$

ここで $t - 1 = s$ とおくと $dt = ds$ なので,

与式 $= -2\displaystyle\int \dfrac{1}{s^2 - (\sqrt{2})^2} \, ds = -2 \cdot \dfrac{1}{2\sqrt{2}} \log \left|\dfrac{s - \sqrt{2}}{s + \sqrt{2}}\right| + C$

$= \dfrac{1}{\sqrt{2}} \log \left|\dfrac{s + \sqrt{2}}{s - \sqrt{2}}\right| + C = \dfrac{1}{\sqrt{2}} \log \left|\dfrac{\tan \dfrac{x}{2} - 1 + \sqrt{2}}{\tan \dfrac{x}{2} - 1 - \sqrt{2}}\right| + C.$

4.3 (1) 与式 $= \displaystyle\int \dfrac{1}{\sqrt{(x-1)^2 + 1}} \, dx.$ $x - 1 = t$ とおくと $dx = dt$ なので,

与式 $= \displaystyle\int \dfrac{1}{\sqrt{t^2 + 1}} \, dt = \log |t + \sqrt{t^2 + 1}| + C$

$= \log\left(x - 1 + \sqrt{x^2 - 2x + 2}\right) + C.$

(注) $t + \sqrt{t^2 + 1} > 0$ なので $|t^2 + \sqrt{t^2 + 1}| = t^2 + \sqrt{t^2 + 1}.$

(2) 与式 $= \displaystyle\int \sqrt{(x+1)^2 + 1} \, dx.$ $x + 1 = t$ とおくと $dx = dt$ なので,

与式 $= \displaystyle\int \sqrt{t^2 + 1} \, dt = \dfrac{1}{2}(t\sqrt{t^2+1} + \log|t + \sqrt{t^2+1}|) + C$

$= \dfrac{1}{2}\left\{(x+1)\sqrt{x^2 + 2x + 2} + \log\left(x + 1 + \sqrt{x^2 + 2x + 2}\right)\right\} + C.$

(3) 与式 $= -\displaystyle\int \dfrac{1 - x^2 - 1}{\sqrt{1 - x^2}} \, dx = -\int \sqrt{1 - x^2} \, dx + \int \dfrac{1}{\sqrt{1 - x^2}} \, dx$

$= -\dfrac{1}{2}(x\sqrt{1-x^2} + \sin^{-1} x) + \sin^{-1} x + C = \dfrac{1}{2}(\sin^{-1} x - x\sqrt{1-x^2}) + C.$

(4) 与式 $= \displaystyle\int \dfrac{2x - 4 + 5}{\sqrt{x^2 - 4x + 5}} \, dx = \int \dfrac{2x - 4}{\sqrt{x^2 - 4x + 5}} \, dx + 5\int \dfrac{1}{\sqrt{(x-2)^2 + 1}} \, dx$

$$= 2\sqrt{x^2 - 4x + 5} + 5\log|x - 2 + \sqrt{x^2 - 4x + 5}| + C.$$

(注) $\displaystyle\int \frac{f'(x)}{\sqrt{f(x)}}\,dx = 2\sqrt{f(x)} + C$ を用いている.

(5) 与式 $=\displaystyle\frac{1}{2}\int \frac{2x}{x^2+1}\,dx + \int \frac{1}{x^2+1}\,dx = \frac{1}{2}\log(x^2+1) + \tan^{-1} x + C.$

(6) $x = \tan t$ とおくと $dx = \displaystyle\frac{1}{\cos^2 t}\,dt,\ 1 + x^2 = \frac{1}{\cos^2 t}.$

$$\text{与式} = \int \cos^4 t \cdot \frac{1}{\cos^2 t}\,dt = \int \cos^2 t\,dt = \int \frac{1 + \cos 2t}{2}\,dt$$

$$= \frac{1}{2}\left(t + \frac{1}{2}\sin 2t\right) + C = \frac{1}{2}(t + \sin t \cos t) + C = \frac{1}{2}(t + \tan t \cos^2 t) + C$$

$$= \frac{1}{2}\left(t + \tan t \cdot \frac{1}{1 + \tan^2 t}\right) + C = \frac{1}{2}\left(\tan^{-1} x + \frac{x}{1 + x^2}\right) + C.$$

(7) $3 + 2x - x^2 = 3 - (x^2 - 2x) = 4 - (x-1)^2.$ $x - 1 = t$ とおくと $dx = dt.$

$$\text{与式} = \int \frac{1}{\sqrt{4 - (x-1)^2}}\,dx = \int \frac{1}{\sqrt{4 - t^2}}\,dt = \sin^{-1}\frac{t}{2} + C$$

$$= \sin^{-1}\frac{x-1}{2} + C.$$

(8) 与式 $= \sqrt{3}\displaystyle\int \sqrt{x^2 - \frac{2}{3}}\,dx$

$$= \sqrt{3} \cdot \frac{1}{2}\left\{x\sqrt{x^2 - \frac{2}{3}} - \frac{2}{3}\log\left|x + \sqrt{x^2 - \frac{2}{3}}\right|\right\} + C'$$

$$= \frac{1}{2}\left(x\sqrt{3x^2 - 2} - \frac{2}{\sqrt{3}}\log\left|\sqrt{3}x + \sqrt{3x^2 - 2}\right|\right) + C.$$

(9) 与式 $= \displaystyle\int \frac{x^2 - 3 + 3}{\sqrt{x^2 - 3}}\,dx = \int \sqrt{x^2 - 3}\,dx + 3\int \frac{1}{\sqrt{x^2 - 3}}\,dx$

$$= \frac{1}{2}\left(x\sqrt{x^2 - 3} - 3\log|x + \sqrt{x^2 - 3}|\right) + 3\log|x + \sqrt{x^2 - 3}| + C$$

$$= \frac{1}{2}\left(x\sqrt{x^2 - 3} + 3\log\left|x + \sqrt{x^2 - 3}\right|\right) + C.$$

(10) $x^3 = t$ とおくと $3x^2\,dx = dt.$

$$\text{与式} = \frac{1}{3}\int \frac{1}{\sqrt{t^2 - 3}}\,dt = \frac{1}{3}\log\left|t + \sqrt{t^2 - 3}\right| + C$$

$$= \frac{1}{3}\log\left|x^3 + \sqrt{x^6 - 3}\right| + C.$$

4.4 部分積分法を用いる．

(1) 与式 $= \int \left(\dfrac{x^2}{2}\right)' \sin^{-1} x\, dx = \dfrac{x^2}{2} \sin^{-1} x - \dfrac{1}{2} \int \dfrac{x^2}{\sqrt{1-x^2}}\, dx$.

ところで $\int \dfrac{x^2}{\sqrt{1-x^2}}\, dx = -\int \dfrac{-x^2}{\sqrt{1-x^2}}\, dx = -\int \dfrac{1-x^2-1}{\sqrt{1-x^2}}\, dx$

$= -\int \sqrt{1-x^2}\, dx + \int \dfrac{1}{\sqrt{1-x^2}}\, dx$

$= -\dfrac{1}{2}\left(x\sqrt{1-x^2} + \sin^{-1} x\right) + \sin^{-1} x + C = \dfrac{1}{2}\sin^{-1} x - \dfrac{1}{2}x\sqrt{1-x^2} + C$.

与式 $= \dfrac{x^2}{2}\sin^{-1} x - \dfrac{1}{4}\sin^{-1} x + \dfrac{1}{4}x\sqrt{1-x^2} + C$

$= \left(\dfrac{x^2}{2} - \dfrac{1}{4}\right)\sin^{-1} x + \dfrac{1}{4}x\sqrt{1-x^2} + C.$

(別解) $\sin^{-1} x = \theta \left(-\dfrac{\pi}{2} \leqq \theta \leqq \dfrac{\pi}{2}\right)$ とおくと $\sin\theta = x,\ \cos\theta\, d\theta = dx$.

与式 $= \int \sin\theta \cdot \theta \cdot \cos\theta\, d\theta = \int (\sin\theta)' \cdot \theta \cdot \sin\theta\, d\theta$

$= \theta\sin^2\theta - \int \sin\theta(\sin\theta + \theta\cos\theta)\, d\theta = \theta\sin^2\theta - \int \dfrac{1-\cos 2\theta}{2}\, d\theta - \{\,\text{与式}\,\}$

$= \theta\sin^2\theta - \dfrac{1}{2}\theta + \dfrac{1}{4}\sin 2\theta - \{\,\text{与式}\,\}$.

与式 $= \dfrac{1}{2}\theta\sin^2\theta - \dfrac{1}{4}\theta + \dfrac{1}{8}\sin 2\theta + C = \dfrac{1}{2}(\sin^{-1} x)x^2 - \dfrac{1}{4}\sin^{-1} x + \dfrac{1}{4}x\sqrt{1-x^2} + C$

$= \left(\dfrac{x^2}{2} - \dfrac{1}{4}\right)\sin^{-1} x + \dfrac{1}{4}x\sqrt{1-x^2} + C.$

(2) 与式 $= \int \left(\dfrac{x^2}{2}\right)' \tan^{-1} x\, dx = \dfrac{x^2}{2}\tan^{-1} x - \dfrac{1}{2}\int \dfrac{x^2}{1+x^2}\, dx$

$= \dfrac{x^2}{2}\tan^{-1} x - \dfrac{1}{2}\int \dfrac{1+x^2-1}{1+x^2}\, dx = \dfrac{x^2}{2}\tan^{-1} x - \dfrac{1}{2}\int \left(1 - \dfrac{1}{1+x^2}\right) dx$

$= \dfrac{x^2}{2}\tan^{-1} x - \dfrac{x}{2} + \dfrac{1}{2}\tan^{-1} x + C = \dfrac{1}{2}(x^2+1)\tan^{-1} x - \dfrac{x}{2} + C.$

(別解) $\tan^{-1} x = \theta \left(-\dfrac{\pi}{2} < \theta < \dfrac{\pi}{2}\right)$ とおくと $\tan\theta = x,\ \dfrac{1}{\cos^2\theta}\, d\theta = dx$.

与式 $= \int \tan\theta \cdot \theta \cdot \dfrac{1}{\cos^2\theta}\, d\theta = \int (\tan\theta)' \cdot \theta \cdot \tan\theta\, d\theta$

$= \theta\tan^2\theta - \int \tan\theta\left(\tan\theta + \dfrac{\theta}{\cos^2\theta}\right) d\theta = \theta\tan^2\theta - \int \tan^2\theta\, d\theta - \{\,\text{与式}\,\}$

$= \theta\tan^2\theta - \int \left(\dfrac{1}{\cos^2\theta} - 1\right) d\theta - \{\,\text{与式}\,\} = \theta\tan^2\theta - \tan\theta + \theta - \{\,\text{与式}\,\}$.

与式 $= \dfrac{1}{2}\theta \tan^2 \theta - \dfrac{1}{2}\tan\theta + \dfrac{1}{2}\theta + C = \dfrac{1}{2}(x^2+1)\tan^{-1} x - \dfrac{x}{2} + C.$

4.5　部分積分より
$$I = \int e^{ax}\cos bx\, dx = \dfrac{e^{ax}}{a}\cos bx - \int \dfrac{e^{ax}}{a}(-b\sin bx)\, dx$$
$$= \dfrac{e^{ax}}{a}\cos bx + \dfrac{b}{a}\int e^{ax}\sin bx\, dx = \dfrac{e^{ax}}{a}\cos bx + \dfrac{b}{a}J \cdots ①$$
$$J = \int e^{ax}\sin bx\, dx = \dfrac{e^{ax}}{a}\sin bx - \int \dfrac{e^{ax}}{a}(b\cos bx)\, dx$$
$$= \dfrac{e^{ax}}{a}\sin bx - \dfrac{b}{a}\int e^{ax}\cos bx\, dx = \dfrac{e^{ax}}{a}\sin bx - \dfrac{b}{a}I \cdots ②$$

すなわち $aI - bJ = e^{ax}\cos bx,\ bI + aJ = e^{ax}\sin bx.$
これらを $I,\ J$ について解くと，
$$\boldsymbol{I = \int e^{ax}\cos bx\, dx = \dfrac{e^{ax}}{a^2+b^2}(a\cos bx + b\sin bx),}$$
$$\boldsymbol{J = \int e^{ax}\sin bx\, dx = \dfrac{e^{ax}}{a^2+b^2}(a\sin bx - b\cos bx).}$$

(別解 1)　積の微分を用いて，
$(e^{ax}\cos bx)' = ae^{ax}\cos bx - be^{ax}\sin bx,$
$(e^{ax}\sin bx)' = ae^{ax}\sin bx + be^{ax}\cos bx.$
両辺を積分して，$e^{ax}\cos bx = aI - bJ,\ e^{ax}\sin bx = bI + aJ.$
これらから $I,\ J$ を求める．

(別解 2)　オイラーの公式　$e^{i\theta} = \cos\theta + i\sin\theta$　を用いる．
$$I + iJ = \int e^{ax}(\cos bx + i\sin bx)\, dx = \int e^{ax}\cdot e^{ibx}\, dx = \int e^{(a+bi)x}\, dx$$
$$= \dfrac{1}{a+bi}e^{(a+bi)x} = \dfrac{a-bi}{a^2+b^2}e^{ax}(\cos bx + i\sin bx)$$
$$= \dfrac{e^{ax}}{a^2+b^2}\{(a\cos bx + b\sin bx) + i(a\sin bx - b\cos bx)\}.$$

この実部，虚部を比較すると，上と同じ $I,\ J$ が得られる．

4.6　部分積分を用いて，
$$I = \int (x)'\cos(\log x)\, dx = x\cos(\log x) + \int x\cdot \dfrac{1}{x}\sin(\log x)\, dx$$
$$= x\cos(\log x) + \int \sin(\log x)\, dx.\ \text{ゆえに}\ I = x\cos(\log x) + J \cdots ①$$

$$J = \int (x)' \sin(\log x)\, dx = x\sin(\log x) - \int x \cdot \frac{1}{x}\cos(\log x)\, dx$$

$$= x\sin(\log x) - \int \cos(\log x)\, dx. \quad \text{ゆえに } J = x\sin(\log x) - I \cdots ②$$

①, ②を解いて

$$I = \frac{1}{2}x\{\cos(\log x) + \sin(\log x)\} + C,$$

$$J = \frac{1}{2}x\{\sin(\log x) - \cos(\log x)\} + C.$$

4.7 (1) $\displaystyle\int \sinh x\, dx = \int \frac{e^x - e^{-x}}{2}\, dx = \frac{e^x + e^{-x}}{2} + C = \cosh x + C.$

$\displaystyle\int \cosh x\, dx = \int \frac{e^x + e^{-x}}{2}\, dx = \frac{e^x - e^{-x}}{2} + C = \sinh x + C.$

(2) $\displaystyle\int \sinh kx\, dx = \int \frac{e^{kx} - e^{-kx}}{2}\, dx = \frac{1}{k}\cdot\frac{e^{kx} + e^{-kx}}{2} + C = \frac{1}{k}\cosh kx + C.$

$\displaystyle\int \cosh kx\, dx = \int \frac{e^{kx} + e^{-kx}}{2}\, dx = \frac{1}{k}\cdot\frac{e^{kx} - e^{-kx}}{2} + C = \frac{1}{k}\sinh kx + C.$

4.8 $\displaystyle I_n = \int \tan^{n-2} x \cdot \tan^2 x\, dx = \int \left(\frac{1}{\cos^2 x} - 1\right)\tan^{n-2} x\, dx$

$\displaystyle = \int (\tan x)' \tan^{n-2} x\, dx - I_{n-2}$

$\displaystyle = \tan x \cdot \tan^{n-2} x - \int \tan x \cdot (n-2)\tan^{n-3} x \cdot \frac{1}{\cos^2 x}\, dx - I_{n-2}$

$\displaystyle = \tan^{n-1} x - (n-2)\int \tan^{n-2} x(1 + \tan^2 x)\, dx - I_{n-2}$

$= \tan^{n-1} x - (n-2)(I_{n-2} + I_n) - I_{n-2}.$

ゆえに $(n-1)I_n = \tan^{n-1} x - (n-1)I_{n-2}.$

つまり $\displaystyle \boldsymbol{I_n = \frac{\tan^{n-1} x}{n-1} - I_{n-2}} \quad (n \neq 1).$

$\displaystyle I_1 = \int \tan x\, dx = \int \frac{\sin x}{\cos x}\, dx = -\log|\cos x| + C, \quad I_0 = \int dx = x + C.$

ゆえに $\displaystyle \boldsymbol{I_5} = \frac{\tan^4 x}{4} - I_3 = \frac{\tan^4 x}{4} - \frac{\tan^2 x}{2} + I_1$

$\displaystyle = \frac{\tan^4 x}{4} - \frac{\tan^2 x}{2} - \log|\cos x| + C.$

$$I_6 = \frac{\tan^5 x}{5} - I_4 = \frac{\tan^5 x}{5} - \frac{\tan^3 x}{3} + I_2 = \frac{\tan^5 x}{5} - \frac{\tan^3 x}{3} + \tan x - I_0$$

$$= \frac{\tan^5 x}{5} - \frac{\tan^3 x}{3} + \tan x - x + C.$$

4.9 $I_n = \int x^n (e^x)' \, dx = x^n e^x - \int n x^{n-1} e^x \, dx = x^n e^x - n I_{n-1}.$

ゆえに $I_n = x^n e^x - n I_{n-1}.$

$I_3 = x^3 e^x - 3I_2 = x^3 e^x - 3(x^2 e^x - 2I_1) = x^3 e^x - 3x^2 e^x + 6(x e^x - I_0).$

ところで $I_0 = \int e^x \, dx = e^x + C$ なので，

$I_3 = x^3 e^x - 3x^2 e^x + 6x e^x - 6e^x = e^x (x^3 - 3x^2 + 6x - 6) + C.$

118p ⇔ ⇒ ⇔ ⇒ ⇔ ⇒ ⇔ ⇒ ⇔ ⇒ 総合演習 5 ⇔ ⇒ ⇔ ⇒ ⇔ ⇒ ⇔ ⇒ ⇔ ⇒ ⇔

5.1 (1) 被積分関数が偶関数なので，

$$\text{与式} = 2\int_0^{\frac{1}{2}} \left(1 + \frac{1}{x^2 - 1}\right) dx = 2\left[x + \frac{1}{2}\log\left|\frac{x-1}{x+1}\right|\right]_0^{\frac{1}{2}}$$

$$= 1 - \log 3.$$

(2) $\text{与式} = \dfrac{1}{2}\int_{-\pi}^{\pi} (\cos 2x - \cos 4x) \, dx = 0.$

(3) $\displaystyle\int_0^{\frac{\pi}{2}} (-\cos x)' x^2 \, dx = \left[x^2 (-\cos x)\right]_0^{\frac{\pi}{2}} + 2\int_0^{\frac{\pi}{2}} x \cos x \, dx$

$= 2\displaystyle\int_0^{\frac{\pi}{2}} x(\sin x)' \, dx = 2\left\{\left[x \sin x\right]_0^{\frac{\pi}{2}} - \int_0^{\frac{\pi}{2}} \sin x \, dx\right\} = \pi - 2.$

(4) $\displaystyle\int_1^e \left(\frac{x^2}{2}\right)' (\log x)^2 \, dx = \left[\frac{x^2}{2}(\log x)^2\right]_1^e - \int_1^e \frac{x^2}{2} \cdot 2\log x \cdot \frac{1}{x} \, dx$

$= \dfrac{1}{2}e^2 - \displaystyle\int_1^e x \log x \, dx.$

$\displaystyle\int_1^e x \log x \, dx = \int_1^e \left(\frac{x^2}{2}\right)' \log x \, dx = \left[\frac{x^2}{2}\log x\right]_1^e - \int_1^e \frac{x^2}{2} \cdot \frac{1}{x} \, dx$

$= \dfrac{1}{4}e^2 + \dfrac{1}{4}$ なので，$\text{与式} = \dfrac{1}{4}e^2 - \dfrac{1}{4}.$

(5) $\tan\dfrac{x}{2} = t$ とおくと $\cos x = \dfrac{1-t^2}{1+t^2}, \ dx = \dfrac{2}{1+t^2} dt.$

与式 $= \int_0^1 \dfrac{2}{3+t^2}\,dt = 2\int_0^1 \dfrac{1}{(\sqrt{3})^2+t^2}\,dt$

$= \left[\dfrac{2}{\sqrt{3}}\tan^{-1}\dfrac{t}{\sqrt{3}}\right]_0^1 = \dfrac{\pi}{3\sqrt{3}}.$

x	0	$\to$	$\dfrac{\pi}{2}$
t	0	$\to$	1

(6) $\left(\int \sqrt{x^2+A}\,dx = \dfrac{1}{2}\left(x\sqrt{x^2+A}+A\log|x+\sqrt{x^2+A}|\right)+C\ を利用する\right)$

$\int_0^1 \sqrt{\left(x+\dfrac{1}{2}\right)^2+\dfrac{3}{4}}\,dx$

$=\left[\dfrac{1}{2}\left\{\left(x+\dfrac{1}{2}\right)\sqrt{1+x+x^2}+\dfrac{3}{4}\log\left|x+\dfrac{1}{2}+\sqrt{x^2+x+1}\right|\right\}\right]_0^1$

$=\dfrac{1}{2}\left\{\dfrac{3}{2}\sqrt{3}+\dfrac{3}{4}\log\left(\dfrac{3}{2}+\sqrt{3}\right)\right\}-\dfrac{1}{2}\left(\dfrac{1}{2}+\dfrac{3}{4}\log\dfrac{3}{2}\right)$

$=\dfrac{3\sqrt{3}-1}{4}+\dfrac{3}{8}\log\dfrac{2+\sqrt{3}}{\sqrt{3}}.$

(7) $\left(\int \sqrt{a^2-x^2}\,dx = \dfrac{1}{2}\left(x\sqrt{a^2-x^2}+a^2\sin^{-1}\dfrac{x}{a}\right)+C\ を利用する\right)$

$\sqrt{1+x}=t$ とおくと, $x=t^2-1,\ dx=2t\,dt$ なので,

与式 $= 2\int_1^{\sqrt{2}} \sqrt{2-t^2}\,dt$

x	0	$\to$	1
t	1	$\to$	$\sqrt{2}$

$=\left[2\cdot\dfrac{1}{2}\left\{t\sqrt{2-t^2}+2\sin^{-1}\dfrac{t}{\sqrt{2}}\right\}\right]_1^{\sqrt{2}} = \dfrac{\pi}{2}-1.$

(8) $\left(公式\int\sqrt{x^2+A}\,dx,\ \int\dfrac{1}{\sqrt{x^2+A}}\,dx = \log|x+\sqrt{x^2+A}|+C\ を利用する\right)$

$\int_0^1 \dfrac{x^2}{\sqrt{x^2+4}}\,dx = \int_0^1 \dfrac{x^2+4-4}{\sqrt{x^2+4}}\,dx = \int_0^1 \left(\sqrt{x^2+4}-\dfrac{4}{\sqrt{x^2+4}}\right)dx$

$=\left[\dfrac{1}{2}\left(x\sqrt{x^2+4}+4\log|x+\sqrt{x^2+4}|\right)-4\log|x+\sqrt{x^2+4}|\right]_0^1$

$=\left[\dfrac{1}{2}x\sqrt{x^2+4}-2\log|x+\sqrt{x^2+4}|\right]_0^1 = \dfrac{\sqrt{5}}{2}-2\log\dfrac{1+\sqrt{5}}{2}.$

(9) $x=\sin t$ とおくと $dx=\cos t\,dt$ なので,

与式 $= \int_0^{\frac{\pi}{2}} \sin^5 t\sqrt{\cos^2 t}\cdot\cos t\,dt = \int_0^{\frac{\pi}{2}} \sin^5 t\cos^2 t\,dt$

$= \int_0^{\frac{\pi}{2}} \sin^5 t\,dt - \int_0^{\frac{\pi}{2}} \sin^7 t\,dt = \dfrac{4}{5}\cdot\dfrac{2}{3}-\dfrac{6}{7}\left(\dfrac{4}{5}\cdot\dfrac{2}{3}\right)$

$$= \left(1 - \frac{6}{7}\right)\frac{4}{5} \cdot \frac{2}{3} = \frac{8}{105}.$$

(10) 与式 $= \displaystyle\int_0^{\frac{\pi}{2}} \sin x(1 - \cos^2 x)\cos^5 x\,dx.$

x	0	$\to$	$\dfrac{\pi}{2}$
t	1	$\to$	0

$\cos x = t$ とおくと $-\sin x\,dx = dt$ なので,

与式 $= -\displaystyle\int_1^0 (1-t^2)t^5\,dt = \int_0^1 (t^5 - t^7)\,dt = \frac{1}{6} - \frac{1}{8} = \frac{1}{24}.$

(11) $x + 4 = t$ とおくと $dx = dt$ なので,

与式 $= \displaystyle\int_4^8 \frac{(t-4)^2}{t^2}\,dt = \int_4^8 \frac{t^2 - 8t + 16}{t^2}\,dt = \int_4^8 \left(1 - \frac{8}{t} + \frac{16}{t^2}\right)dt$

$= \left[t - 8\log|t| - \dfrac{16}{t}\right]_4^8 = \mathbf{6 - 8\log 2}.$

(12) $\dfrac{x}{3} = t$ とおくと $dx = 3\,dt$ なので,

与式 $= 3\displaystyle\int_0^\pi \sin^4 t\,dt = 6\int_0^{\frac{\pi}{2}} \sin^4 t\,dt = 6 \cdot \frac{3}{4} \cdot \frac{1}{2} \cdot \frac{\pi}{2} = \frac{9}{8}\pi.$

(13) $y = \cos^5 x$ は偶関数なので,

与式 $= 2\displaystyle\int_0^{\frac{\pi}{2}} \cos^5 x\,dx = 2 \cdot \frac{4}{5} \cdot \frac{2}{3} = \frac{16}{15}.$

(14) $|\sin x| = \begin{cases} \sin x & (0 \leqq x \leqq \pi) \\ -\sin x & (\pi < x \leqq 2\pi) \end{cases}$

与式 $= \displaystyle\int_0^\pi e^{-x}\sin x\,dx - \int_\pi^{2\pi} e^{-x}\sin x\,dx.$

$I = \displaystyle\int e^{-x}\sin x\,dx = \int e^{-x}(-\cos x)'\,dx = -e^{-x}\cos x - \int e^{-x}\cos x\,dx$

$= -e^{-x}\cos x - \left\{\displaystyle\int e^{-x}(\sin x)'\,dx\right\}$

$= -e^{-x}\cos x - \left(e^{-x}\sin x + \displaystyle\int e^{-x}\sin x\,dx\right)$

$= -e^{-x}\cos x - e^{-x}\sin x - I.$

ゆえに $I = -\dfrac{e^{-x}}{2}(\sin x + \cos x).$

したがって 与式 $= \left[-\dfrac{e^{-x}}{2}(\sin x + \cos x)\right]_0^\pi - \left[-\dfrac{e^{-x}}{2}(\sin x + \cos x)\right]_\pi^{2\pi}$

$$= \frac{e^{-\pi}+1}{2} + \frac{e^{-2\pi}+e^{-\pi}}{2} = \frac{1}{2}(e^{-2\pi}+2e^{-\pi}+1) = \frac{1}{2}(e^{-\pi}+1)^2.$$

5.2 (1) $\displaystyle\int_{-1}^{1}\frac{1}{\sqrt[3]{x^2}}\,dx = \lim_{\varepsilon\to 0}\int_{-1}^{-\varepsilon}\frac{1}{\sqrt[3]{x^2}}\,dx + \lim_{\varepsilon'\to 0}\int_{\varepsilon'}^{1}\frac{1}{\sqrt[3]{x^2}}\,dx$

$\displaystyle = \lim_{\varepsilon\to 0}\left[3\sqrt[3]{x}\right]_{-1}^{-\varepsilon} + \lim_{\varepsilon'\to 0}\left[3\sqrt[3]{x}\right]_{\varepsilon'}^{1} = \lim_{\varepsilon\to 0}3(1-\sqrt[3]{\varepsilon}) + \lim_{\varepsilon'\to 0}3(1-\sqrt[3]{\varepsilon'}) = \mathbf{6}.$

(2) $x^2 = t$ とおくと $2x\,dx = dt$ なので, $\displaystyle\int xe^{-x^2}\,dx = \frac{1}{2}\int e^{-t}\,dt.$

ゆえに $\displaystyle\int xe^{-x^2}\,dx = -\frac{1}{2}e^{-x^2}$ となる.

$\displaystyle\int_{-\infty}^{\infty}xe^{-x^2}\,dx = \lim_{\substack{M\to\infty\\N\to-\infty}}\left[-\frac{1}{2}e^{-x^2}\right]_{N}^{M} = \lim_{\substack{M\to\infty\\N\to-\infty}}\left\{-\frac{1}{2}\left(e^{-M^2}-e^{-N^2}\right)\right\} = \mathbf{0}.$

(3) $\displaystyle\frac{x}{1+x^3} = \frac{a}{1+x} + \frac{bx+c}{1-x+x^2}$ とおいて,

$a,\ b,\ c$ を求めると $a = -\dfrac{1}{3},\ b = c = \dfrac{1}{3}$.

与式 $= \dfrac{1}{3}\displaystyle\int\left(\dfrac{1+x}{1-x+x^2} - \dfrac{1}{1+x}\right)dx$

$= \dfrac{1}{3}\displaystyle\int\dfrac{\dfrac{1}{2}(-1+2x+3)}{1-x+x^2}\,dx - \dfrac{1}{3}\int\dfrac{1}{1+x}\,dx$

$= \dfrac{1}{6}\displaystyle\int\left(\dfrac{-1+2x}{1-x+x^2} + \dfrac{3}{1-x+x^2}\right)dx - \dfrac{1}{3}\log|1+x|$

$= \dfrac{1}{6}\log(1-x+x^2) + \dfrac{1}{2}\displaystyle\int\dfrac{1}{\left(x-\dfrac{1}{2}\right)^2+\dfrac{3}{4}}\,dx - \dfrac{1}{3}\log|1+x|$

$= \dfrac{1}{6}\log\dfrac{(1-x+x^2)}{(1+x)^2} + \dfrac{1}{2}\cdot\dfrac{2}{\sqrt{3}}\tan^{-1}\dfrac{x-\dfrac{1}{2}}{\dfrac{\sqrt{3}}{2}}$

$= \dfrac{1}{6}\log\dfrac{1-x+x^2}{(1+x)^2} + \dfrac{1}{\sqrt{3}}\tan^{-1}\dfrac{2x-1}{\sqrt{3}}$

$\displaystyle\lim_{N\to\infty}\int_{0}^{N}\dfrac{x}{1+x^3}\,dx$

$= \displaystyle\lim_{N\to\infty}\left\{\dfrac{1}{6}\log\dfrac{1-N+N^2}{(1+N)^2} + \dfrac{1}{\sqrt{3}}\tan^{-1}\dfrac{2N-1}{\sqrt{3}} - \dfrac{1}{\sqrt{3}}\tan^{-1}\left(-\dfrac{1}{\sqrt{3}}\right)\right\}$

$$= \frac{1}{\sqrt{3}} \cdot \frac{\pi}{2} - \frac{1}{\sqrt{3}}\left(-\frac{\pi}{6}\right) = \frac{2\pi}{3\sqrt{3}} = \frac{2\sqrt{3}}{9}\pi.$$

(4) $(x-a)(b-x) = \left(\dfrac{b-a}{2}\right)^2 - \left(x - \dfrac{a+b}{2}\right)^2.$

$$与式 = \int_a^b \frac{1}{\sqrt{\left(\dfrac{b-a}{2}\right)^2 - \left(x - \dfrac{a+b}{2}\right)^2}}\, dx$$

$$= \lim_{\substack{\varepsilon_1 \to 0 \\ \varepsilon_2 \to 0}} \left[\sin^{-1} \frac{x - \dfrac{a+b}{2}}{\dfrac{b-a}{2}}\right]_{a+\varepsilon_1}^{b-\varepsilon_2} = \lim_{\substack{\varepsilon_1 \to 0 \\ \varepsilon_2 \to 0}} \left[\sin^{-1} \frac{2x - (a+b)}{b-a}\right]_{a+\varepsilon_1}^{b-\varepsilon_2}$$

$$= \lim_{\substack{\varepsilon_1 \to 0 \\ \varepsilon_2 \to 0}} \left[\sin^{-1} \frac{b-a-2\varepsilon_2}{b-a} - \sin^{-1} \frac{a-b+2\varepsilon_1}{b-a}\right]$$

$$= \sin^{-1} 1 - \sin^{-1}(-1) = \boldsymbol{\pi}.$$

(5) $e^x = t$ とおくと $e^x\, dx = dt$ なので,

$$与式 = \lim_{N\to\infty} \int_0^N \frac{1}{e^x + e^{-x}}\, dx = \lim_{N\to\infty} \int_0^N \frac{e^x}{e^{2x}+1}\, dx$$

$$= \lim_{N\to\infty} \int_1^{e^N} \frac{1}{t^2+1}\, dt = \lim_{N\to\infty} \left[\tan^{-1} t\right]_1^{e^N} = \frac{\pi}{2} - \frac{\pi}{4} = \boldsymbol{\frac{\pi}{4}}.$$

(6) $x = \sin\theta$ とおき，次に $\tan\dfrac{\theta}{2} = t$ とおくと，

$$\sin\theta = \frac{2t}{1+t^2},\ d\theta = \frac{2}{1+t^2}\, dt\ より,$$

$$与式 = \int_{-\frac{\pi}{2}}^{\frac{\pi}{2}} \frac{d\theta}{2 - \sin\theta} = \int_{-1}^1 \frac{1}{t^2 - t + 1}\, dt = \int_{-1}^1 \frac{1}{\left(t - \dfrac{1}{2}\right)^2 + \dfrac{3}{4}}\, dt$$

$$= \left[\frac{2}{\sqrt{3}} \tan^{-1} \frac{2t-1}{\sqrt{3}}\right]_{-1}^1 = \frac{2}{\sqrt{3}} \left\{\tan^{-1} \frac{1}{\sqrt{3}} - \tan^{-1}(-\sqrt{3})\right\}$$

$$= \frac{2}{\sqrt{3}} \left(\frac{\pi}{6} + \frac{\pi}{3}\right) = \boldsymbol{\frac{\pi}{\sqrt{3}}}.$$

(注) $\tan\dfrac{\theta}{2} = t$ とおくと $\sin\theta = \dfrac{2t}{1+t^2},\ \cos\theta = \dfrac{1-t^2}{1+t^2},\ d\theta = \dfrac{2}{1+t^2}\, dt$ は覚えておくこと.

5.3 (1) $n\displaystyle\sum_{k=1}^n \frac{1}{4n^2 - k^2} = \frac{1}{n}\sum_{k=1}^n \frac{1}{4 - \left(\dfrac{k}{n}\right)^2}.$

$$\lim_{n\to\infty}\frac{1}{n}\sum_{k=1}^{n}\frac{1}{4-\left(\dfrac{k}{n}\right)^2}=\int_0^1\frac{1}{4-x^2}\,dx=\frac{1}{4}\int_0^1\left(\frac{1}{2+x}+\frac{1}{2-x}\right)dx$$

$$=\frac{1}{4}\Big[\log|x+2|-\log|x-2|\Big]_0^1=\frac{1}{4}\log 3.$$

(2) 与式 $=\dfrac{1}{n}\sum_{k=1}^{n}\left(\dfrac{k}{n}\right)^2\sqrt{\dfrac{k}{n}-\left(\dfrac{k}{n}\right)^2}$ より

$$\lim_{n\to\infty}\frac{1}{n}\sum_{k=1}^{n}\left(\frac{k}{n}\right)^2\sqrt{\frac{k}{n}-\left(\frac{k}{n}\right)^2}=\int_0^1 x^2\sqrt{x-x^2}\,dx.$$

ここで $x=\sin^2 t$ とおくと $dx=2\sin t\cos t\,dt$ より，

x	0	$\to$	1
t	0	$\to$	$\dfrac{\pi}{2}$

$$\int_0^{\frac{\pi}{2}}\sin^4 t\sqrt{\sin^2 t-\sin^4 t}\cdot 2\sin t\cos t\,dt$$

$$=2\int_0^{\frac{\pi}{2}}\sin^6 t\cos^2 t\,dt=2\int_0^{\frac{\pi}{2}}(\sin^6 t-\sin^8 t)\,dt$$

$$=2\left\{\frac{5}{6}\cdot\frac{3}{4}\cdot\frac{1}{2}\cdot\frac{\pi}{2}-\frac{7}{8}\cdot\frac{5}{6}\cdot\frac{3}{4}\cdot\frac{1}{2}\cdot\frac{\pi}{2}\right\}=2\cdot\frac{5}{6}\cdot\frac{3}{4}\cdot\frac{1}{2}\cdot\frac{\pi}{2}\left(1-\frac{7}{8}\right)=\frac{5}{128}\pi.$$

5.4 $\log ab=\displaystyle\int_1^{ab}\frac{1}{t}\,dt=\int_1^a\frac{1}{t}\,dt+\int_a^{ab}\frac{1}{t}\,dt=\log a+\int_a^{ab}\frac{1}{t}\,dt.$

第2積分式で $x=\dfrac{t}{a}$ と置換すると $ax=t$ から

t	a	$\to$	ab
x	1	$\to$	b

$a\,dx=dt$ となるので，

$$\int_a^{ab}\frac{1}{t}\,dt=\int_1^b\frac{1}{ax}\cdot a\,dx=\int_1^b\frac{1}{x}\,dx=\log b.$$

ゆえに $\log ab=\log a+\log b.$

5.5 三角関数の積を和になおす公式を使う．

(1) $\sin mx\sin nx=-\dfrac{1}{2}\{\cos(m+n)x-\cos(m-n)x\}.$

$$I_1=-\frac{1}{2}\left\{\int_0^{2\pi}\cos(m+n)x\,dx-\int_0^{2\pi}\cos(m-n)x\,dx\right\}.$$

$m\neq n$ のとき，$I_1=-\dfrac{1}{2}\left[\dfrac{\sin(m+n)x}{m+n}-\dfrac{\sin(m-n)x}{m-n}\right]_0^{2\pi}=0.$

$m=n$ のとき，$I_1=\displaystyle\int_0^{2\pi}\sin^2 nx\,dx=\frac{1}{2}\int_0^{2\pi}(1-\cos 2nx)\,dx$

$$= \frac{1}{2}\left[x - \frac{\sin 2nx}{2n}\right]_0^{2\pi} = \pi.$$

(2) $\sin mx \cos nx = \dfrac{1}{2}\{\sin(m+n)x + \sin(m-n)x\}.$

$$I_2 = \frac{1}{2}\left\{\int_0^{2\pi} \sin(m+n)x\, dx + \int_0^{2\pi} \sin(m-n)x\, dx\right\}.$$

$m \neq n$ のとき, $I_2 = \dfrac{1}{2}\left[\dfrac{-\cos(m+n)x}{m+n} + \dfrac{-\cos(m-n)x}{m-n}\right]_0^{2\pi} = \mathbf{0}.$

$m = n$ のとき, $I_2 = \dfrac{1}{2}\displaystyle\int_0^{2\pi} \sin 2nx\, dx = -\dfrac{1}{4n}\left[\cos 2nx\right]_0^{2\pi} = \mathbf{0}.$

(3) $\cos mx \cos nx = \dfrac{1}{2}\{\cos(m+n)x + \cos(m-n)x\}.$

$$I_3 = \frac{1}{2}\left\{\int_0^{2\pi} \cos(m+n)x\, dx + \int_0^{2\pi} \cos(m-n)x\, dx\right\}.$$

$m \neq n$ のとき, $I_3 = \dfrac{1}{2}\left[\dfrac{\sin(m+n)x}{m+n} + \dfrac{\sin(m-n)x}{m-n}\right]_0^{2\pi} = \mathbf{0}.$

$m = n$ のとき, $I_3 = \displaystyle\int_0^{2\pi} \cos^2 nx\, dx = \dfrac{1}{2}\int_0^{2\pi}(1 + \cos 2nx)\, dx$

$$= \frac{1}{2}\left[x + \frac{\sin 2nx}{2n}\right]_0^{2\pi} = \pi.$$

5.6 $\displaystyle\int_0^{2\pi} f(x)\, dx = \int_0^{2\pi}\left(\frac{1}{2}a_0 + a_1 \cos x + b_1 \sin x + \cdots + a_n \cos nx + b_n \sin nx\right) dx$

$= \dfrac{1}{2}a_0 \displaystyle\int_0^{2\pi} dx = \pi a_0.$ ゆえに $a_0 = \dfrac{1}{\pi}\displaystyle\int_0^{2\pi} f(x)\, dx.$

$\displaystyle\int_0^{2\pi} f(x) \cos kx\, dx = \int_0^{2\pi}\left(\frac{1}{2}a_0 + a_1 \cos x + b_1 \sin x + \cdots\right)\cos kx\, dx$ に **5.5** の結果 I_2, I_3 を用いると,

$$\int_0^{2\pi} f(x) \cos kx\, dx = a_k \int_0^{2\pi} \cos^2 kx\, dx = \pi a_k.$$

ゆえに $a_k = \dfrac{1}{\pi}\displaystyle\int_0^{2\pi} f(x) \cos kx\, dx.$

同様に $\displaystyle\int_0^{2\pi} f(x) \sin kx\, dx = b_k \int_0^{2\pi} \sin^2 kx\, dx = \pi b_k.$

ゆえに $b_k = \dfrac{1}{\pi}\displaystyle\int_0^{2\pi} f(x) \sin kx\, dx.$

5.7 (1) 部分積分法より $B(m,n) = \int_0^1 \left(\dfrac{1}{m}x^m\right)'(1-x)^{n-1}\,dx$

$= \left[\dfrac{1}{m}x^m(1-x)^{n-1}\right]_0^1 + \dfrac{n-1}{m}\int_0^1 x^m(1-x)^{n-2}\,dx$

$= \dfrac{n-1}{m}\int_0^1 x^{m-1}\{1-(1-x)\}\cdot(1-x)^{n-2}\,dx \quad (*)$

$= \dfrac{n-1}{m}\left\{\int_0^1 x^{m-1}(1-x)^{n-2}\,dx - \int_0^1 x^{m-1}(1-x)^{n-1}\,dx\right\}$

$= \dfrac{n-1}{m}\{B(m,n-1) - B(m,n)\}.$

ゆえに $(m+n-1)B(m,n) = (n-1)B(m,n-1).$

ゆえに $\boldsymbol{B(m,n) = \dfrac{n-1}{m+n-1}B(m,n-1)}.$

(注) $(*)$ $x^m = x^{m-1}\cdot x = x^{m-1}\{1-(1-x)\}$ と分けている.

(2) (1)より $B(m,n) = \dfrac{n-1}{m+n-1}B(m,n-1)$

$= \dfrac{n-1}{m+n-1}\cdot\dfrac{n-2}{m+n-2}B(m,n-2)$

$= \dfrac{n-1}{m+n-1}\cdot\dfrac{n-2}{m+n-2}\cdot\dfrac{n-3}{m+n-3}B(m,n-3)$

$= \dfrac{n-1}{m+n-1}\cdot\dfrac{n-2}{m+n-2}\cdot\dfrac{n-3}{m+n-3}\cdots\dfrac{1}{m+1}B(m,1).$

ところで $B(m,1) = \int_0^1 x^{m-1}\,dx = \left[\dfrac{1}{m}x^m\right]_0^1 = \dfrac{1}{m}$ なので,

$\boldsymbol{B(m,n) = \dfrac{n-1}{m+n-1}\cdot\dfrac{n-2}{m+n-2}\cdot\dfrac{n-3}{m+n-3}\cdots\dfrac{1}{m+1}\cdot\dfrac{1}{m}}$

$\boldsymbol{= \dfrac{(n-1)!\,(m-1)!}{(m+n-1)!}}.$

(3) $x = \cos^2\theta$ とおくと $dx = -2\cos\theta\sin\theta\,d\theta$ なので,

x	0	$\to$	1
θ	$\dfrac{\pi}{2}$	$\to$	0

$B(m,n)$

$= \int_{\frac{\pi}{2}}^0 \cos^{2m-2}(1-\cos^2\theta)^{n-1}\cdot(-2\cos\theta\sin\theta)\,d\theta$

$= \boldsymbol{2\int_0^{\frac{\pi}{2}} \sin^{2n-1}\theta\cos^{2m-1}\theta\,d\theta}.$

5.8 (1) $I(m,n) = \int_0^{\frac{\pi}{2}} (\sin^m x\cos x)\cos^{n-1}x\,dx$

$$= \int_0^{\frac{\pi}{2}} \left(\frac{1}{m+1} \sin^{m+1} x\right)' \cos^{n-1} x \, dx$$

$$= \frac{1}{m+1} \left\{ \left[\sin^{m+1} x \cos^{n-1} x \right]_0^{\frac{\pi}{2}} \right.$$

$$\left. - \int_0^{\frac{\pi}{2}} \sin^{m+1} x \cdot (n-1) \cos^{n-2} \cdot (-\sin x) \, dx \right\}$$

$$= \frac{n-1}{m+1} \int_0^{\frac{\pi}{2}} \sin^{m+2} x \cos^{n-2} x \, dx.$$

ここで $\sin^{m+2} x = \sin^m x (1 - \cos^2 x)$ として展開すると,

$$I(m,n) = \frac{n-1}{m+1} \left\{ \int_0^{\frac{\pi}{2}} \sin^m x \cos^{n-2} x \, dx - \int_0^{\frac{\pi}{2}} \sin^m x \cos^n x \, dx \right\}$$

$$= \frac{n-1}{m+1} \{ I(m, n-2) - I(m, n) \}.$$

分母を払って整理すると $\boldsymbol{I(m,n) = \dfrac{n-1}{m+n} I(m, n-2)}$.

同様の方法で $\boldsymbol{I(m,n) = \dfrac{m-1}{m+n} I(m-2, n)}$.

(2) (1) の 2 つの関係式を使って m, n の値を 0 か 1 まで引き下げる.

$$I(5,2) = \frac{4}{7} I(3,2) = \frac{4}{7} \cdot \frac{2}{5} I(1,2) = \frac{4}{7} \cdot \frac{2}{5} \cdot \frac{1}{3} I(1,0).$$

ところで $I(1,0) = \displaystyle\int_0^{\frac{\pi}{2}} \sin x \, dx = \left[-\cos x \right]_0^{\frac{\pi}{2}} = 1$ なので,

$$I(5,2) = \frac{4}{7} \cdot \frac{2}{5} \cdot \frac{1}{3} \cdot 1 = \boldsymbol{\frac{8}{105}}.$$

$$I(2,4) = \frac{3}{6} I(2,2) = \frac{3}{6} \cdot \frac{1}{4} I(2,0) = \frac{3}{6} \cdot \frac{1}{4} \cdot \frac{1}{2} I(0,0)$$

$$= \frac{3}{6} \cdot \frac{1}{4} \cdot \frac{1}{2} \cdot \int_0^{\frac{\pi}{2}} dx = \frac{3}{6} \cdot \frac{1}{4} \cdot \frac{1}{2} \cdot \frac{\pi}{2} = \boldsymbol{\frac{\pi}{32}}.$$

$$I(5,3) = \frac{4}{8} I(3,3) = \frac{4}{8} \cdot \frac{2}{6} I(1,3) = \frac{4}{8} \cdot \frac{2}{6} \cdot \frac{2}{4} I(1,1)$$

$$= \frac{4}{8} \cdot \frac{2}{6} \cdot \frac{2}{4} \cdot \int_0^{\frac{\pi}{2}} \sin x \cos x \, dx = \frac{4}{8} \cdot \frac{2}{6} \cdot \frac{2}{4} \cdot \frac{1}{2} = \boldsymbol{\frac{1}{24}}.$$

5.9 (1) $f(x) = \dfrac{1}{x}$ は $x > 0$ で単調減少関数であるから,

$$\frac{1}{2} + \frac{1}{3} + \cdots + \frac{1}{n} < \int_1^n \frac{1}{x}\,dx < \log n \quad \cdots \text{①}.$$

両辺に 1 を加えて, $1 + \dfrac{1}{2} + \dfrac{1}{3} + \cdots + \dfrac{1}{n} < 1 + \log n$.

また $1 + \dfrac{1}{2} + \dfrac{1}{3} + \cdots + \dfrac{1}{n} > \displaystyle\int_1^{n+1} \dfrac{1}{x}\,dx = \log(n+1) \quad \cdots \text{②}$.

①, ②から $\log(n+1) < 1 + \dfrac{1}{2} + \dfrac{1}{3} + \cdots + \dfrac{1}{n} < 1 + \log n$.

(2) $\log n$ で割って $\dfrac{\log(n+1)}{\log n} < \dfrac{1 + \frac{1}{2} + \frac{1}{3} + \cdots + \frac{1}{n}}{\log n} < 1 + \dfrac{1}{\log n}$.

ロピタルの定理より $\displaystyle\lim_{n\to\infty} \dfrac{\log(n+1)}{\log n} = \lim_{n\to\infty} \dfrac{n}{n+1} = 1$.

また $\displaystyle\lim_{n\to\infty} \left(1 + \dfrac{1}{\log n}\right) = 1$.

以上より $\displaystyle\lim_{n\to\infty} \dfrac{1 + \frac{1}{2} + \frac{1}{3} + \cdots + \frac{1}{n}}{\log n} = 1$.

① ②

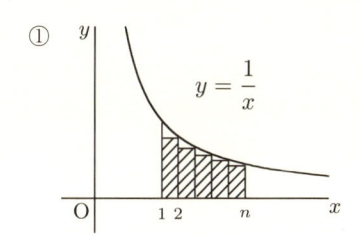

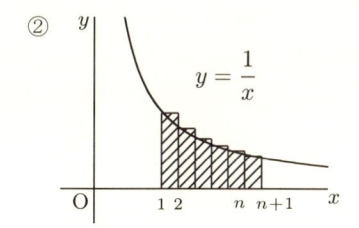

(注) $x > 0$ で $f(x)$ が単調減少関数ならば, 次の不等式が成り立つ.

$$f(2) + f(3) + \cdots + f(n) < \int_1^n f(x)\,dx < f(1) + f(2) + \cdots + f(n-1).$$

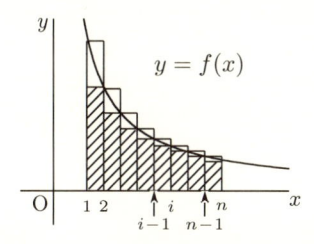

5.10 (1) $I_n + I_{n-2} = \displaystyle\int_0^{\frac{\pi}{4}} (\tan^n x + \tan^{n-2} x)\,dx = \int_0^{\frac{\pi}{4}} \tan^{n-2} x(\tan^2 x + 1)\,dx$

$$= \int_0^{\frac{\pi}{4}} \tan^{n-2} x \cdot \frac{1}{\cos^2 x}\, dx = \left[\frac{1}{n-1}\tan^{n-1} x\right]_0^{\frac{\pi}{4}} = \frac{1}{n-1}.$$

(2) $I_5 = \dfrac{1}{4} - I_3 = \dfrac{1}{4} - \left(\dfrac{1}{2} - I_1\right) = -\dfrac{1}{2} + I_1.$

ところで $I_1 = \displaystyle\int_0^{\frac{\pi}{4}} \dfrac{\sin x}{\cos x}\, dx = \Big[-\log|\cos x|\Big]_0^{\frac{\pi}{4}} = -\log\dfrac{1}{\sqrt{2}} = \dfrac{1}{2}\log 2.$

したがって $I_5 = \dfrac{1}{2}(\log 2 - 1).$

総合演習6

6.1 (1) 放物線と直線の交点の y 座標を y_1, y_2 とすると,

y_1, y_2 は $y^2 = y + 1$ の解である. $y = \dfrac{1 \pm \sqrt{5}}{2}$.

$S = \displaystyle\int_{y_2}^{y_1}(y + 1 - y^2)\, dy = \left[\dfrac{y^2}{2} + y - \dfrac{y^3}{3}\right]_{y_2}^{y_1}$

$= \dfrac{1}{6}(y_1 - y_2)^3 = \dfrac{1}{6}\left(\dfrac{1+\sqrt{5}}{2} - \dfrac{1-\sqrt{5}}{2}\right)^3$

$= \dfrac{5\sqrt{5}}{6}.$

(**注**) 2次方程式 $ax^2 + bx + c = 0$ の異なる実数解を α, β $(\alpha < \beta)$ とするとき, $\displaystyle\int_\alpha^\beta (ax^2 + bx + c)\, dx = -\dfrac{a}{6}(\beta - \alpha)^3$ である.

これを使わないときは解と係数の関係から $y_1 + y_2 = 1$, $y_1 y_2 = -1$ を利用して,
$S = (y_1 - y_2)\left\{\dfrac{1}{2}(y_1 + y_2) + 1 - \dfrac{1}{3}(y_1{}^2 + y_1 y_2 + y_2{}^2)\right\}$ より求める.

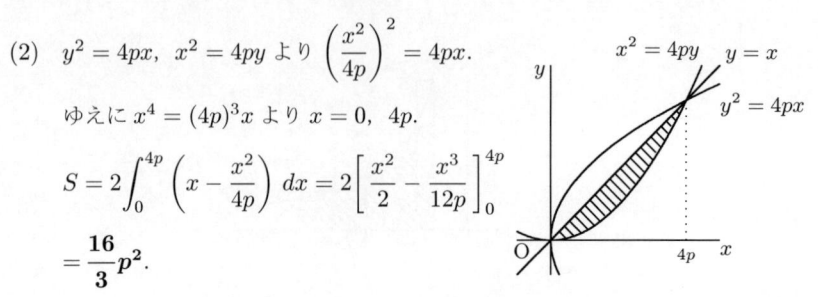

(2) $y^2 = 4px$, $x^2 = 4py$ より $\left(\dfrac{x^2}{4p}\right)^2 = 4px.$

ゆえに $x^4 = (4p)^3 x$ より $x = 0$, $4p$.

$S = 2\displaystyle\int_0^{4p}\left(x - \dfrac{x^2}{4p}\right)dx = 2\left[\dfrac{x^2}{2} - \dfrac{x^3}{12p}\right]_0^{4p}$

$= \dfrac{16}{3}p^2.$

(3) $x = 3t^2$, $y = 2t^3$ より t を消去して $4x^3 = 27y^2$. $x = 1$ のとき $t = \pm\dfrac{1}{\sqrt{3}}$.

このとき $y = \pm\dfrac{2}{3\sqrt{3}}$ （複号同順）．

$$S = \int_0^1 y\,dx = \int_0^{\frac{1}{\sqrt{3}}} 2t^3 \cdot 6t\,dt = \left[\frac{12}{5}t^5\right]_0^{\frac{1}{\sqrt{3}}}$$

$$= \frac{4\sqrt{3}}{45}.$$

(別解) $S = \displaystyle\int_0^1 \frac{2}{3\sqrt{3}} x^{\frac{3}{2}}\,dx = \frac{2}{3\sqrt{3}}\left[\frac{2}{5}x^{\frac{5}{2}}\right]_0^1 = \frac{4\sqrt{3}}{45}.$

6.2 (1) 2つの円の交点は $y = x$ 上にあるから，$\dfrac{x^2}{a^2} + \dfrac{y^2}{b^2} = 1$ かつ $y = x$ より

$y = \dfrac{ab}{\sqrt{a^2+b^2}}$. 図の部分の面積は

$$\frac{S}{8} = \int_0^{\frac{ab}{\sqrt{a^2+b^2}}} \left\{\frac{b}{a}\sqrt{a^2-y^2} - y\right\}dy$$

$$= \frac{b}{2a}\left[y\sqrt{a^2-y^2} + a^2\sin^{-1}\frac{y}{a}\right]_0^{\frac{ab}{\sqrt{a^2+b^2}}}$$

$$- \left[\frac{y^2}{2}\right]_0^{\frac{ab}{\sqrt{a^2+b^2}}}$$

$$= \frac{a^2 b^2}{2(a^2+b^2)} + \frac{ab}{2}\tan^{-1}\frac{b}{a} - \frac{a^2 b^2}{2(a^2+b^2)} = \frac{ab}{2}\tan^{-1}\frac{b}{a}.$$

$$\left(\sin^{-1}\frac{b}{\sqrt{a^2+b^2}} = \tan^{-1}\frac{b}{a}\text{に注意}\right)$$

したがって $S = \boldsymbol{4ab\tan^{-1}\dfrac{b}{a}}.$

(2) $\dfrac{x^2}{b^2} + \dfrac{y^2}{a^2} = 1$ に $x = r\cos\theta$, $y = r\sin\theta$ を代入して，極座標に直すと

$$r^2 = \frac{a^2 b^2}{b^2\sin^2\theta + a^2\cos^2\theta}.$$

$$S = 8\int_0^{\frac{\pi}{4}} \frac{1}{2}r^2\,d\theta = 4\int_0^{\frac{\pi}{4}} \frac{a^2 b^2}{b^2\sin^2\theta + a^2\cos^2\theta}\,d\theta$$

$$= 4a^2\int_0^{\frac{\pi}{4}} \frac{\sec^2\theta}{\tan^2\theta + \dfrac{a^2}{b^2}}\,d\theta.$$

ここで $\tan\theta = t$ とおくと $\sec^2\theta\,d\theta = dt$ なので，

$$S = 4a^2 \int_0^1 \frac{1}{t^2 + \left(\frac{a}{b}\right)^2}\, dt = 4a^2 \left[\frac{b}{a} \tan^{-1} \frac{b}{a} t\right]_0^1 = \boldsymbol{4ab \tan^{-1} \frac{b}{a}}.$$

6.3 $x = r\cos\theta,\ y = r\sin\theta$ を代入して,

$$r = \frac{3a\cos\theta\sin\theta}{\cos^3\theta + \sin^3\theta}.$$

$$S = \frac{1}{2}\int_0^{\frac{\pi}{2}} r^2\, d\theta = \frac{9}{2}a^2 \int_0^{\frac{\pi}{2}} \frac{\cos^2\theta \sin^2\theta}{(\cos^3\theta + \sin^3\theta)^2}\, d\theta$$

$$= \frac{9}{2}a^2 \int_0^{\frac{\pi}{2}} \frac{\tan^2\theta}{\cos^2\theta(1+\tan^3\theta)^2}\, d\theta.$$

ここで $\tan\theta = t$ とおくと $\frac{1}{\cos^2\theta}\, d\theta = dt$ なので,

$$S = \frac{9}{2}a^2 \int_0^\infty \frac{t^2}{(1+t^3)^2}\, dt = \frac{9}{2}a^2 \left[-\frac{1}{3(1+t^3)}\right]_0^\infty = \boldsymbol{\frac{3}{2}a^2}.$$

(別解) $S = 2 \cdot \frac{9}{2}a^2 \int_0^{\frac{\pi}{4}} \frac{t^2}{(1+t^3)^2}\, dt$ として, $1+t^3 = u$ とおいてもよい.

6.4 $r^2 = 2a^2 \cos 2\theta$ と $r = a$ より $\cos 2\theta = \frac{1}{2}$.

よって交点として $\theta = \frac{\pi}{6}$ をとって,

$$S = 4\left\{\int_0^{\frac{\pi}{6}} \frac{1}{2} \cdot 2a^2 \cos 2\theta\, d\theta - \int_0^{\frac{\pi}{6}} \frac{1}{2} a^2\, d\theta\right\}$$

$$= 2\left[a^2 \sin 2\theta - a^2 \theta\right]_0^{\frac{\pi}{6}} = \boldsymbol{\left(\sqrt{3} - \frac{\pi}{3}\right) a^2}.$$

6.5 (1) $\displaystyle V = \pi \int_1^e (\log x)^2\, dx = \pi \left[x(\log x)^2\right]_1^e - \pi \int_1^e x \cdot 2 \cdot \frac{1}{x} \log x\, dx$

$$= \pi e - 2\pi \left\{\left[x \log x\right]_1^e - \int_1^e dx\right\} = \boldsymbol{\pi(e-2)}.$$

(2) 対称性を考えて,

$$V = 2\pi \left\{\int_{\frac{\pi}{4}}^{\frac{3}{4}\pi} \sin^2 x\, dx - \int_{\frac{\pi}{4}}^{\frac{\pi}{2}} \cos^2 x\, dx\right\}$$

$$= 2\pi \left\{\int_{\frac{\pi}{4}}^{\frac{3}{4}\pi} \frac{1-\cos 2x}{2}\, dx - \int_{\frac{\pi}{4}}^{\frac{\pi}{2}} \frac{1+\cos 2x}{2}\, dx\right\}$$

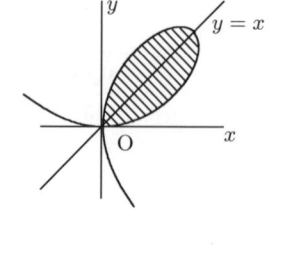

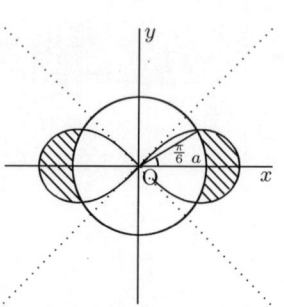

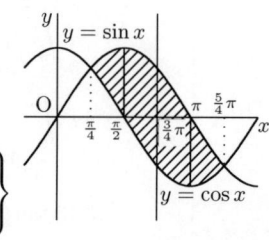

$$= \pi \left\{ \left[x - \frac{1}{2}\sin 2x \right]_{\frac{\pi}{4}}^{\frac{3}{4}\pi} - \left[x + \frac{1}{2}\sin 2x \right]_{\frac{\pi}{4}}^{\frac{\pi}{2}} \right\} = \frac{\pi^2}{4} + \frac{3}{2}\pi.$$

6.6 極座標と直交座標の間には $x = r\cos\theta,\ y = r\sin\theta$ の関係があるので，

$x = a(1+\cos\theta)\cos\theta,\ y = a(1+\cos\theta)\sin\theta$

となる．

$\dfrac{dx}{d\theta} = -a\sin\theta(1+2\cos\theta)$ なので符号の変化は，$0 \leqq \theta \leqq \pi$ の範囲では右表のようになる．

$\theta = \dfrac{2}{3}\pi$ のとき $x = -\dfrac{a}{4}$ であるから，求める体積は

$$V = \pi \int_{-\frac{a}{4}}^{2a} y^2\, dx - \pi \int_{-\frac{a}{4}}^{0} y^2\, dx$$

θ	0	$\cdots$	$\dfrac{2}{3}\pi$	$\cdots$	π
$\dfrac{dx}{d\theta}$	0	$-$	0	$+$	0

$$= \pi \int_{\frac{2}{3}\pi}^{0} y^2 \cdot \frac{dx}{d\theta}\, d\theta - \pi \int_{\frac{2}{3}\pi}^{\pi} y^2 \cdot \frac{dx}{d\theta}\, d\theta$$

$$= \pi \int_{\pi}^{0} y^2 \cdot \frac{dx}{d\theta}\, d\theta = \pi a^3 \int_{0}^{\pi} (1+\cos\theta)^2 (1-\cos^2\theta)(1+2\cos\theta)\sin\theta\, d\theta.$$

ここで $\cos\theta = t$ とおくと $-\sin\theta\, d\theta = dt$ なので，

$$V = \pi a^3 \int_{-1}^{1} (1+t)^2 (1-t^2)(1+2t)\, dt = \pi a^3 \int_{-1}^{1} (1 + 4t + 4t^2 - 2t^3 - 5t^4 - 2t^5)\, dt$$

$$= 2\pi a^3 \int_{0}^{1} (1 + 4t^2 - 5t^4)\, dt = \frac{8}{3}\pi a^3.$$

(**注**) 実際には $x = -\dfrac{a}{4},\ \theta = \dfrac{2}{3}\pi$ という値は不要であった．

6.7 x 軸に垂直な平面で切れば切り口は直角三角形となるので，その切り口の面積を $S(x)$ とすると，

$S(x) = \dfrac{1}{2}\sqrt{a^2-x^2} \cdot m\sqrt{a^2-x^2}$.

よって $V = 2\displaystyle\int_{0}^{a} \dfrac{1}{2}m(a^2-x^2)\, dx$

$= \left[m\left(a^2 x - \dfrac{1}{3}x^3 \right) \right]_{0}^{a} = \dfrac{2}{3}ma^3.$

6.8 (1) $y = \dfrac{\sqrt{x}(x-a)}{\sqrt{3a}}$ より $\sqrt{1+(y')^2} = \dfrac{3x+a}{\sqrt{12ax}}$.

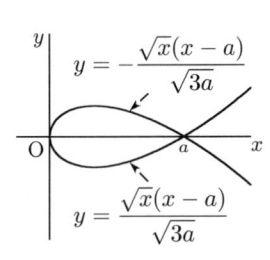

$$L = 2\int_0^a \frac{3x+a}{\sqrt{12ax}}\,dx = \frac{1}{\sqrt{3a}}\int_0^a \left(3\sqrt{x}+\frac{a}{\sqrt{x}}\right)dx$$

$$= \frac{1}{\sqrt{3a}}\Big[2x\sqrt{x}+2a\sqrt{x}\Big]_0^a = \boldsymbol{\frac{4}{\sqrt{3}}a}.$$

(2) $L = \displaystyle\int_0^\pi \sqrt{a^2\theta^2+a^2}\,d\theta = a\int_0^\pi \sqrt{\theta^2+1}\,d\theta$

$$= \frac{a}{2}\Big[\theta\sqrt{\theta^2+1}+\log(\theta+\sqrt{\theta^2+1})\Big]_0^\pi$$

$$= \boldsymbol{\frac{\pi a}{2}\sqrt{\pi^2+1}+\frac{a}{2}\log(\pi+\sqrt{\pi^2+1})}.$$

6.9 右図のように P, Q から x 軸におろした垂線をひき，その足を M, N, P より QN におろした垂線の足を R とすると，PQ は円 O の接線であるから $\angle PQR = \angle AOQ = \theta$. また $PQ = $ 弧 $AQ = a\theta$.

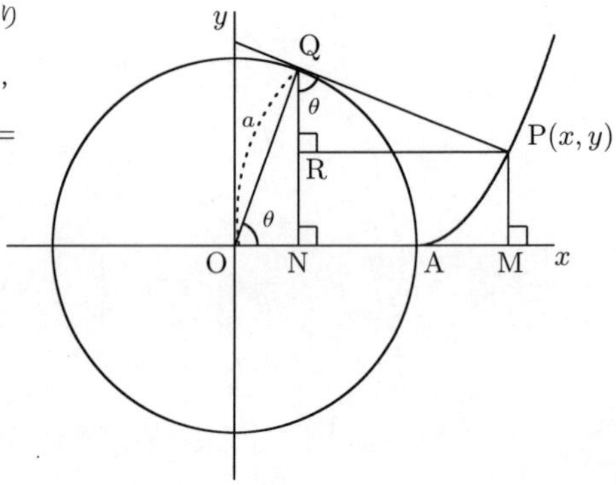

$x = \text{ON} + \text{RP} = a\cos\theta + a\theta\sin\theta$
$= a(\cos\theta + \theta\sin\theta)$.

$y = \text{NQ} - \text{QR} = a\sin\theta - a\theta\cos\theta$
$= a(\sin\theta - \theta\cos\theta)$.

すなわち $\begin{cases} x = a(\cos\theta+\theta\sin\theta) \\ y = a(\sin\theta-\theta\cos\theta) \end{cases}$

$\left(\dfrac{dx}{d\theta}\right)^2 + \left(\dfrac{dy}{d\theta}\right)^2 = a^2\theta^2(\sin^2\theta+\cos^2\theta) = a^2\theta^2$ より,

$$L = \int_0^{2\pi}\sqrt{\left(\frac{dx}{d\theta}\right)^2+\left(\frac{dy}{d\theta}\right)^2}\,d\theta = \int_0^{2\pi}\sqrt{a^2\theta^2}\,d\theta = \int_0^{2\pi}a\theta\,d\theta = \boldsymbol{2\pi^2 a}.$$

(**注**) 点 P の描く曲線を，**円の伸開線** (インボリュート) という.

6.10 上半円 $y = b+\sqrt{r^2-x^2}$, 下半円 $y = b-\sqrt{r^2-x^2}$.

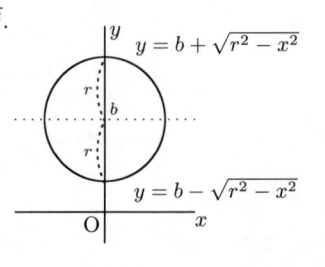

$y' = \pm\dfrac{-x}{\sqrt{r^2-x^2}}$, $\sqrt{1+(y')^2} = \dfrac{r}{\sqrt{r^2-x^2}}$.

$S_x = 2\cdot 2\pi\displaystyle\int_0^r (b+\sqrt{r^2-x^2})\cdot\dfrac{r}{\sqrt{r^2-x^2}}\,dx$

$\qquad + 2\cdot 2\pi\displaystyle\int_0^r (b-\sqrt{r^2-x^2})\cdot\dfrac{r}{\sqrt{r^2-x^2}}\,dx$

$$= 4\pi \int_0^r \frac{2br}{\sqrt{r^2-x^2}}\,dx = 8\pi br \left[\sin^{-1}\frac{x}{r}\right]_0^r = \boldsymbol{4\pi^2 br}.$$

6.11 重心の座標を $(\overline{x}, \overline{y})$ とする.

4分の1だ円の面積を S とすると $S = \dfrac{1}{4}\pi ab$ なので,

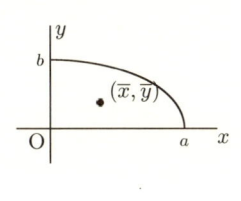

$$\overline{x} = \frac{\displaystyle\int_0^a xy\,dx}{S} = \frac{\displaystyle\int_0^a \frac{b}{a}x\sqrt{a^2-x^2}\,dx}{\dfrac{1}{4}\pi ab}$$

($\sqrt{a^2-x^2} = t$ とおくと, $a^2-x^2 = t^2$ なので)

$$= \frac{4}{\pi a^2}\int_0^a x\sqrt{a^2-x^2}\,dx = \frac{4}{\pi a^2}\int_a^0 t\cdot(-t)\,dt = \frac{4}{\pi a^2}\left[\frac{1}{3}t^3\right]_0^a = \frac{4a}{3\pi}.$$

$$\overline{y} = \frac{\dfrac{1}{2}\displaystyle\int_0^a y^2\,dx}{S} = \frac{2}{\pi ab}\int_0^a \frac{b^2}{a^2}(a^2-x^2)\,dx = \frac{4b}{3\pi}.$$

よって求める重心は $\left(\boldsymbol{\dfrac{4a}{3\pi},\ \dfrac{4b}{3\pi}}\right)$.

6.12 (1) t 秒後の P, Q の座標をそれぞれ x_1, x_2 とすると,
$t = 0$ のときは $x_1 = x_2 = 0$.

$$x_1 = \int_0^t \sin\pi t\,dt = \frac{1}{\pi}(1-\cos\pi t),\ x_2 = \int_0^t 2\sin 2\pi t\,dt = \frac{1}{\pi}(1-\cos 2\pi t).$$

2点が重なる条件は $x_1 = x_2$ なので,$\cos\pi t = \cos 2\pi t$.
$2\cos^2\pi t - \cos\pi t - 1 = (2\cos\pi t + 1)(\cos\pi t - 1) = 0$ より,

$\cos\pi t = 1,\ -\dfrac{1}{2}$.

これから $\pi t = 2n\pi,\ \pi t = 2m\pi \pm \dfrac{2}{3}\pi$.
これらをまとめて

$t = \boldsymbol{\dfrac{2}{3}m}$ **秒後** $(m = 0,\ 1,\ 2,\ \cdots)$.

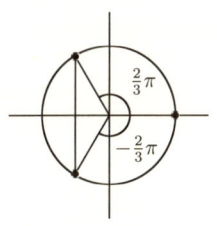

(2) 初めて重なるのは $t = \dfrac{2}{3}$ のときで,P の動いた距離を s とすると,

$$s = \int_0^{\frac{2}{3}} |\sin\pi t|\,dt = \int_0^{\frac{2}{3}} \sin\pi t\,dt = \frac{1}{\pi}\left(1 - \cos\frac{2}{3}\pi\right) = \boldsymbol{\dfrac{3}{2\pi}}\ \textbf{(cm)}.$$

いろいろな曲線

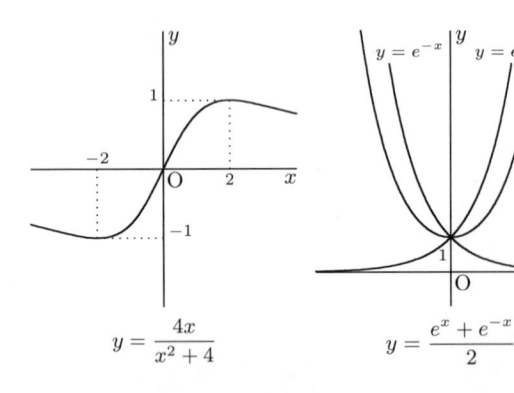

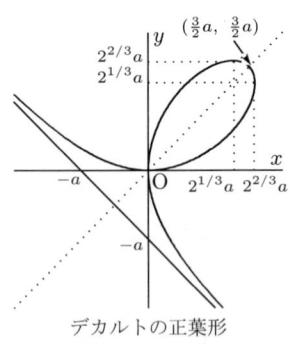

$$y = \frac{4x}{x^2+4}$$

$$y = \frac{e^x + e^{-x}}{2}$$

デカルトの正葉形
$$x^3 + y^3 = 3axy \quad (a > 0)$$
$$x = \frac{3at}{1+t^3}, \quad y = \frac{3at^2}{1+t^3}$$

パラメータで表された曲線

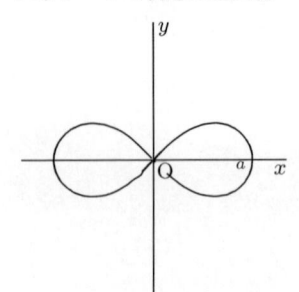

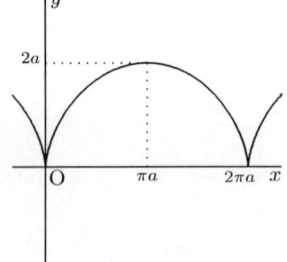

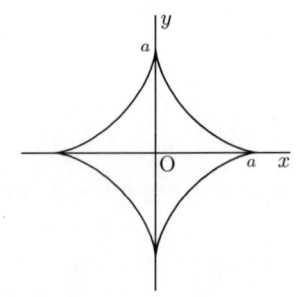

レムニスケイト (連珠形)
$$(x^2+y^2)^2 = a^2(x^2-y^2)$$
$$r^2 = a^2 \cos 2\theta \quad (a > 0)$$

サイクロイド (擺線)
$$x = a(t - \sin t)$$
$$y = a(1 - \cos t)$$

アステロイド (星芒形)
$$x^{\frac{2}{3}} + y^{\frac{2}{3}} = a^{\frac{2}{3}}$$
$$x = a\cos^3 t, \; y = a\sin^3 t$$

極座標で表された曲線

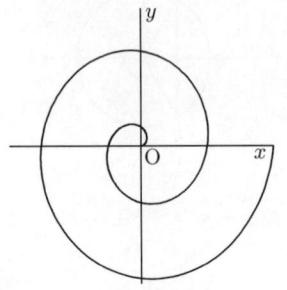

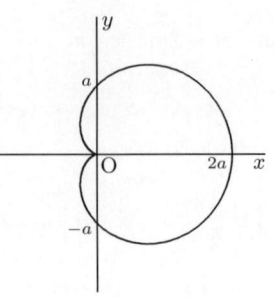

アルキメデス螺線
$$r = a\theta \quad (a > 0)$$

カージオイド (心臓形)
$$r = a(1 + \cos\theta) \quad (a > 0)$$

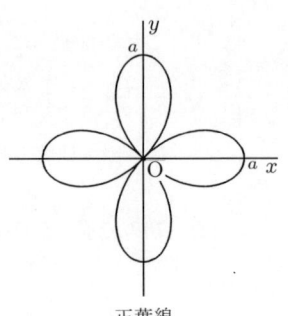

正葉線
$$r = a\cos 2\theta \quad (a > 0)$$

参考文献

[1] 小寺平治著, 明解演習シリーズ 「微分積分」, 共立出版
[2] 田代嘉宏・熊原啓作共著, 基礎演習シリーズ 「微分積分」, 裳華房
[3] 桐村信雄著, 「微分積分学演習」, 培風館
[4] 福田安蔵・鈴木七緒・安岡善則・黒崎千代子共著, 「詳解 微分積分演習 I」, 共立出版
[5] 寺田文行・坂田泩・斉藤偵四郎共著, 「演習 微分積分」, サイエンス社
[6] 塹江誠夫・桑垣煥・笠原皓司著, 「詳説演習 微分積分学」, 培風館

索　引

■あ行■

アステロイド　126, 128, 132
一般項　10
e に関する極限　36, 37
e の定義　30, 31
陰関数　25, 46, 56
―の第2次導関数　56
―の導関数　25
―の微分　46, 47, 56
n 次導関数　54
円柱ら線　129

■か行■

階差数列　6, 10, 11
回転体　130
回転面　121, 132
解の近似値　78
解の個数　66, 67
カージオイド　127, 128
加速度　53, 74, 75
カテナリー　128
加法定理　3
関数
―の極限　24, 26
―の極限値　26, 27
―の極大・極小　62
―のグラフ　64
―の最大・最小　70, 71
―の増減　53, 62, 64, 66
―の連続性　24, 34, 35
ガンマ関数　103, 116, 117
逆関数　5, 32, 56
―の導関数　25
―の微分　44, 45

逆三角関数　32, 33
―の積分　92
―の微分　46, 47, 56, 57
極　124
極限値　18
極座標　124
極座標表示　125, 127, 218
曲線
―で囲まれた面積　122
―の凹凸　68
―の長さ　120, 128
　いろいろな曲線　218
極大・極小　62, 66, 64
極値の判定　53
切り口の面積　130, 131
近似解　78
近似公式　51
近似式　76, 77
近似値　76, 78
空間曲線の長さ　129
区分求積　104, 105
繰り返し型の部分積分　88
群数列　15
懸垂線　128
広義積分　103, 114, 116
公差　6
高次導関数　50, 54
合成関数　5, 25, 41
公比　6
誤差　52, 76, 77
コーシーの定理　51
弧度法　4

■さ行■

最大・最小　70, 71
三角関数　3
—の極限　28, 29
—のグラフ　63
—の積分　83, 90–92
—の漸化式　98
—の微分　42
—の不定積分　84
三角形の面積　4
3倍角の公式　3
指数関数　2
—の極限　30
—のグラフ　64
—の微分　42, 43
—の不定積分　84
始線　124
重心　121, 132
収束　20
収束半径　59
主値　32
シュワルツの不等式　103
循環小数　7, 20
心臓形　127, 128
水面の上昇速度　133
数学的帰納法　6, 16, 17
数列の和　12–14, 102
整関数　40, 62
正弦定理　4
星芒形　126
積分等式　110
積分の基本公式　94–97
積分不等式　111
積和公式　4
接線　52, 74
漸化式　16, 21, 98, 108
漸近線　53, 66
速度　53, 74, 75

■た行■

対称移動　5
対数関数　2
—の極限　30
—のグラフ　64
—の微分　44
対数微分法　44
体積　121, 130
第2次導関数　68
だ円　126
—の面積　123
置換積分　82, 84, 85, 102, 106
中間値の定理　33
調和級数　20
定義による導関数　39
定数倍の微分　40
定積分　102
—で表された関数　112, 113
—の基本公式　108
—の漸化式　109
—の評価　114, 115
テイラー級数　58
テイラー展開　58
テイラーの定理　51, 58
展開公式　52, 58
導関数　24
等差数列　6, 8, 10
等比数列　6, 8, 10

■な行■

二項定理　31
2項間の漸化式　16
2倍角の公式　3
ニュートン法　78

■は行■

媒介変数　25
媒介変数表示　46, 56
はさみうちの原理　7
発散　20
パップス・ギュルダンの定理　130
バラ曲線　125, 127
パラメータ表示　126, 218
半角の公式　3
微分可能　38
微分係数　38
微分法　24
—の基本定理　50
複利法　9
不定形　18, 60, 61
—の極限　52, 60, 79
不定積分　82, 84
—の漸化式　98
不等式　72, 73, 103
部分積分　82, 88, 103, 106, 107
部分分数　14
部分分数分解　86, 87
分数関数の微分　40
分数式の極限　18
分数式の和　14
平均値の定理　50
平行移動　5
平方数　12
平面図形の面積　122, 126
ベータ関数　103
変化率　74
変曲点　68
法線　52, 74

■ま行■

マクローリン級数　58
マクローリン展開　51, 59, 79
マクローリンの定理　51, 58
無限級数　18, 20
—の和　7, 19, 34
無限数列　6, 18, 20
無限等比級数　7, 20
無限等比数列　7
無理関数
—のグラフ　65
—の積分　83, 90, 92
—の導関数　41
—の微分　40
無理式の極限　18
面積　120, 122, 126

■や行■

余弦定理　4

■ら行■

ライプニッツの定理　54, 55
ラジアン　4
立方数　12
連続関数　32
連続性　38
ロピタルの定理　52, 60, 61

■わ行■

和差の微分　40
和積公式　4

著者略歴

糸岐　宣昭　（いとき・のぶあき）
　1966 年　九州大学理学部数学科卒業
　1993 年　国立佐世保工業高等専門学校教授
　現　在　国立佐世保工業高等専門学校名誉教授

　著　書　「パソコンで見る関数グラフィックス」(森北出版)
　　　　　「パソコンで見る関数グラフィックス part2」(森北出版)
　　　　　「パソコンで見る関数グラフィックス応用／1」(森北出版)
　　　　　「パソコンで見る関数グラフィックスのすべて」(森北出版)
　　　　　「Windows で見る関数グラフィックス」(森北出版)

三ッ廣　孝　（みつひろ・たかし）
　1994 年　佐賀大学理工学研究科博士後期課程情報システム学専攻修了
　　　　　博士 (理学)
　1999 年　国立佐世保工業高等専門学校助教授 (2007 年より准教授)
　　　　　現在に至る．

大学・高専生のための
解法演習　微分積分 I　　　　　　　Ⓒ　糸岐宣昭・三ッ廣孝　　2003

2003 年 11 月 27 日　第 1 版第 1 刷発行　【本書の無断転載を禁ず】
2021 年 2 月 26 日　第 1 版第 9 刷発行

著　　者　糸岐宣昭・三ッ廣孝
発 行 者　森北博巳
発 行 所　森北出版株式会社
　　　　　東京都千代田区富士見 1-4-11(〒102-0071)
　　　　　電話 03-3265-8341 ／ FAX 03-3264-8709
　　　　　日本書籍出版協会・自然科学書協会　会員
　　　　　https://www.morikita.co.jp/
　　　　　JCOPY　<(一社)出版者著作権管理機構　委託出版物>

落丁・乱丁本はお取替えいたします　　　　印刷／エーヴィス・製本／ブックアート

Printed in Japan /ISBN978-4-627-04711-2

極めるシリーズ　　　　　　　　　　　　森北出版

大学・高専生のための
解法演習 微分積分 II

糸岐　宣昭・三ッ廣　孝　共著

第0章　微分積分Iの復習事項
関数の極限・種々の関数の導関数／三角関数・指数関数・対数関数・双曲線関数の導関数／高次導関数・関数の展開公式・不定形の極限／基本的な関数の不定積分(基本公式)・三角関数，無理関数の積分／有名な定積分・面積・曲線の長さ・体積／回転面の面積・重心・いろいろな量の和

第1章　偏微分法
立体図形の表し方／立体図形のイメージを知る方法／2変数関数の極限値と連続性／偏導関数の計算／全微分，合成関数の偏微分1／合成関数の偏微分2／テイラー展開，マクローリン展開／　総合演習1

第2章　偏微分法の応用
2変数関数の極大・極小／陰関数の極大・極小／条件つき極値，極値の吟味／極値の応用／陰関数表示曲線／包絡線と接平面，法線／総合演習2

第3章　2重積分
2重積分の計算1(積分の順序変更，累次積分)／2重積分の計算2(積分の順序変更，積分変数の変換)／2重積分の計算3(積分変数の変換)／広義積分／3重積分の計算／総合演習3

第4章　2重積分の応用
2重積分の応用1（立体の体積）／2重積分の応用2（曲面の面積）／3重積分の応用(立体の体積)／平均値・重心，慣性モーメント(慣性能率)／総合演習4

第5章　微分方程式
微分方程式(微分方程式の作成)／変数分離形，同次形／1階線形微分方程式 $(y'+P(x)y=Q(x))$／完全微分形と積分因子／変数変換による解法／1階常微分方程式の応用／総合演習5

第6章　2階常微分方程式
2階線形／2階微分方程式／定数係数2階線形微分方程式／2階線形微分方程式／連立微分方程式，べき級数による解法／総合演習6

練習の解答例（詳解）／総合演習の解答例（詳解）／参考文献／索引